U0184608

Treasure Book of Butterfly and Moth Exploration

蝶蛾

探究宝典

张宁 主编

上海科学技术出版社

图书在版编目（CIP）数据

蝶蛾探究宝典 / 张宁主编. -- 上海 : 上海科学技术出版社, 2022.1
ISBN 978-7-5478-5491-4

Ⅰ. ①蝶… Ⅱ. ①张… Ⅲ. ①蝶蛾科一普及读物 Ⅳ. ①Q969.42-49

中国版本图书馆CIP数据核字(2021)第198564号

蝶蛾探究宝典
张　宁　主编

上海世纪出版（集团）有限公司
上 海 科 学 技 术 出 版 社　出版、发行
（上海市闵行区号景路 159 弄 A 座 9F-10F）
邮政编码 201101　www.sstp.cn
上海中华商务联合印刷有限公司印刷
开本 889×1194　1/32　印张 12.25
字数 370 千字
2022 年 1 月第 1 版　2022 年 1 月第 1 次印刷
ISBN 978-7-5478-5491-4/N·227
定价：158.00 元

编委会名单

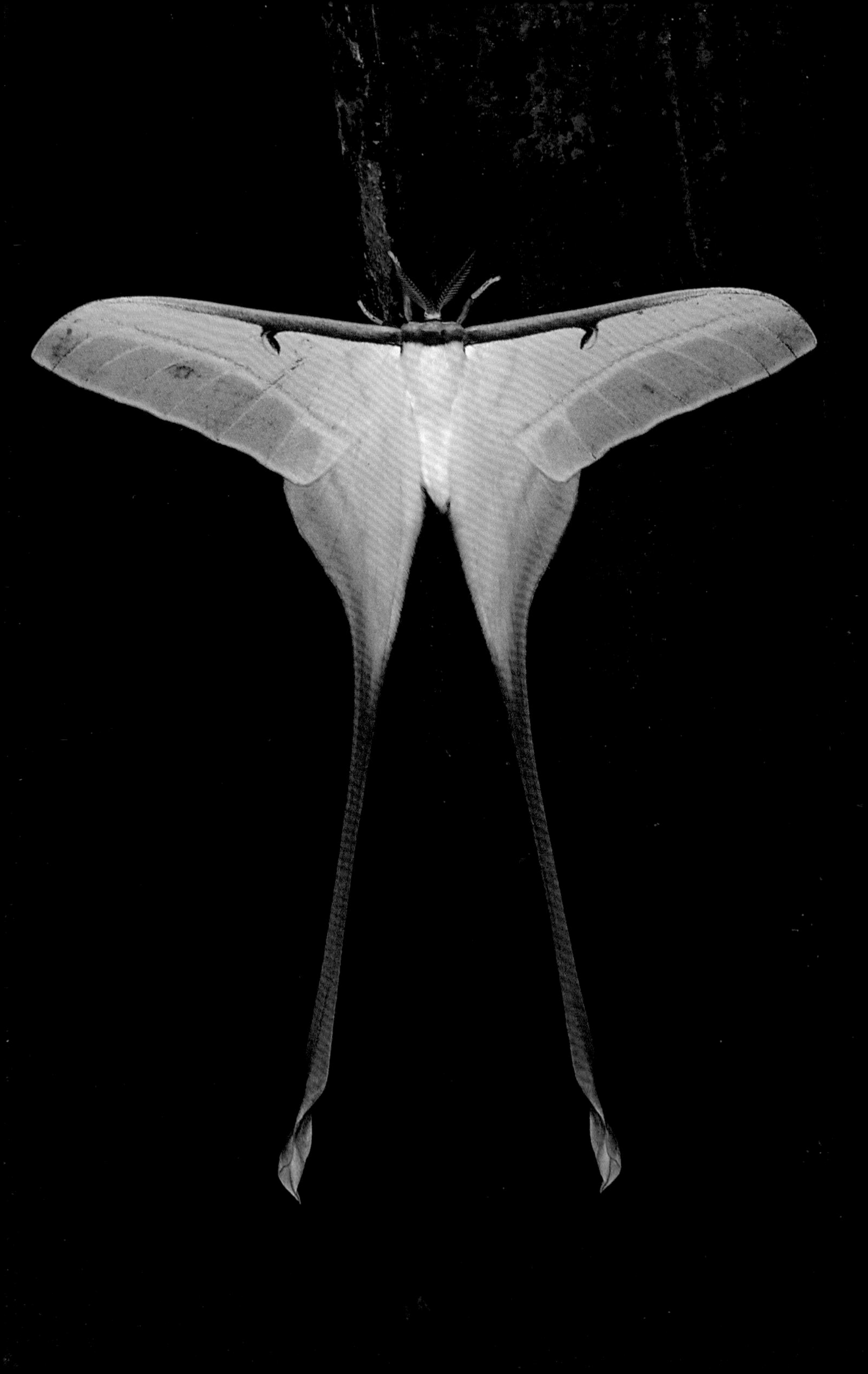

序

记得5年前在上海市Bioblitz生物限时寻活动中，一本亚马孙雨林科考纪实图册引起了我的注意。全书记录了“野趣虫友会”一行8人远赴巴西进行蝶蛾多样性考察的艰辛历程和所取得的成果。该书中的上百幅南美蝶蛾生态照片格外引人注目，其中不乏蓝闪蝶、猫头鹰蝶、君主斑蝶、88蝶、眼纹天蚕蛾、南美小皇蛾、拟白斑蝶蛾等昆虫爱好者所津津乐道的世界名蝶、名蛾。而那次活动的策划人和蝶蛾生态照片的拍摄者就是本书的主编张宁老师。几年前，他的“高徒”、曾参加过科考活动的杨行健同学凭借所撰写的《亚马孙雨林局部区域蝶类资源初步调查及对环境保护的启示》一文，荣膺“中国少年科学院十佳小院士”称号，在2020年上海科普教育创新奖评选中荣获“青少年科技励志奖”（全市高中组唯一的一等奖获得者），值得庆贺。

据悉，像杨行健这样的“虫迷”均来自张宁创办的“野趣虫友会”。每当节假日，志趣相投的老少虫友常会齐聚在“野趣虫友沙龙课堂”和“野趣虫友科考营”，或交流分享识虫、赏虫、捕虫、摄虫、养虫、研究虫的门道，或提上虫网，端起相机，穿梭于群山溪谷、雨林深处，奔走在郊野田园、花海丛中，探寻昆虫跃动的身影，记录蝶飞蜂舞的美姿。近年来，除了巴西亚马孙雨林，虫友会成员的科考足迹还遍及马来西亚加里曼丹岛（婆罗洲）、泰国清迈、印尼科莫多岛，以及我国海南尖峰岭、云南高黎贡山、广西大瑶山、湖南张家界、贵州遵义、福建武夷山、浙江天目山、安徽牯牛降、四川神木垒、陕西太白山、青海祁连山、新疆阿勒泰、内蒙古大兴安岭、黑龙江漠河等昆虫多样性丰富的地区。

张宁是上海师范大学生物系 86 届毕业生，大学期间师从沈水根老师专修昆虫学，迷恋蝶蛾一直至今。毕业 35 年来，他一直致力于蝶蛾的多样性调查研究，坚守在昆虫科教工作的第一线，曾发起开展“申城蛾遇”“蝶行中国”和“虫游天下”等大型科考活动，组建青少年昆虫科考队，策划“绿色有约”昆虫爱好者夏令营，创建青少年蝶蛾科普馆，编写“探索昆虫世界奥秘”“走进蝴蝶世界”“踏足生命王国”教材，成立昆虫科教联盟体，举办蝶蛾科普艺术展……他将蝶蛾的科学性和艺术性融为一体，将“与虫共舞”的科考经历和乐趣分享给他人，并将生态环保理念通过科考活动、摄影作品、科普展览进行传播。这种对昆虫科学的热爱和执着的探索精神令人感动和佩服。

开展青少年昆虫科普教育就应把孩子们引入神奇的昆虫世界，用自然特有的魅力激发他们的探索热情，而张宁就是这些孩子们背后的那个守望者和掌舵人。

凝聚多年心血的《蝶蛾探究宝典》是张宁长期专注于昆虫科教工作的结晶。本书共分 6 篇，涵盖了蝶蛾鉴赏、认知、采集、饲养、制作、摄影、自然笔记、博物画创作、主题实践活动、科考纪实、课题研究的方方面面，尤其是 516 种蛾的影像记录向我们揭示了蛾类家族那鲜为人知的多样性和神秘感。本书可作为蝶蛾类昆虫的科普读物，也可作为蝶蛾爱好者进行野外实习的参考用书。本书的出版可为青少年投身于昆虫实践教育活动提供指导，有利于推动学校昆虫科教活动的广泛开展。

借《蝶蛾探究宝典》出版之际，我欣然作序，以表祝贺。

中国昆虫学会甲虫专业委员会副主任
上海市动物学会副理事长
上海市自然保护区评审委员会委员
李利珍
2021 年 9 月于上海

前 言

昆虫，这种布满天地之间的生命精灵，在生物进化历史中，其种类与数量都称得上是地球“霸主”，它们对人类的未来生存和地球的生态系统起着举足轻重的作用。如果让大家回答：“谁是昆虫王国中的佳丽？”答案大多是：“蝴蝶！”没错，蝴蝶自古以来被誉为“会飞的花朵”“大自然的舞姬”，作于诗篇，编入歌舞，绘入画中，深受人们喜爱。1994 年，由周尧教授主编的《中国蝶类志》问世，从此，我国的蝴蝶热升温，蝴蝶业催生，蝴蝶迷涌现。20 多年中，全国相继出版了各种用于蝴蝶资源查询和分类的蝴蝶志和用于蝴蝶生境鉴别的生态摄影类图书，这些书籍为蝴蝶爱好者鉴赏、交流起到了很好的参考作用。

然而，与蝴蝶同为鳞翅目，有着孪生关系的蛾却较少引起人们的注意，这可能是蛾的作息时间与人类相反、体色体态不及蝴蝶的缘故吧。殊不知，在全世界 170 000 种鳞翅目昆虫中，蝴蝶仅占 10%，而 90% 是蛾！这个庞大的蛾类家族，虽总体不如蝴蝶引人注目，但也不乏奇特艳丽的种类，它们的进化年代更早，生物多样性更为明显，未解的科学奥秘更多，与人类的关系也更为密切（我们熟知的蚕丝、冬虫夏草都与蛾有关）。

作为在绿色地球村上与我们毗邻而居的昆虫大家族成员之一，蝶蛾是一个尚未被人类完全认识的自然资源，其多姿的体态、多彩的体色、多样的行为，对人类的文化艺术产生了深远的影响，为人类探索科学提供了有意义的启迪。生生不息的蝶蛾世界是我们在生态环境中接受科普教育最有用、最便利的“活教材”之一。喜爱昆虫是少年儿童的天性，蝴蝶那翩翩飞舞的姿态和蛾神秘的生活方式，深深地吸引着孩子们的探究目光，也常常激起他们对大自然的美好遐思。“蝴蝶为什么这么美？”“蝴蝶和蛾该如何区分？”“蛾是害虫还是益虫？”近年来，昆虫教育资源的开发与利用受到越来越多人的关注，开展昆虫科教活动是许多国家作为培养学生科学探究精神和实践创新能力的有效尝试，通过对蝶蛾的认知鉴赏、野外观察、采集养殖、标本制作、课题研究等活动，让他们充分感受到蝶蛾世界的神奇与魅力。在30多年的昆虫科教工作经历中，笔者发现学生对蝶蛾知识方面有一定的了解，但在鉴赏和实践等方面，能力还远远不够，如对采集到的蝶蛾不能正确识别、蝶蛾饲养的方法掌握不透、蝶蛾标本制作不够规范、蝶蛾小课题研究无从着手等。因此，笔者萌生了编写一本适合学校开展蝶蛾科教活动的指导性图书的想法，以引导蝶蛾爱好者走进这个奇妙的鳞翅目昆虫王国。

为让广大读者直观了解蝶蛾的物种多样性和蝶蛾的基本知识，有效掌握科考的基本技能，以及组织开展蝶蛾科教活动和课题研究，作者将30多年积累的第一手蝶蛾科考素材和活动经验进行梳理和归类，最终完成了《蝶蛾探究宝典》。本书由“蝶蛾图鉴”“基础知识”“采集、饲养和制作”“生态摄影、自然笔记和博物画创作”“主题实践活动与科考纪实”和“课题研究”6部分组成。书中图片大多由作者从野外实地拍摄或室内实景拍摄（除署名外），本书力求图文并茂、通俗易懂、演示翔实，是一本适合学校开展昆虫科教活动的参考教材，也可作为蝶蛾爱好者自学的入门读物。

本书是在《蝶蛾探究指南》的基础上进行改版扩充。编写过程中得到了诸多昆虫专家和业内行家的帮助和指导。昆虫学博士李利珍教授在百忙之中为本书作序，令我深感荣幸。《上海蝴蝶》主编陈志兵高级工程师和蝴蝶标本收藏家王家麒承担了全书蝶类图鉴的审订工作。东北林业大学韩辉林教授承担了全书夜蛾科图鉴的审订工作。西湖大学鳞翅目分类工作者蒋卓衡承担了全书天蚕蛾科和天蛾科图鉴的审订工作。“野趣虫友会”全体会员及家长在蛾调记录、自然笔记、科考纪实、博物画创作、课题研究上提供了很好的素材。上海科学技术出版社责编张斌和美编谢腊妹为本书的内容选定和版式编排精心研磨，煞费苦心。对以上各位的专业指导和辛勤付出，本人深表谢意。

由于作者水平和经验有限，错误和不足在所难免，欢迎专家和同行批评指正。

2021 年 9 月于上海

LED HEADLIGHT

图鉴

基础知识

采集、饲养和制作

生态摄影、自然笔记和博物画创作

主题实践活动与科考纪实

课题研究

图鉴

蝶蛾探究先从鉴赏起步。本篇向你展示记录自国内外的生态蝶蛾 723 种，其中蝴蝶 5 科 207 种，蛾 37 科 516 种，每个物种标注科名、中名、学名、体型、寄主、分布和拍摄记录等信息，可供读者对蝶蛾认知、鉴定和野外科考参考。

阅读使用说明

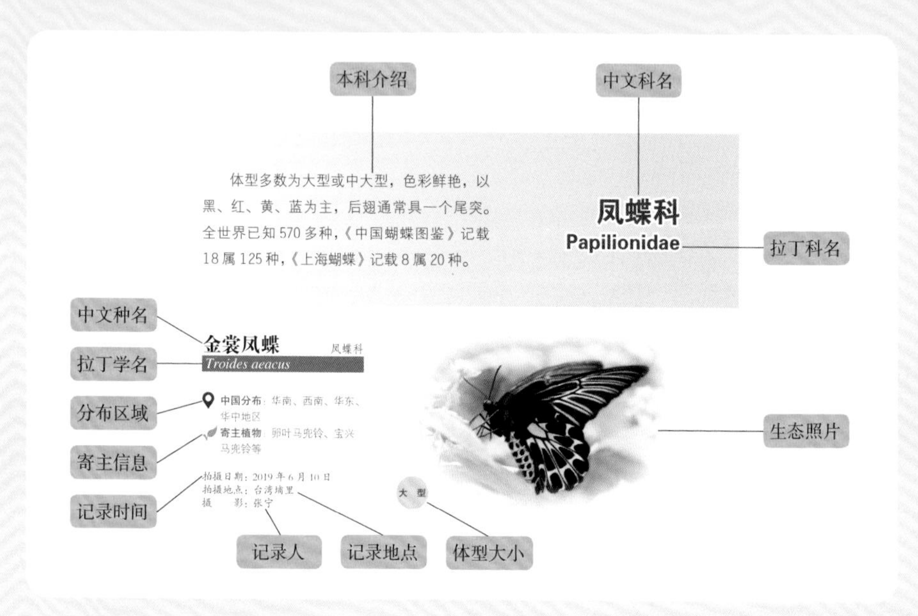

【体型】的划分

小型：翅展40毫米以下，小中型：翅展40～55毫米，中型：翅展56～70毫米，中大型：翅展71～85毫米，大型：翅展85毫米以上。

【中国分布】的地区划分

华北：北京市、天津市、河北省、山西省、内蒙古自治区。

东北：辽宁省、吉林省、黑龙江省。

华东：上海市、江苏省、浙江省、安徽省、福建省、江西省、山东省、台湾省。

华中：河南省、湖北省、湖南省。

西南：重庆市、四川省、贵州省、云南省、西藏自治区。

西北：陕西省、甘肃省、青海省、宁夏回族自治区、新疆维吾尔自治区。

华南：广东省、广西壮族自治区、海南省、香港特别行政区、澳门特别行政区。

体型多数为大型或中大型，色彩鲜艳，以黑、红、黄、蓝为主，后翅通常具一个尾突。全世界已知570多种，《中国蝴蝶图鉴》记载18属125种，《上海蝴蝶》记载8属20种。

凤蝶科
Papilionidae

金裳凤蝶 凤蝶科
Troides aeacus

中国分布：华南、西南、华东、华中地区
寄主植物：卵叶马兜铃、宝兴马兜铃等

拍摄日期：2019年6月10日
拍摄地点：台湾埔里
摄　　影：张宁

多尾凤蝶 凤蝶科
Bhutanitis lidderdalii

中国分布：云南
寄主植物：昆明马兜铃等

拍摄日期：2020年9月21日
拍摄地点：云南腾冲
摄　　影：王家麒

大 型

曙凤蝶 凤蝶科
Atrophaneura horishanus

中国分布：台湾
寄主植物：琉球马兜铃、台湾马兜铃等

拍摄日期：2014年8月2日
拍摄地点：台湾南投仁爱乡
摄　　影：李荣芳

中大型

灰绒麝凤蝶 凤蝶科

Byasa mencius

中国分布：华东、华北地区

寄主植物：北马兜铃等

拍摄日期：2017 年 7 月 20 日
拍摄地点：江苏苏州西山
摄　　影：张宁

中大型

红珠凤蝶 凤蝶科

Pachliopta aristolochiae

中国分布：华南、西南、华东、华中地区

寄主植物：卵叶马兜铃等

拍摄日期：2017 年 10 月 9 日
拍摄地点：上海康桥生态园
摄　　影：张宁

斑凤蝶 凤蝶科

Papilio clytia

中国分布：西南、华南、华东地区

寄主植物：香樟、潺槁木姜子等

拍摄日期：2015 年 10 月 4 日
拍摄地点：海南霸王岭
摄　　影：张宁

宽尾凤蝶 凤蝶科

Papilio elwesi

中国分布：华南、华东、华中、西南地区

寄主植物：鹅掌楸、檫木等

拍摄日期：2017 年 5 月 1 日
拍摄地点：浙江浙西天池
摄　　影：张宁

台湾宽尾凤蝶　凤蝶科

Papilio maraho

中国分布：台湾

寄主植物：台湾檫木

拍摄日期：2019年5月22日
拍摄地点：台湾宜兰太平山
摄　　影：李荣芳

玉带凤蝶　凤蝶科

Papilio polytes

中国分布：华南、华东、华中、西南、华北地区

寄主植物：柑橘、花椒、柚等

拍摄日期：2017年7月20日
拍摄地点：江苏苏州西山
摄　　影：张宁

中大型

美凤蝶　凤蝶科

Papilio memnon

中国分布：华南、西南、华东、华中地区

寄主植物：柑橘、柚、柠檬等

拍摄日期：2015年10月4日
拍摄地点：海南霸王岭
摄　　影：张宁

大 型

碧凤蝶　凤蝶科

Papilio bianor

中国分布：西南、华南、华中、华东、华北地区

寄主植物：两面针、花椒、吴茱萸等

拍摄日期：2020年8月26日
拍摄地点：安徽石台
摄　　影：张宁

大 型

中大型

巴黎翠凤蝶

凤蝶科

Papilio paris

中国分布：华南、西南、华东、华中地区

寄主植物：飞龙掌血、两面针、吴茱萸等

拍摄日期：2016 年 11 月 7 日
拍摄地点：海南琼中什寒村
摄　　影：张宁

中大型

达摩凤蝶

凤蝶科

Papilio demoleus

中国分布：西南、华南、华东地区

寄主植物：金橘、柠檬、柚等

拍摄日期：2018 年 8 月 27 日
拍摄地点：泰国清迈素贴山
摄　　影：张宁

中大型

柑橘凤蝶

凤蝶科

Papilio xuthus

中国分布：全国各地区

寄主植物：柑橘、花椒、吴茱萸等

拍摄日期：2017 年 7 月 4 日
拍摄地点：江苏苏州西山
摄　　影：张宁

中大型

金凤蝶

凤蝶科

Papilio machaon

中国分布：全国各地区

寄主植物：野胡萝卜、茴香、中华水芹等

拍摄日期：2019 年 9 月 23 日
拍摄地点：上海浦江郊野公园
摄　　影：张宁

绿带燕凤蝶　凤蝶科

Lamproptera meges

中国分布：华南、西南地区

寄主植物：红花青藤等

拍摄日期：2015 年 11 月 8 日
拍摄地点：海南海口
摄　　影：张宁

小　型

宽带青凤蝶　凤蝶科

Graphium cloanthus

中国分布：华南、西南、华东、华中、西北地区

寄主植物：香樟、红楠等

拍摄日期：2015 年 7 月 19 日
拍摄地点：浙江泰顺乌岩岭
摄　　影：张宁

中大型

青凤蝶　凤蝶科

Graphium sarpedon

中国分布：华南、西南、华东、华中地区

寄主植物：香樟、阴香、木姜子等

拍摄日期：2018 年 9 月 24 日
拍摄地点：上海康桥生态园
摄　　影：张宁

中　型

碎斑青凤蝶　凤蝶科

Graphium chironides

中国分布：西南、华南、华中、华东地区

寄主植物：深山含笑、鹅掌楸等

拍摄日期：2018 年 9 月 30 日
拍摄地点：上海浦江郊野公园
摄　　影：张宁

中 型

绿凤蝶　凤蝶科

Pathysa antiphates

中国分布：华南、华东、西南地区

寄主植物：假鹰爪、紫玉盘等

拍摄日期：2006 年 8 月 10 日
拍摄地点：海南五指山
摄　　影：张宁

中 型

四川剑凤蝶　凤蝶科

Pazala sichuanica

中国分布：西南、华南、华中、华东地区

寄主植物：木姜子属

拍摄日期：2019 年 4 月 5 日
拍摄地点：浙江天台山
摄　　影：张宁

金斑喙凤蝶　凤蝶科

Teinopalpus aureus

中国分布：华东、华南、西南地区

寄主植物：深山含笑、桂南木莲等

拍摄日期：2020 年 5 月 2 日
拍摄地点：海南尖峰岭
摄　　影：王家麒

丝带凤蝶　凤蝶科

Sericinus montelus

中国分布：华东、华中、华北、西南、西北、东北地区

寄主植物：马兜铃

拍摄日期：2017 年 7 月 17 日
拍摄地点：江苏苏州西山
摄　　影：张宁

中华虎凤蝶 凤蝶科

Luehdorfia chinensis

中国分布：华东、华中地区

寄主植物：杜蘅、华细辛

拍摄日期：2019 年 3 月 17 日
拍摄地点：江苏南京老山
摄　　影：陈万高

小中型

阿波罗绢蝶 凤蝶科

Parnassius apollo

中国分布：新疆

寄主植物：景天科

拍摄日期：2018 年 7 月 2 日
拍摄地点：新疆乌鲁木齐
摄　　影：张宁

中 型

小红珠绢蝶 凤蝶科

Parnassius nomion

中国分布：西北、华北、东北地区

寄主植物：景天科

拍摄日期：2015 年 8 月 11 日
拍摄地点：内蒙古额尔古纳
摄　　影：张宁

中 型

冰清绢蝶 凤蝶科

Parnassius citrinarius

中国分布：西南、华东、华北、东北地区

寄主植物：延胡索等

拍摄日期：2018 年 4 月 5 日
拍摄地点：江苏宝华山
摄　　影：张宁

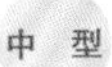

中 型

姹瞳绢蝶
凤蝶科

Parnassius charltonius

中国分布：西藏、新疆
寄主植物：紫堇科

拍摄日期：2020 年 7 月 24 日
拍摄地点：西藏阿里
摄　　影：戚致远

中 型

翠雀绢蝶
凤蝶科

Parnassius delphius

中国分布：新疆
寄主植物：紫堇科

拍摄日期：2018 年 7 月 10 日
拍摄地点：新疆伊宁
摄　　影：张宁

粉蝶科
Pieridae

体型大多数为中型或小中型，色彩淡雅，以黄、白、橙为主，后翅无尾突。全世界已知 1 200 多种，《中国蝴蝶图鉴》记载 24 属 146 种，《上海蝴蝶》记载 9 属 14 种。

小中型

迁粉蝶
粉蝶科

Catopsilia pomona

中国分布：华南、西南、华东、华中地区
寄主植物：铁刀木、腊肠树、黄槐等

拍摄日期：2015 年 10 月 5 日
拍摄地点：海南霸王岭
摄　　影：张宁

梨花迁粉蝶 粉蝶科

Catopsilia pyranthe

中国分布：西南、华南、华东地区

寄主植物：黄槐决明、望江南等

拍摄日期：2017 年 8 月 22 日
拍摄地点：海南琼中什寒村
摄　　影：张宁

小中型

东亚豆粉蝶 粉蝶科

Colias poliogaphus

中国分布：西南、华东、华中、华北、西北、东北地区

寄主植物：白车轴草、苜蓿、野豌豆等

拍摄日期：2019 年 10 月 11 日
拍摄地点：上海周浦花海
摄　　影：王兆健

小中型

北黄粉蝶 粉蝶科

Eurema mandarina

中国分布：华南、西南、华东、华中地区

寄主植物：合欢、槐、雀梅藤等

拍摄日期：2017 年 8 月 30 日
拍摄地点：上海康桥生态园
摄　　影：张宁

小中型

淡色钩粉蝶 粉蝶科

Gonepteryx aspasia

中国分布：西南、华东、华中、华北、东北地区

寄主植物：鼠李

拍摄日期：2015 年 8 月 11 日
拍摄地点：内蒙古额尔古纳
摄　　影：张宁

圆翅钩粉蝶

粉蝶科

Gonepteryx amintha

中国分布：西南、华中、华东、西北地区

寄主植物：鼠李、黄槐等

中型

拍摄日期：2016 年 6 月 11 日
拍摄地点：浙江安吉龙王山
摄　　影：张宁

报喜斑粉蝶

粉蝶科

Delias pasithoe

中国分布：华南、西南、华东地区

寄主植物：檀香、寄生藤等

中型

拍摄日期：2019 年 1 月 28 日
拍摄地点：广东深圳
摄　　影：张宁

艳妇斑粉蝶

粉蝶科

Delias belladonna

中国分布：西南、华南、华中、华东地区

寄主植物：桑寄生等

中型

拍摄日期：2020 年 7 月 19 日
拍摄地点：浙江泰顺乌岩岭
摄　　影：张宁

利比尖粉蝶

粉蝶科

Appias libythea

中国分布：华南、西南地区

寄主植物：青皮刺、鱼木等

小中型

拍摄日期：2015 年 10 月 5 日
拍摄地点：海南霸王岭
摄　　影：张宁

灵奇尖粉蝶　粉蝶科

Appias lyncida

中国分布：西南、华南地区

寄主植物：鱼木、槌果藤等

拍摄日期：2017 年 7 月 23 日
拍摄地点：海南琼中百花岭
摄　　影：张宁

小中型

锯粉蝶　粉蝶科

Prioneris thestylis

中国分布：华南、西南、华东地区

寄主植物：槌果藤、鱼木等

拍摄日期：2015 年 10 月 3 日
拍摄地点：海南霸王岭
摄　　影：张宁

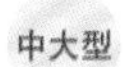

绢粉蝶　粉蝶科

Aporia crataegi

中国分布：西南、华中、华东、华北、东北、西北地区

寄主植物：山杏

拍摄日期：2018 年 7 月 2 日
拍摄地点：新疆乌鲁木齐
摄　　影：张宁

小中型

中亚绢粉蝶　粉蝶科

Aporia leucodice

中国分布：新疆

寄主植物：小檗科

拍摄日期：2018 年 7 月 10 日
拍摄地点：新疆伊宁
摄　　影：张宁

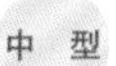

东方菜粉蝶　粉蝶科

Pieris canidia

中国分布：全国各地区

寄主植物：蔊菜、二月兰、碎米荠等

拍摄日期：2016 年 6 月 11 日
拍摄地点：浙江安吉龙王山
摄　　影：张宁

黑纹粉蝶　粉蝶科

Pieris melete

中国分布：华南、西南、华东、华中、华北地区

寄主植物：蔊菜、二月兰、碎米荠等

小中型

拍摄日期：2017 年 4 月 15 日
拍摄地点：上海崇明
摄　　影：张宁

云粉蝶　粉蝶科

Pontia edusa

中国分布：西南、华东、华中、华北、西北、东北地区

寄主植物：十字花科

小中型

拍摄日期：2014 年 8 月 14 日
拍摄地点：甘肃天水麦积山
摄　　影：张宁

纤粉蝶　粉蝶科

Leptosia nina

中国分布：华南、西南、华东地区

寄主植物：槌果藤等

拍摄日期：2019 年 6 月 7 日
拍摄地点：台湾高雄美浓
摄　　影：张宁

鹤顶粉蝶 粉蝶科

Hebomoia glaucippe

中国分布：华南、西南、华东地区

寄主植物：鱼木、香橼等

拍摄日期：2015 年 10 月 3 日
拍摄地点：海南霸王岭
摄　　影：张宁

中大型

青粉蝶 粉蝶科

Pareronia anais

中国分布：华南、西南地区

寄主植物：槌果藤等

拍摄日期：2015 年 10 月 4 日
拍摄地点：海南儋州
摄　　影：张宁

中　型

黄尖襟粉蝶 粉蝶科

Anthocharis scolymus

中国分布：华东、华中、华北、西北、东北地区

寄主植物：二月兰、碎米荠等

拍摄日期：2019 年 3 月 23 日
拍摄地点：上海豆香园
摄　　影：杨泊宁

橙翅襟粉蝶 粉蝶科

Anthocharis bambusarum

中国分布：华东、华中、西北地区

寄主植物：碎米荠等

拍摄日期：2018 年 4 月 5 日
拍摄地点：江苏宝华山
摄　　影：张宁

突角小粉蝶 粉蝶科

Leptidea amurensis

中国分布：华北、西北、东北地区

寄主植物：野豌豆等

拍摄日期：2015 年 8 月 13 日
拍摄地点：内蒙古大兴安岭
摄　　影：张宁

蛱蝶科 Nymphalidae

体型大多数为中型或中大型，色彩多样复杂，前足退化。全世界已知 6 100 多种，《中国蝴蝶图鉴》记载 154 属 694 种，《上海蝴蝶》记载 47 属 62 种。

暮眼蝶 蛱蝶科

Melanitis leda

中国分布：华南、西南、华东、华中地区

寄主植物：水稻、五节芒等

拍摄日期：2019 年 6 月 8 日
拍摄地点：台湾高雄美浓
摄　　影：张宁

睇暮眼蝶 蛱蝶科

Melanitis phedima

中国分布：华南、西南、华东地区

寄主植物：棕叶狗尾草、刚莠竹等

拍摄日期：2015 年 6 月 15 日
拍摄地点：广东珠海草堂山
摄　　影：张宁

黛眼蝶

蛱蝶科

Lethe dura

中国分布：西南、华南、华中、华东地区

寄主植物：竹

拍摄日期：2016 年 10 月 5 日
拍摄地点：浙江临安指南村
摄　　影：张宁

连纹黛眼蝶

蛱蝶科

Lethe syrcis

中国分布：西南、华南、华中、华东、东北地区

寄主植物：刚竹、毛竹等

拍摄日期：2016 年 6 月 11 日
拍摄地点：浙江安吉龙王山
摄　　影：张宁

直带黛眼蝶

蛱蝶科

Lethe lanaris

中国分布：西南、华南、华中、华东、西北地区

寄主植物：竹

拍摄日期：2020 年 9 月 6 日
拍摄地点：浙江临安龙门秘境
摄　　影：张宁

棕褐黛眼蝶

蛱蝶科

Lethe christophi

中国分布：华南、华中、华东地区

寄主植物：竹

拍摄日期：2016 年 10 月 5 日
拍摄地点：浙江安吉银坑
摄　　影：张宁

白带黛眼蝶　蛱蝶科

Lethe confusa

中国分布：华南、西南、华东地区

寄主植物：莠竹、芒等

拍摄日期：2013 年 8 月 9 日
拍摄地点：云南罗平九龙
摄　　影：张宁

长纹黛眼蝶　蛱蝶科

Lethe europa

中国分布：西南、华南、华东地区

寄主植物：孝顺竹

中　型

拍摄日期：2019 年 6 月 8 日
拍摄地点：台湾高雄美浓
摄　　影：张宁

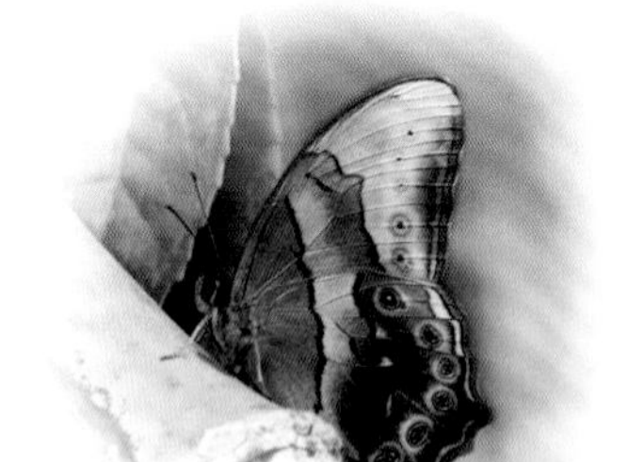

曲纹黛眼蝶　蛱蝶科

Lethe chandica

中国分布：华南、西南、华东地区

寄主植物：孝顺竹、毛竹等

拍摄日期：2015 年 9 月 3 日
拍摄地点：浙江临安太湖源
摄　　影：张宁

布莱荫眼蝶　蛱蝶科

Neope bremeri

中国分布：西南、华南、华东地区

寄主植物：芒、竹

拍摄日期：2016 年 7 月 10 日
拍摄地点：浙江浙西大峡谷
摄　　影：张宁

蒙链荫眼蝶 蛱蝶科

Neope muirheadii

中国分布：华南、西南、华东、华中地区

寄主植物：刚莠竹

拍摄日期：2019 年 5 月 19 日
拍摄地点：浙江临安太湖源
摄　　影：张宁

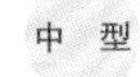

网眼蝶 蛱蝶科

Rhaphicera dumicola

中国分布：西南、华东、华中地区

寄主植物：不详

拍摄日期：2011 年 8 月 9 日
拍摄地点：湖北五峰柴埠溪
摄　　影：张宁

黄翅毛眼蝶 蛱蝶科

Lasiommata eversmanni

中国分布：新疆

寄主植物：不详

拍摄日期：2018 年 7 月 10 日
拍摄地点：新疆伊宁
摄　　影：张宁

小中型

奥眼蝶 蛱蝶科

Orsotriaena medus

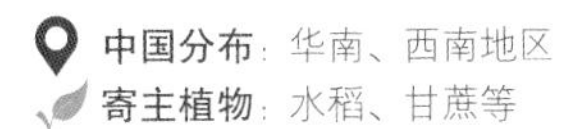

中国分布：华南、西南地区

寄主植物：水稻、甘蔗等

拍摄日期：2015 年 10 月 3 日
拍摄地点：海南霸王岭
摄　　影：张宁

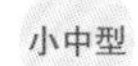

小眉眼蝶 蛱蝶科

Mycalesis mineus

中国分布：西南、华南、华中、华东地区

寄主植物：禾本科

小中型

拍摄日期：2020 年 8 月 14 日
拍摄地点：海南海口
摄　　影：张宁

上海眉眼蝶 蛱蝶科

Mycalesis sangaica

中国分布：西南、华南、华东地区

寄主植物：求米草等

拍摄日期：2020 年 9 月 6 日
拍摄地点：浙江临安龙门秘境
摄　　影：张宁

稻眉眼蝶 蛱蝶科

Mycalesis gotama

中国分布：华南、西南、华东、华中地区

寄主植物：水稻、芒、签草等

小中型

拍摄日期：2015 年 5 月 3 日
拍摄地点：上海成山路湿地
摄　　影：张宁

君主眉眼蝶 蛱蝶科

Mycalesis anaxias

中国分布：西南、华南地区

寄主植物：禾本科

拍摄日期：2020 年 1 月 19 日
拍摄地点：海南海口
摄　　影：张宁

白斑眼蝶 蛱蝶科

Penthema adelma

中国分布：华南、西南、华东、华中、西北地区

寄主植物：毛竹、石竹等

拍摄日期：2015 年 6 月 20 日
拍摄地点：浙江临安东天目山
摄　　影：张宁

翠袖锯眼蝶 蛱蝶科

Elymnias hypermnestra

中国分布：华南、西南、华中地区

寄主植物：棕竹、槟榔、散尾葵等

拍摄日期：2017 年 7 月 26 日
拍摄地点：海南琼中什寒村
摄　　影：张宁

中　型

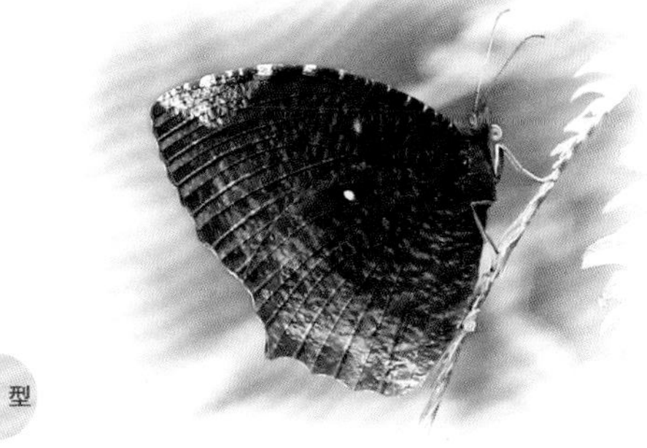

俄罗斯白眼蝶 蛱蝶科

Melanargia russiae

中国分布：新疆

寄主植物：禾本科

拍摄日期：2018 年 7 月 4 日
拍摄地点：新疆喀拉峻
摄　　影：张宁

小中型

云眼蝶 蛱蝶科

Hyponephele lycaon

中国分布：华北、东北、西北地区

寄主植物：不详

拍摄日期：2018 年 7 月 2 日
拍摄地点：新疆乌鲁木齐
摄　　影：张宁

蛇眼蝶 蛱蝶科

Minois dryas

中国分布：华南、华中、华东、华北、东北、西北地区

寄主植物：早熟禾、燕麦草等

拍摄日期：2015 年 8 月 10 日
拍摄地点：内蒙古海拉尔
摄　　影：张宁

卓矍眼蝶 蛱蝶科

Ypthima zodia

中国分布：西南、华南、华东地区

寄主植物：禾本科

拍摄日期：2017 年 7 月 26 日
拍摄地点：海南琼中什寒村
摄　　影：张宁

黎桑矍眼蝶 蛱蝶科

Ypthima lisandra

中国分布：华南、西南地区

寄主植物：芒、金丝草

拍摄日期：2014 年 10 月 7 日
拍摄地点：广东珠海
摄　　影：张宁

密纹矍眼蝶 蛱蝶科

Ypthima multistriata

中国分布：西南、华南、华中、华东、华北、东北地区

寄主植物：狗尾草、芒等

拍摄日期：2016 年 7 月 19 日
拍摄地点：浙江开化古田山
摄　　影：张宁

多型艳眼蝶 蛱蝶科

Callerebia polyphemus

中国分布：西南、华东、华中地区

寄主植物：禾本科

拍摄日期：2013 年 8 月 9 日
拍摄地点：云南陆良彩色沙林
摄　　影：张宁

中　型

牧女珍眼蝶 蛱蝶科

Coenonympha amaryllis

中国分布：华东、华北、西北、东北地区

寄主植物：薹草

拍摄日期：2015 年 8 月 10 日
拍摄地点：内蒙古海拉尔
摄　　影：张宁

小　型

潘非珍眼蝶 蛱蝶科

Coenonympha pamphilus

中国分布：新疆

寄主植物：不详

拍摄日期：2018 年 7 月 5 日
拍摄地点：新疆喀拉峻
摄　　影：张宁

小　型

暗红眼蝶 蛱蝶科

Erebia neriene

中国分布：华北、东北地区

寄主植物：不详

拍摄日期：2015 年 8 月 14 日
拍摄地点：黑龙江漠河
摄　　影：张宁

小中型

朴喙蝶

蛱蝶科

Libythea lepita

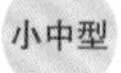

小中型

中国分布：全国各地区

寄主植物：朴树

拍摄日期：2016 年 6 月 11 日
拍摄地点：浙江安吉龙王山
摄　　影：张宁

虎斑蝶

蛱蝶科

Danaus genutia

中大型

中国分布：华南、西南、华东、华中地区

寄主植物：马利筋、牛皮消、天星藤等

拍摄日期：2019 年 10 月 6 日
拍摄地点：广东珠海荷包岛
摄　　影：陈泽海

金斑蝶

蛱蝶科

Danaus chrysippus

中　型

中国分布：华南、西南、华东、华中地区

寄主植物：马利筋、萝藦、天星藤等

拍摄日期：2007 年 9 月 19 日
拍摄地点：上海后滩公园
摄　　影：张宁

青斑蝶

蛱蝶科

Tirumala limniace

中大型

中国分布：西南、华南、华中、华东地区

寄主植物：南山藤、布朗藤等

拍摄日期：2020 年 7 月 9 日
拍摄地点：上海红枫路
摄　　影：安开颜

啬青斑蝶 蛱蝶科

Tirumala septentrionis

中国分布：华南、西南、华东地区

寄主植物：布朗藤、同心结、木防己等

拍摄日期：2015 年 10 月 5 日
拍摄地点：海南霸王岭
摄　　影：张宁

大绢斑蝶 蛱蝶科

Parantica sita

中国分布：华南、西南、华东、华中地区

寄主植物：牛皮消、娃儿藤、天星藤等

拍摄日期：2014 年 5 月 25 日
拍摄地点：海南尖峰岭
摄　　影：张宁

绢斑蝶 蛱蝶科

Parantica aglea

中国分布：西南、华南、华东地区

寄主植物：马利筋、娃儿藤等

拍摄日期：2017 年 7 月 25 日
拍摄地点：海南琼中什寒村
摄　　影：张宁

中　型

大帛斑蝶 蛱蝶科

Idea leuconoe

中国分布：台湾

寄主植物：爬森藤等

拍摄日期：2018 年 8 月 17 日
拍摄地点：台湾埔里
摄　　影：张宁

中大型

异型紫斑蝶 蛱蝶科

Euploea mulciber

中国分布：华南、西南、华东地区

寄主植物：垂叶榕、夹竹桃、弓果藤等

拍摄日期：2014 年 10 月 5 日
拍摄地点：广东珠海草堂山
摄　　影：张宁

中　型

妒丽紫斑蝶 蛱蝶科

Euploea tulliolus

中国分布：西南、华南、华东地区

寄主植物：牛筋藤

拍摄日期：2018 年 8 月 17 日
拍摄地点：台湾埔里
摄　　影：张宁

中大型

凤眼方环蝶 蛱蝶科

Discophora sondaica

中国分布：西南、华南、华东地区

寄主植物：刺竹

拍摄日期：2019 年 6 月 8 日
拍摄地点：台湾高雄美浓
摄　　影：张宁

大　型

箭环蝶 蛱蝶科

Stichophthalma howqua

中国分布：华南、西南、华东、华中地区

寄主植物：毛竹、刚竹等

拍摄日期：2015 年 6 月 20 日
拍摄地点：浙江临安东天目山
摄　　影：张宁

串珠环蝶 蛱蝶科

Faunis eumeus

中国分布：华南、西南、华东、华中地区

寄主植物：菝葜、刺葵、麦冬等

拍摄日期：2015 年 5 月 18 日
拍摄地点：海南尖峰岭
摄　　影：张宁

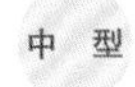

灰翅串珠环蝶 蛱蝶科

Faunis aerope

中国分布：华南、西南、华东、华中、西北地区

寄主植物：麦冬、芭蕉、棕榈等

拍摄日期：2015 年 7 月 20 日
拍摄地点：浙江泰顺乌岩岭
摄　　影：张宁

黎箭环蝶 蛱蝶科

Stichophthalma le

中国分布：海南

寄主植物：不详

拍摄日期：2020 年 4 月 29 日
拍摄地点：海南三亚
摄　　影：王家麒

斑珍蝶 蛱蝶科

Acraea terpsicore

中国分布：海南

寄主植物：西番莲

拍摄日期：2019 年 7 月 3 日
拍摄地点：泰国清迈素贴山
摄　　影：张宁

苎麻珍蝶 蛱蝶科

Acraea issoria

中国分布：华南、西南、华东、华中地区

寄主植物：苎麻、荨麻、水麻等

拍摄日期：2015 年 8 月 29 日
拍摄地点：浙江临安东天目山
摄　　影：张宁

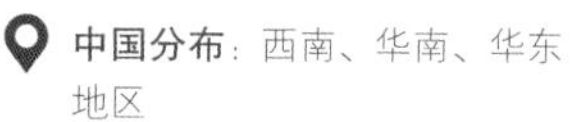

红锯蛱蝶 蛱蝶科

Cethosia biblis

中国分布：西南、华南、华东地区

寄主植物：蛇王藤、龙珠果、三开瓢等

中 型

拍摄日期：2020 年 8 月 10 日
拍摄地点：海南琼中什寒村
摄　　影：张宁

文蛱蝶 蛱蝶科

Vindula erota

中国分布：华南、西南地区

寄主植物：三开瓢、蒴莲等

中大型

拍摄日期：2007 年 8 月 10 日
拍摄地点：云南西双版纳
摄　　影：张宁

彩蛱蝶 蛱蝶科

Vagrans egista

中国分布：西南、华南地区

寄主植物：天料木、刺篱木等

拍摄日期：2015 年 10 月 3 日
拍摄地点：海南霸王岭
摄　　影：张宁

潘豹蛱蝶

蛱蝶科

Pandoriana pandora

中国分布：新疆

寄主植物：不详

拍摄日期：2018 年 7 月 10 日
拍摄地点：新疆伊宁
摄　　影：张宁

中 型

斐豹蛱蝶

蛱蝶科

Argyreus hyperbius

中国分布：全国各地区

寄主植物：堇菜、犁头草、紫花地丁等

拍摄日期：2019 年 9 月 8 日
拍摄地点：上海世纪公园
摄　　影：李昀泽

老豹蛱蝶

蛱蝶科

Argyronome laodice

中国分布：西南、华中、华东、东北、西北地区

寄主植物：堇菜

拍摄日期：2016 年 6 月 23 日
拍摄地点：浙江浙西大峡谷
摄　　影：张宁

灿福豹蛱蝶

蛱蝶科

Argynnis adippe

中国分布：西南、华东、华中、华北、西北、东北地区

寄主植物：堇菜

拍摄日期：2014 年 8 月 11 日
拍摄地点：青海黄南麦秀
摄　　影：张宁

中 型

西冷珍蛱蝶 蛱蝶科

Clossiana selenis

中国分布：西北、华北、东北地区

寄主植物：不详

小中型

拍摄日期：2015 年 8 月 15 日
拍摄地点：黑龙江漠河
摄　　影：张宁

艾鲁珍蛱蝶 蛱蝶科

Clossiana erubescens

中国分布：新疆

寄主植物：不详

小中型

拍摄日期：2018 年 7 月 10 日
拍摄地点：新疆昭苏
摄　　影：张宁

海南枯叶蛱蝶 蛱蝶科

Kallima alicia

中国分布：华南、西南地区

寄主植物：马蓝属

中大型

拍摄日期：2019 年 6 月 10 日
拍摄地点：台湾埔里
摄　　影：张宁

金斑蛱蝶 蛱蝶科

Hypolimnas missipus

中国分布：华南、西南、华东地区

寄主植物：马齿苋等

中　型

拍摄日期：2015 年 10 月 5 日
拍摄地点：海南海口
摄　　影：张宁

幻紫斑蛱蝶 蛱蝶科

Hypolimnas bolina

中国分布：华南、西南、华东地区

寄主植物：甘薯、马齿苋、山壳骨等

拍摄日期：2014 年 10 月 5 日
拍摄地点：广东珠海
摄　　影：张宁

中 型

白矩朱蛱蝶 蛱蝶科

Nymphalis vau-album

中国分布：西南、华北、东北、西北地区

寄主植物：杨、榆等

拍摄日期：2015 年 8 月 20 日
拍摄地点：黑龙江五营
摄　　影：张宁

中 型

孔雀蛱蝶 蛱蝶科

Inachis io

中国分布：华北、西北、东北地区

寄主植物：荨麻、蛇麻等

拍摄日期：2015 年 8 月 13 日
拍摄地点：内蒙古根河
摄　　影：张宁

琉璃蛱蝶 蛱蝶科

Kaniska canace

中国分布：华南、华东、华中、华北、东北地区

寄主植物：菝葜

拍摄日期：2015 年 7 月 22 日
拍摄地点：浙江宁海
摄　　影：张宁

小中型

黄钩蛱蝶 蛱蝶科

Polygonia c-aureum

中国分布：全国各地区
寄主植物：葎草

拍摄日期：2019 年 10 月 25 日
拍摄地点：上海康桥生态园
摄　　影：毕海虹

中　型

大红蛱蝶 蛱蝶科

Vanessa indica

中国分布：全国各地区
寄主植物：苎麻、荨麻、榆等

拍摄日期：2018 年 9 月 28 日
拍摄地点：上海浦江郊野公园
摄　　影：张宁

小中型

小红蛱蝶 蛱蝶科

Vanessa cardui

中国分布：全国各地区
寄主植物：荨麻、牛蒡、飞廉等

拍摄日期：2018 年 8 月 23 日
拍摄地点：上海康桥生态园
摄　　影：张宁

中　型

美眼蛱蝶 蛱蝶科

Junonia almana

中国分布：华南、西南、华东、华中地区
寄主植物：水蓑衣、空心莲子草、水丁黄等

拍摄日期：2017 年 10 月 7 日
拍摄地点：上海嘉北郊野公园
摄　　影：张宁

翠蓝眼蛱蝶 蛱蝶科
Junonia orithya

中国分布：华南、西南、华东、华中地区
寄主植物：爵床、马鞭草等

拍摄日期：2015 年 10 月 5 日
拍摄地点：海南儋州
摄　　影：张宁

小中型

黄裳眼蛱蝶 蛱蝶科
Junonia hierta

中国分布：西南、华南、华中、华东地区
寄主植物：假杜鹃

拍摄日期：2015 年 1 月 23 日
拍摄地点：海南海口
摄　　影：张宁

小中型

波翅眼蛱蝶 蛱蝶科
Junonia atlites

中国分布：华南、西南地区
寄主植物：旱莲子草、水蓑衣等

拍摄日期：2015 年 10 月 5 日
拍摄地点：海南儋州
摄　　影：张宁

中　型

曲纹蜘蛱蝶 蛱蝶科
Araschnia doris

中国分布：华东、华中、西南地区
寄主植物：序叶苎麻

拍摄日期：2014 年 7 月 3 日
拍摄地点：浙江临安神龙川
摄　　影：张宁

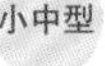

二尾蛱蝶 蛱蝶科

Polyura narcaea

中国分布：华南、西南、华东、华中、华北、西北地区

寄主植物：山黄麻、山合欢等

拍摄日期：2016 年 7 月 14 日
拍摄地点：浙江浙西大峡谷
摄　　影：张宁

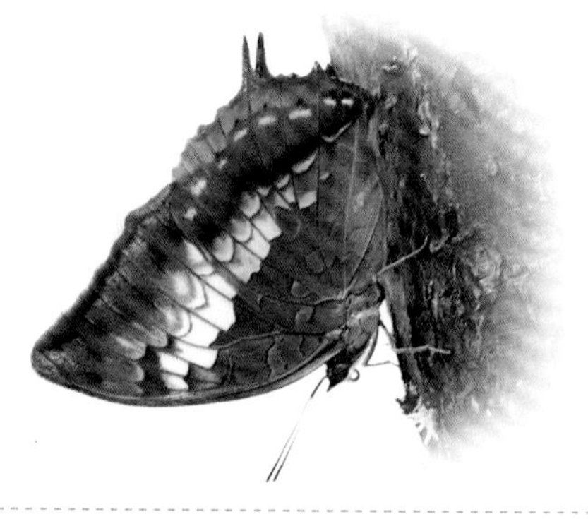

白带螯蛱蝶 蛱蝶科

Charaxes bernardus

中国分布：华南、西南、华东、华中地区

寄主植物：香樟、阴香等

拍摄日期：2019 年 10 月 20 日
拍摄地点：上海康桥生态园
摄　　影：严羽笑

柳紫闪蛱蝶 蛱蝶科

Apatura ilia

中国分布：西南、华中、华东、华北、西北地区

寄主植物：垂柳、黄花柳、青杨等

拍摄日期：2016 年 7 月 10 日
拍摄地点：浙江浙西大峡谷
摄　　影：张宁

武铠蛱蝶 蛱蝶科

Chitoria ulupi

中国分布：华南、西南、华东、华中地区

寄主植物：朴树

拍摄日期：2015 年 6 月 20 日
拍摄地点：浙江临安东天目山
摄　　影：张宁

傲白蛱蝶

蛱蝶科

Helcyra superba

中国分布：华南、华东地区

寄主植物：朴树

拍摄日期：2014 年 7 月 3 日
拍摄地点：浙江临安神龙川
摄　　影：张宁

中　型

黄帅蛱蝶

蛱蝶科

Sephisa princeps

中国分布：华南、西南、华东、华中、东北地区

寄主植物：麻栎、青冈

拍摄日期：2015 年 7 月 16 日
拍摄地点：浙江临安东天目山
摄　　影：张宁

中　型

华网蛱蝶

蛱蝶科

Melitaea sindura

中国分布：西藏

寄主植物：不详

拍摄日期：2020 年 7 月 21 日
拍摄地点：西藏聂拉木
摄　　影：王家麒

小　型

大紫蛱蝶

蛱蝶科

Sasakia charonda

中国分布：东北、华北、华中、华东地区

寄主植物：朴树

拍摄日期：2014 年 7 月 14 日
拍摄地点：浙江临安神龙川
摄　　影：张宁

中大型

黑脉蛱蝶

蛱蝶科

Hestina assimilis

中国分布：华南、西南、华东、华中、华北、东北地区

寄主植物：朴树、山麻黄等

拍摄日期：2017 年 8 月 30 日
拍摄地点：上海康桥生态园
摄　　影：张宁

白裳猫蛱蝶

蛱蝶科

Timelaea albescens

中国分布：华东、华北地区

寄主植物：朴树

拍摄日期：2019 年 8 月 5 日
拍摄地点：浙江桐庐天子地
摄　　影：张宁

中 型

素饰蛱蝶

蛱蝶科

Stibochiona nicea

中国分布：西南、华南、华东地区

寄主植物：冷水花

拍摄日期：2019 年 5 月 1 日
拍摄地点：安徽石台牯牛降
摄　　影：张宁

中 型

网丝蛱蝶

蛱蝶科

Cyrestis thyodamas

中国分布：华南、西南、华东地区

寄主植物：菩提树、无花果等

拍摄日期：2017 年 8 月 24 日
拍摄地点：海南琼中什寒村
摄　　影：张宁

黄绢坎蛱蝶 蛱蝶科

Chersonesia risa

中国分布：西南、华南地区

寄主植物：粗叶榕

拍摄日期：2020年1月21日
拍摄地点：海南五指山
摄　　影：张宁

小中型

锦瑟蛱蝶 蛱蝶科

Chalinga pratti

中国分布：西南、华中、华东、华北、西北地区

寄主植物：红松

拍摄日期：2009年8月10日
拍摄地点：山西绵山
摄　　影：张宁

中 型

嘉翠蛱蝶 蛱蝶科

Euthalia kardama

中国分布：西南、华中、华东、西北地区

寄主植物：棕榈科

拍摄日期：2011年8月12日
拍摄地点：湖北恩施
摄　　影：张宁

中大型

珀翠蛱蝶 蛱蝶科

Euthalia pratti

中国分布：西南、华中、华东地区

寄主植物：不详

拍摄日期：2014年7月14日
拍摄地点：浙江临安神龙川
摄　　影：张宁

中大型

中大型

华东翠蛱蝶 蛱蝶科

Euthalia rickettsi

中国分布：华东地区

寄主植物：朴树、核桃

拍摄日期：2019 年 7 月 29 日
拍摄地点：浙江桐庐天子地
摄　　影：张宁

中　型

残锷线蛱蝶 蛱蝶科

Limenitis sulpitia

中国分布：西南、华南、华中、华东地区

寄主植物：山银花

拍摄日期：2017 年 9 月 9 日
拍摄地点：安徽池州平天湖
摄　　影：徐灵芝

中　型

孤斑带蛱蝶 蛱蝶科

Athyma zeroca

中国分布：华南、华中、华东地区

寄主植物：钩藤

拍摄日期：2016 年 7 月 20 日
拍摄地点：浙江开化古田山
摄　　影：张宁

中　型

玉杵带蛱蝶 蛱蝶科

Athyma jina

中国分布：西南、华南、华中、华东地区

寄主植物：山银花

拍摄日期：2016 年 7 月 20 日
拍摄地点：浙江开化古田山
摄　　影：张宁

幸福带蛱蝶 蛱蝶科

Athyma fortuna

中国分布：华南、华中、华东地区

寄主植物：荚蒾

拍摄日期：2017年5月28日
拍摄地点：浙江临安神龙川
摄　　影：张宁

中 型

穆蛱蝶 蛱蝶科

Moduza procris

中国分布：西南、华南地区

寄主植物：钩藤、水锦树等

拍摄日期：2020年8月11日
拍摄地点：海南五指山
摄　　影：张宁

中 型

阿环蛱蝶 蛱蝶科

Neptis ananta

中国分布：西南、华南、华东地区

寄主植物：乌药

拍摄日期：2017年5月27日
拍摄地点：浙江临安神龙川
摄　　影：张宁

中 型

灰蝶科 Lycaenidae

体型大多数为小型，色彩以红、橙、绿、蓝、紫为主，且带有光泽，触角常有白环，后翅通常具1～3个尾突。全世界已知6 700多种，《中国蝴蝶图鉴》记载144属438种，《上海蝴蝶》记载21属22种。

黄带褐蚬蝶　灰蝶科

Abisara fylla

中国分布：西南、华南、华东地区

寄主植物：杜茎山属

小　型

拍摄日期：2020 年 7 月 19 日
拍摄地点：浙江泰顺乌岩岭
摄　　影：张宁

蛇目褐蚬蝶　灰蝶科

Abisara echerius

中国分布：华南、西南、华东、华中地区

寄主植物：酸藤子

拍摄日期：2014 年 10 月 7 日
拍摄地点：广东珠海草堂山
摄　　影：张宁

白点褐蚬蝶　灰蝶科

Abisara burnii

中国分布：西南、华南、华东地区

寄主植物：酸藤子

拍摄日期：2016 年 4 月 30 日
拍摄地点：浙江临安神龙川
摄　　影：张宁

波蚬蝶　灰蝶科

Zemeros flegyas

中国分布：华南、西南、华东、华中地区

寄主植物：鲫鱼胆等

拍摄日期：2017 年 7 月 25 日
拍摄地点：海南琼中什寨村
摄　　影：张宁

蚜灰蝶 灰蝶科

Taraka hamada

中国分布：华南、西南、华东、华中地区

寄主：蚜虫

拍摄日期：2015 年 8 月 29 日
拍摄地点：浙江临安东天目山
摄　　影：张宁

小　型

尖翅银灰蝶 灰蝶科

Curetis acuta

中国分布：华南、西南、华东、华中地区

寄主植物：紫藤、鸡血藤等

拍摄日期：2015 年 9 月 3 日
拍摄地点：浙江浙西大峡谷
摄　　影：张宁

小　型

百娆灰蝶 灰蝶科

Arhopala bazalus

中国分布：西南、华南、华东地区

寄主植物：壳斗科

拍摄日期：2018 年 10 月 4 日
拍摄地点：安徽石台牯牛降
摄　　影：张宁

小　型

鹿灰蝶 灰蝶科

Loxura atymnus

中国分布：华南、西南地区

寄主植物：菝葜

拍摄日期：2020 年 8 月 11 日
拍摄地点：海南五指山
摄　　影：张宁

小　型

银线灰蝶

灰蝶科

Spindasis lohita

中国分布：华南、华东、华中地区

寄主植物：薯蓣

小 型

拍摄日期：2006 年 8 月 15 日
拍摄地点：福建泰宁
摄　　影：张宁

珍灰蝶

灰蝶科

Zeltus amasa

中国分布：西南、华南地区

寄主植物：大青属

小 型

拍摄日期：2017 年 7 月 23 日
拍摄地点：海南琼中什寒村
摄　　影：张宁

燕灰蝶

灰蝶科

Rapala varuna

中国分布：西南、华南地区

寄主植物：海南红豆

小 型

拍摄日期：2015 年 11 月 8 日
拍摄地点：海南黎母山
摄　　影：张宁

旖灰蝶

灰蝶科

Hypolycaena erylus

中国分布：西南、华南地区

寄主植物：漆树科、茜草科等

小 型

拍摄日期：2015 年 10 月 3 日
拍摄地点：海南霸王岭
摄　　影：张宁

霓纱燕灰蝶 灰蝶科

Rapala nissa

中国分布：西南、华东地区

寄主植物：胡枝子

拍摄日期：2016 年 7 月 19 日
拍摄地点：浙江开化古田山
摄　　影：张宁

大洒灰蝶 灰蝶科

Satyrium grandis

中国分布：华东地区

寄主植物：紫藤

拍摄日期：2015 年 6 月 11 日
拍摄地点：浙江临安神龙川
摄　　影：张宁

红灰蝶 灰蝶科

Lycaena phlaeas

中国分布：华南、西南、华东、华北、东北地区

寄主植物：酸模、羊蹄、山蓼等

拍摄日期：2018 年 7 月 29 日
拍摄地点：浙江宁海岔路
摄　　影：张宁

昙灰蝶 灰蝶科

Thersamonia thersamon

中国分布：新疆

寄主植物：不详

拍摄日期：2018 年 7 月 1 日
拍摄地点：新疆乌鲁木齐
摄　　影：张宁

小 型

貉灰蝶

灰蝶科

Heodes virgaureae

中国分布：华北、东北、西北地区

寄主植物：豆科

拍摄日期：2015 年 8 月 15 日
拍摄地点：黑龙江漠河
摄　　影：张宁

浓紫彩灰蝶

灰蝶科

Heliophorus ila

中国分布：华南、西南、华东、华中地区

寄主植物：火炭母

拍摄日期：2014 年 10 月 4 日
拍摄地点：广东连南
摄　　影：张宁

彩灰蝶

灰蝶科

Heliophorus epicles

中国分布：西南、华南地区

寄主植物：火炭母

拍摄日期：2017 年 8 月 24 日
拍摄地点：海南琼中什寒村
摄　　影：张宁

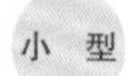

百娜灰蝶

灰蝶科

Nacaduba berenice

中国分布：西南、华南地区

寄主植物：荔枝、龙眼、红叶藤等

拍摄日期：2020 年 1 月 22 日
拍摄地点：海南五指山
摄　　影：张宁

雅灰蝶

灰蝶科

Jamides bochus

中国分布：西南、华南、华中、华东地区

寄主植物：野葛等

拍摄日期：2019 年 10 月 4 日
拍摄地点：浙江临安神龙川
摄　　影：张宁

锡冷雅灰蝶

灰蝶科

Jamides celeno

中国分布：西南、华南、华东地区

寄主植物：豆科

拍摄日期：2014 年 10 月 5 日
拍摄地点：广东珠海
摄　　影：张宁

咖灰蝶

灰蝶科

Catochrysops strabo

中国分布：西南、华南地区

寄主植物：不详

拍摄日期：2017 年 8 月 23 日
拍摄地点：海南琼中什寒村
摄　　影：张宁

亮灰蝶

灰蝶科

Lampides boeticus

中国分布：西南、华南、华中、华东、西北地区

寄主植物：扁豆、赤豆等

拍摄日期：2013 年 8 月 30 日
拍摄地点：江西婺源
摄　　影：张宁

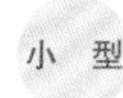

小 型

棕灰蝶

灰蝶科

Euchrysops cnejus

中国分布：西南、华南、华中、华东地区

寄主植物：贼小豆等

拍摄日期：2017 年 7 月 26 日
拍摄地点：海南琼中什寒村
摄　　影：张宁

小 型

酢浆灰蝶

灰蝶科

Zizeeria maha

中国分布：华南、西南、华东、华中地区

寄主植物：酢浆草

拍摄日期：2013 年 9 月 17 日
拍摄地点：上海成山路湿地
摄　　影：张宁

小 型

蓝灰蝶

灰蝶科

Everes argiades

中国分布：全国各地区

寄主植物：白车轴草、葎草等

拍摄日期：2015 年 8 月 17 日
拍摄地点：黑龙江五大连池
摄　　影：张宁

点玄灰蝶

灰蝶科

Tongeia filicaudis

中国分布：西南、华南、华中、华东地区

寄主植物：垂盆草、瓦松等

拍摄日期：2019 年 10 月 2 日
拍摄地点：上海周浦花海
摄　　影：李琳

白斑妩灰蝶 灰蝶科

Udara albocaerulea

中国分布：西南、华南、华东地区

寄主植物：忍冬科

拍摄日期：2019 年 10 月 4 日
拍摄地点：浙江临安太湖源
摄　　影：张宁

琉璃灰蝶 灰蝶科

Celastrina argiolus

中国分布：西南、华东、华中、华北、西北、东北地区

寄主植物：胡枝子、鼠李、虎杖等

拍摄日期：2013 年 7 月 25 日
拍摄地点：浙江黄芽尖
摄　　影：张宁

美姬灰蝶 灰蝶科

Megisba malaya

中国分布：华南、西南地区

寄主植物：雀梅藤、野桐等

拍摄日期：2014 年 10 月 5 日
拍摄地点：广东珠海
摄　　影：张宁

小 型

曲纹紫灰蝶 灰蝶科

Chilades pandava

中国分布：西南、华南、华中、华东地区

寄主植物：苏铁

拍摄日期：2019 年 10 月 11 日
拍摄地点：上海张江
摄　　影：姜雨萌

红珠灰蝶

灰蝶科

Lycaeides argyrognomon

中国分布：华北、东北、西北地区

寄主植物：豆科

拍摄日期：2018年7月2日
拍摄地点：新疆乌鲁木齐
摄　　影：张宁

多眼灰蝶

灰蝶科

Polyommatus eros

中国分布：华北、东北、西北地区

寄主植物：不详

拍摄日期：2015年8月10日
拍摄地点：内蒙古海拉尔
摄　　影：张宁

新眼灰蝶

灰蝶科

Polyommatus sinina

中国分布：西北地区

寄主植物：不详

拍摄日期：2018年7月2日
拍摄地点：新疆乌鲁木齐
摄　　影：张宁

弄蝶科
Hesperiidae

体型大多数为小型或小中型，色彩以暗黑、黄褐为主，触角端部弯尖。全世界已知4 100多种，《中国蝴蝶图鉴》记载83属304种，《上海蝴蝶》记载22属26种。

大伞弄蝶 弄蝶科

Burara miracula

中国分布：西南、华南、华东地区

寄主植物：变叶树参

拍摄日期：2020 年 7 月 19 日
拍摄地点：浙江泰顺乌岩岭
摄　　影：张宁

双斑趾弄蝶 弄蝶科

Hasora chromus

中国分布：华南、华东地区

寄主植物：水黄皮

拍摄日期：2018 年 8 月 19 日
拍摄地点：台湾高雄
摄　　影：张宁

小中型

绿弄蝶 弄蝶科

Choaspes benjaminii

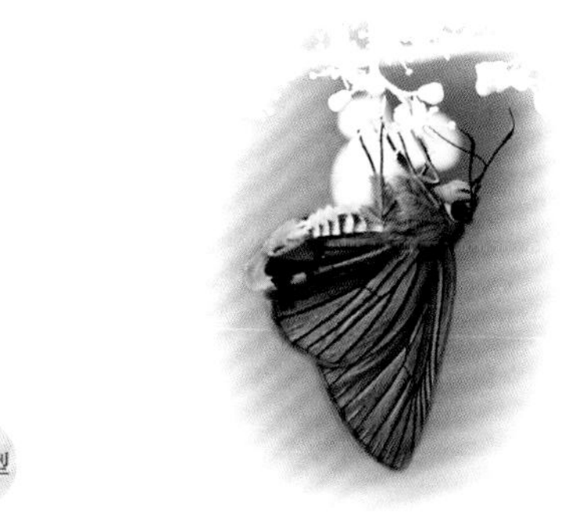

中国分布：华南、西南、华东、华中、西北地区

寄主植物：泡花树

拍摄日期：2014 年 7 月 11 日
拍摄地点：浙江临安神龙川
摄　　影：张宁

小中型

斑星弄蝶 弄蝶科

Celaenorrhinus maculosus

中国分布：西南、华中、华东地区

寄主植物：透茎冷水花

拍摄日期：2016 年 7 月 23 日
拍摄地点：浙江浙西大峡谷
摄　　影：张宁

越南星弄蝶 弄蝶科

Celaenorrhinus vietnamicus

中国分布：华南、西南地区

寄主植物：不详

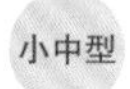

拍摄日期：2011 年 9 月 12 日
拍摄地点：重庆武隆
摄　　影：张宁

花窗弄蝶 弄蝶科

Coladenia hoenei

中国分布：西南、华南、华中、华东、西北地区

寄主植物：枇杷

小　型

拍摄日期：2017 年 5 月 27 日
拍摄地点：浙江临安神龙川
摄　　影：张宁

大襟弄蝶 弄蝶科

Pseudocoladenia dea

中国分布：西南、华中、华东、西北地区

寄主植物：牛膝

拍摄日期：2019 年 8 月 5 日
拍摄地点：浙江桐庐天子地
摄　　影：张宁

角翅弄蝶 弄蝶科

Odontoptilum angulata

中国分布：西南、华南地区

寄主植物：椴树

拍摄日期：2015 年 6 月 15 日
拍摄地点：广东珠海
摄　　影：张宁

黑弄蝶　弄蝶科

Daimio tethys

中国分布：西南、华南、华中、华东、华北、东北地区

寄主植物：薯蓣

拍摄日期：2014 年 5 月 1 日
拍摄地点：江苏宜兴竹海
摄　　影：张宁

小　型

沾边裙弄蝶　弄蝶科

Tagiades litigiosa

中国分布：西南、华南、华东地区

寄主植物：山薯等

拍摄日期：2020 年 8 月 8 日
拍摄地点：海南琼中什寒村
摄　　影：张宁

小　型

蛱型飒弄蝶　弄蝶科

Satarupa nymphalis

中国分布：西南、华东、东北、西北地区

寄主植物：吴茱萸

拍摄日期：2014 年 7 月 3 日
拍摄地点：浙江临安神龙川
摄　　影：张宁

小中型

白弄蝶　弄蝶科

Abraximorpha davidii

中国分布：华南、西南、华东、华中地区

寄主植物：粗叶悬钩子、高粱泡等

拍摄日期：2014 年 7 月 10 日
拍摄地点：浙江临安神龙川
摄　　影：张宁

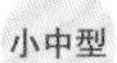

花弄蝶
弄蝶科

Pyrgus maculatus

中国分布：华南、华东、华北、东北地区

寄主植物：绣线菊、龙牙菜等

小　型

拍摄日期：2015 年 7 月 13 日
拍摄地点：浙江临安东天目山
摄　　影：张宁

黄斑弄蝶
弄蝶科

Ampittia dioscorides

中国分布：西南、华南、华东地区

寄主植物：李氏禾

小　型

拍摄日期：2020 年 8 月 16 日
拍摄地点：上海光明生态园
摄　　影：史佳灵

讴弄蝶
弄蝶科

Onryza maga

中国分布：西南、华南、华中、华东地区

寄主植物：不详

小　型

拍摄日期：2015 年 6 月 21 日
拍摄地点：浙江临安东天目山
摄　　影：张宁

雅弄蝶
弄蝶科

Iambrix salsala

中国分布：西南、华南地区

寄主植物：淡竹

小　型

拍摄日期：2020 年 8 月 8 日
拍摄地点：海南海口
摄　　影：张宁

素弄蝶 弄蝶科

Suastus gremius

中国分布：西南、华南、华东地区

寄主植物：棕竹、蒲葵等

拍摄日期：2015 年 6 月 15 日
拍摄地点：广东珠海
摄　　影：张宁

小　型

显脉须弄蝶 弄蝶科

Scobura lyso

中国分布：华东地区

寄主植物：箬竹

拍摄日期：2017 年 8 月 5 日
拍摄地点：浙江安吉龙王山
摄　　影：张宁

小　型

珞弄蝶 弄蝶科

Lotongus saralus

中国分布：西南、华南、华东地区

寄主植物：棕榈科

拍摄日期：2015 年 6 月 15 日
拍摄地点：广东珠海
摄　　影：张宁

小　型

火脉弄蝶 弄蝶科

Pyroneura margherita

中国分布：海南

寄主植物：不详

拍摄日期：2020 年 8 月 9 日
拍摄地点：海南琼中什寒村
摄　　影：张宁

小　型

尖翅黄室弄蝶 弄蝶科

Potanthus palnia

中国分布：西南、华南、华中地区

寄主植物：不详

小型

拍摄日期：2017 年 7 月 25 日
拍摄地点：海南琼中什寒村
摄　　影：张宁

长标弄蝶 弄蝶科

Telicota colon

中国分布：华东、西南、华南地区

寄主植物：五节芒、象草等

小型

拍摄日期：2019 年 6 月 8 日
拍摄地点：台湾高雄美浓
摄　　影：张宁

直纹稻弄蝶 弄蝶科

Parnara guttata

中国分布：全国各地区

寄主植物：水稻、麦、芒、茭白等

小型

拍摄日期：2016 年 9 月 24 日
拍摄地点：上海滨江森林公园
摄　　影：张宁

小锷弄蝶 弄蝶科

Aeromachus nanus

中国分布：华南、西南、华东地区

寄主植物：不详

小型

拍摄日期：2015 年 8 月 25 日
拍摄地点：江苏宜兴善卷洞
摄　　影：张宁

黎氏刺胫弄蝶 弄蝶科

Baoris leechii

中国分布：西南、华南、华中、华东地区

寄主植物：阔叶箬竹

拍摄日期：2017 年 8 月 4 日
拍摄地点：浙江安吉龙王山
摄　　影：张宁

小 型

隐纹谷弄蝶 弄蝶科

Pelopidas mathias

中国分布：西南、华南、华中、华东、华北地区

寄主植物：白茅、狗尾草、甘蔗等

拍摄日期：2014 年 9 月 28 日
拍摄地点：上海青浦大千庄园
摄　　影：张宁

小 型

拟籼弄蝶 弄蝶科

Pseudoborbo bevani

中国分布：华南、华东、西南地区

寄主植物：禾本科

拍摄日期：2014 年 10 月 5 日
拍摄地点：广东珠海
摄　　影：张宁

小 型

盒纹孔弄蝶 弄蝶科

Polytremis theca

中国分布：华南、西南、华中、华东地区

寄主植物：禾本科

拍摄日期：2017 年 7 月 11 日
拍摄地点：浙江临安神龙川
摄　　影：张宁

小 型

细蛾科 Gracillariidae

小型。头部光滑。无单眼。触角丝状，多与前翅等长。前后翅细窄。停息时触角后伸，四翅呈竖裹型，后翅不露。全世界已知 1 800 多种，我国记载 100 多种。

柳丽细蛾

细蛾科

Caloptilia chrysolampra

中国分布：华东、华中、华北地区

寄主植物：柳、黑杨

拍摄日期：2020 年 8 月 15 日
拍摄地点：上海张江
摄　　影：李昀泽

小　型

菜蛾科 Plutellidae

小型。触角丝状，长度为前翅的 1/2～2/3。前翅狭长；后缘鳞毛发达，外突如鸡尾状。停息时触角前伸，四翅呈竖裹型。全世界已知 200 多种。

小菜蛾

菜蛾科

Plutella xylostella

中国分布：全国各地区

寄主植物：十字花科

拍摄日期：2020 年 9 月 19 日
拍摄地点：上海高东
摄　　影：李昀泽

小　型

雕蛾科
Glyphipterigidae

小型。触角栉齿状，长度为前翅的 1/3～1/2。单眼大而明显。下唇须向上弯曲，超过头顶。翅具金属光泽。停息时四翅呈斜覆型，后翅不露。

银点雕蛾
雕蛾科

Lepidotarphius perornatella

中国分布：华东、华中地区
寄主植物：菖蒲等

小　型

拍摄日期：2020 年 6 月 26 日
拍摄地点：上海金海湿地公园
摄　　影：魏宇宸

织蛾科
Oecophoridae

小型。触角短于前翅，柄节一般有栉。前翅三角形、长卵圆形或宽矛形，后缘鳞毛外突如鸡尾状。停息时四翅呈竖裹型。全世界已知 3 600 多种，我国记载近 300 种。

点线锦织蛾
织蛾科

Promalactis suzukiella

中国分布：华东、华中、华北、华南、西南地区
寄主植物：不详

小　型

拍摄日期：2020 年 6 月 25 日
拍摄地点：上海高东
摄　　影：李昀泽

展足蛾科 Stathmopodidae

小型。触角长丝状。下唇须细长、光滑。翅大多数为黄褐色，狭长而尖。停息时后足常举起，竖立于身体两侧，故又名“举肢蛾”。全世界已知400多种。

桃展足蛾 展足蛾科

Stathmopoda auriferella

中国分布：华东、华中、华北地区

寄主植物：桃、苹果、葡萄等

拍摄日期：2020年8月29日
拍摄地点：上海凌海路
摄　　影：李昀泽

小　型

祝蛾科 Lecithoceridae

小型。触角等于或长于前翅。后翅具狭长的臀褶。腹部背板常具刺列。停息时四翅呈斜覆型，后翅不露。全世界已知1 200多种，我国记载220多种。

梅祝蛾 祝蛾科

Scythropiodes issikii

中国分布：华东、华中、华北、西南地区

寄主植物：葡萄、栀子、樱桃等

拍摄日期：2020年9月19日
拍摄地点：上海高东
摄　　影：李昀泽

小　型

列蛾科
Autostichidae

大多数为小型。下唇须发达。触角短于前翅。后翅端部偏圆或略突出。停息时四翅呈斜覆型，后翅不露。全世界已知 630 多种。

和列蛾
列蛾科

Autosticha modicella

中国分布：华东、华中、华北、东北、西南地区

寄主植物：枯叶

小 型

拍摄日期：2020 年 7 月 12 日
拍摄地点：上海三林
摄　　影：李昀泽

刺蛾科
Limacodidae

小型至中型。触角为双栉状。喙退化，下唇须通常短小。身体和前翅密生鳞毛。翅圆阔。停息时四翅呈斜覆型或竖裹型，后翅微露。全世界已知 1 000 多种，我国记载 230 多种。

丽刺蛾
刺蛾科

Altha sp.

中国分布：海南

寄主植物：不详

拍摄日期：2016 年 11 月 7 日
拍摄地点：海南琼中什寒村
摄　　影：张宁

艳刺蛾 刺蛾科

Demonarosa rufotessellata

中国分布：华东、华中、华北、华南地区

寄主植物：枫杨、茶

拍摄日期：2020 年 8 月 11 日
拍摄地点：海南五指山
摄　　影：张宁

小　型

迹斑绿刺蛾 刺蛾科

Latoia pastoralis

中国分布：华东、华南、东北、西南地区

寄主植物：鸡爪槭、紫荆、重阳木等

拍摄日期：2020 年 5 月 23 日
拍摄地点：上海康桥生态园
摄　　影：张宁

小中型

叶银纹刺蛾 刺蛾科

Miresa sp.

中国分布：华南、西南地区

寄主植物：不详

拍摄日期：2017 年 8 月 22 日
拍摄地点：海南琼中什寒村
摄　　影：张宁

小　型

黄刺蛾 刺蛾科

Monema flavescens

中国分布：全国各地区

寄主植物：梨、榆、桑等

拍摄日期：2020 年 8 月 26 日
拍摄地点：安徽石台
摄　　影：张宁

小　型

光眉刺蛾　刺蛾科

Narosa fulgens

中国分布：华东、华中、华北、华南、西南地区

寄主植物：不详

小　型

拍摄日期：2020 年 7 月 12 日
拍摄地点：上海三林
摄　　影：李昀泽

梨刺蛾　刺蛾科

Narosoideus sp.

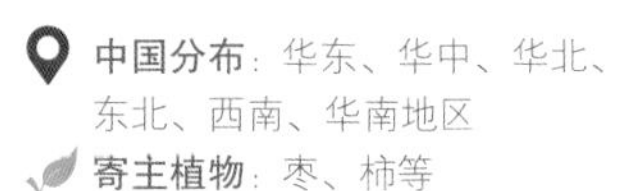

中国分布：华东、华中、华北、东北、西南、华南地区

寄主植物：枣、柿等

小　型

拍摄日期：2020 年 6 月 7 日
拍摄地点：上海凌海路
摄　　影：李昀泽

两色绿刺蛾　刺蛾科

Parasa bicolor

中国分布：华东、华中、西南地区

寄主植物：竹、茶

小　型

拍摄日期：2020 年 7 月 19 日
拍摄地点：浙江泰顺
摄　　影：张宁

褐边绿刺蛾　刺蛾科

Parasa consocia

中国分布：全国各地区

寄主植物：梨、杏、桃等

小　型

拍摄日期：2020 年 8 月 14 日
拍摄地点：上海康桥生态园
摄　　影：王令齐

丽绿刺蛾 刺蛾科

Parasa lepida

中国分布：华东、华中、华北、华南、西南地区

寄主植物：珊瑚树、乌桕、紫薇等

拍摄日期：2020 年 8 月 1 日
拍摄地点：上海康桥生态园
摄　　影：严羽笑

小　型

肖媚绿刺蛾 刺蛾科

Parasa pseudorepanda

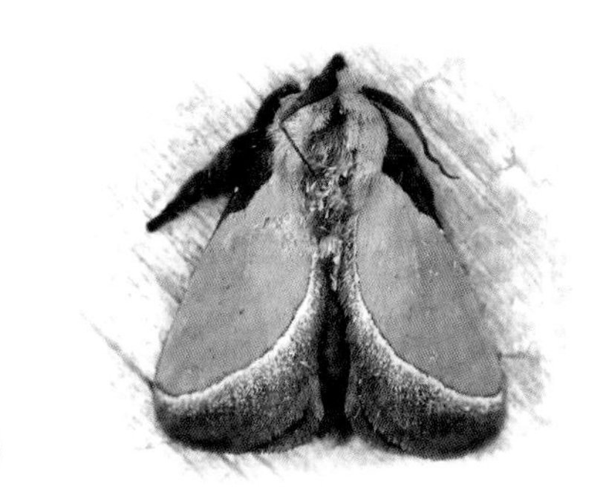

中国分布：华东、华中、西南地区

寄主植物：茶、苹果

拍摄日期：2016 年 7 月 22 日
拍摄地点：安徽休宁板桥村
摄　　影：张宁

小中型

显脉球须刺蛾 刺蛾科

Scopelodes venosa kwangtungensis

中国分布：华东、华南、西南地区

寄主植物：板栗、柿、樱等

拍摄日期：2015 年 7 月 14 日
拍摄地点：浙江临安东天目山
摄　　影：张宁

桑褐刺蛾 刺蛾科

Setora sinensis

中国分布：华东、华中、华北、华南、西南地区

寄主植物：香樟、石楠、红叶李等

拍摄日期：2020 年 6 月 7 日
拍摄地点：上海康桥生态园
摄　　影：严羽笑

斑蛾科
Zygaenidae

多数为中型。触角丝状、双栉状。喙发达。翅鲜艳，有金属光泽。具日行性，停息时四翅呈平展型或竖起型。全世界已知 1 100 多种，我国记载 150 多种。

四川锦斑蛾 斑蛾科
Chalcosia suffusa

中国分布：华南、西南地区

寄主植物：定地黄

小中型

拍摄日期：2020 年 1 月 21 日
拍摄地点：海南五指山
摄　　影：张宁

华西拖尾锦斑蛾 斑蛾科
Elcysma delavayi

中国分布：华南、西南、华东地区

寄主植物：李、梅、樱桃等

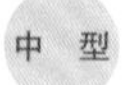
中　型

拍摄日期：2015 年 9 月 14 日
拍摄地点：浙江临安神龙川
摄　　影：张宁

茶斑蛾 斑蛾科
Eterusia aedea

中国分布：华东、华中、华南、西南地区

寄主植物：茶、油茶

中　型

拍摄日期：2020 年 7 月 19 日
拍摄地点：浙江泰顺
摄　　影：张宁

黄柄脉锦斑蛾 斑蛾科

Eterusia aedea magnifica

中国分布：华中、华南、西南地区

寄主植物：不详

拍摄日期：2014 年 10 月 1 日
拍摄地点：广东连南
摄　　影：张宁

重阳木锦斑蛾 斑蛾科

Histia flabellicornis

中国分布：华东、华中、华南、西南地区

寄主植物：重阳木

拍摄日期：2017 年 7 月 25 日
拍摄地点：海南鹦哥岭
摄　　影：张宁

中 型

透翅蛾科 Sesiidae

小型。触角呈棒状或线状。喙、下唇须发达。翅狭长多透明（翅缘和翅脉上有鳞片）。停息时四翅向两侧上举，身体全露。全世界已知 800 多种，我国记载 100 多种。

樟帕透翅蛾 透翅蛾科

Paranthrenella cinnamoma

中国分布：华东地区

寄主植物：香樟

拍摄日期：2020 年 5 月 28 日
拍摄地点：上海康桥生态园
摄　　影：张宁

小兴透翅蛾　透翅蛾科

Synanthedon tenuis

中国分布：华东地区

寄主植物：柿子等

小 型

拍摄日期：2020 年 8 月 30 日
拍摄地点：上海康桥生态园
摄　　影：严羽笑

木蠹蛾科 Cossidae

小型至大型。体色较暗。喙退化。下唇须小或消失。触角双栉状或单栉状。足胫节距退化。停息时四翅呈斜覆型，露腹端。全世界已知 970 多种，我国记载 60 多种。

小线角木蠹蛾　木蠹蛾科

Holcocerus insularis

中国分布：华东、华中、华北地区

寄主植物：栾树、丁香、山楂等

小中型

拍摄日期：2020 年 6 月 19 日
拍摄地点：上海康桥生态园
摄　　影：严羽笑

柳干木蠹蛾　木蠹蛾科

Holcocerus vicarius

中国分布：华东、华中、华北、东北地区

寄主植物：榆、柳、丁香等

小中型

拍摄日期：2020 年 7 月 12 日
拍摄地点：上海三林
摄　　影：李昀泽

闪蓝斑蠹蛾 木蠹蛾科

Xyleutes mineus

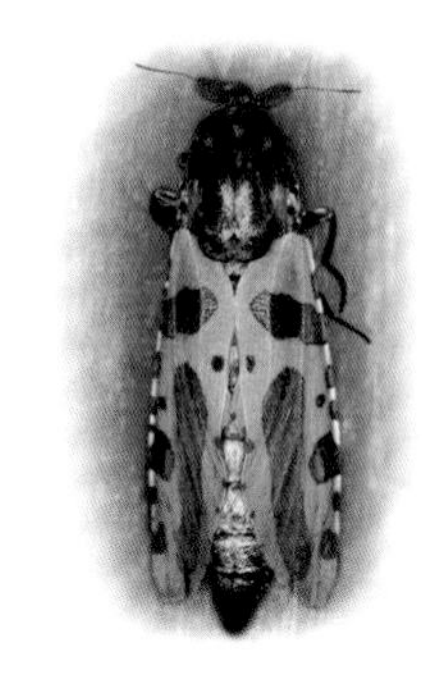

中国分布：云南

寄主植物：不详

拍摄日期：2018 年 2 月 7 日
拍摄地点：马来西亚婆罗洲
摄　　影：张宁

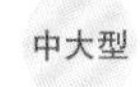

白背斑蠹蛾 木蠹蛾科

Xyleutes persona

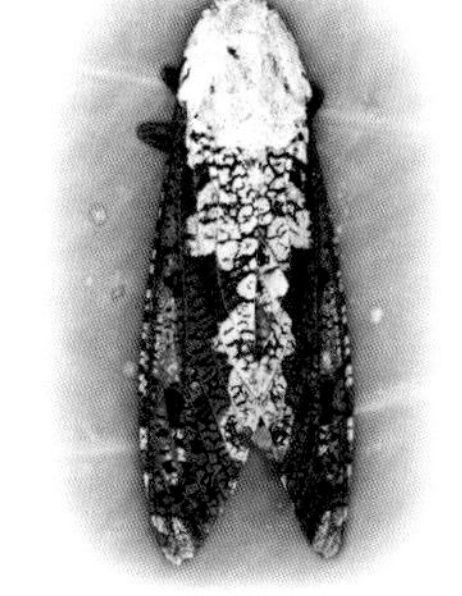

中国分布：华南、西南地区

寄主植物：不详

拍摄日期：2017 年 8 月 23 日
拍摄地点：海南琼中什寒村
摄　　影：张宁

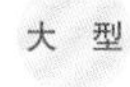

咖啡豹蠹蛾 木蠹蛾科

Zeuzera coffeae

中国分布：华东、华中、华南、西南地区

寄主植物：樱、石榴、海棠等

拍摄日期：2020 年 5 月 17 日
拍摄地点：上海金海湿地公园
摄　　影：张宁

梨豹蠹蛾 木蠹蛾科

Zeuzera pyrina

中国分布：华东、华中、西南地区

寄主植物：悬铃木、梨、珊瑚树等

拍摄日期：2016 年 7 月 22 日
拍摄地点：浙江清凉峰
摄　　影：张宁

卷蛾科
Tortricidae

小型。头顶具粗糙的鳞片。喙发达，基部无鳞片。前翅近长方形，多数为棕褐色。停息时四翅合拢呈钟罩状，触角后伸。全世界已知10000多种，我国记载700多种。

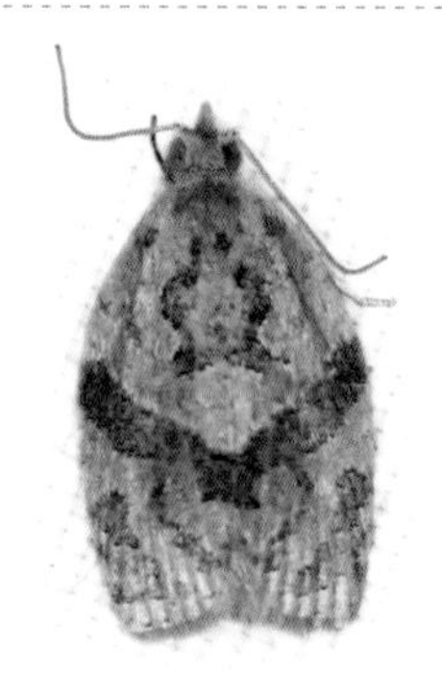

棉褐带卷蛾 卷蛾科
Adoxophyes honmai

中国分布：华东、华中、华北、华南地区

寄主植物：金丝桃、海桐、柑橘等

拍摄日期：2020年9月20日
拍摄地点：上海金海湿地公园
摄　　影：魏宇宸

茶长卷蛾（雌） 卷蛾科
Homona magnanima

中国分布：华中、华南地区

寄主植物：茶、桃、李等

拍摄日期：2019年11月5日
拍摄地点：浙江临安神龙川
摄　　影：张宁

枣镰翅小卷蛾 卷蛾科
Ancylis sativa

中国分布：华东、华中、华北、西南地区

寄主植物：枣、酸枣等

拍摄日期：2020年8月8日
拍摄地点：上海三林
摄　　影：李昀泽

后黄卷蛾 卷蛾科

Archips asiaticus

中国分布：华东、华中、华北地区

寄主植物：杏、李、木通等

拍摄日期：2020 年 8 月 2 日
拍摄地点：浙江临安龙门秘境
摄　　影：张宁

云杉黄卷蛾 卷蛾科

Archips oporanus

中国分布：华东、华中、华北、东北、华南地区

寄主植物：云杉、马尾松、红松等

拍摄日期：2020 年 5 月 25 日
拍摄地点：上海博山东路
摄　　影：魏宇宸

龙眼裳卷蛾 卷蛾科

Cerace stipatana

中国分布：华南、西南、华东地区

寄主植物：龙眼、荔枝、枫香等

拍摄日期：2015 年 11 月 9 日
拍摄地点：海南霸王岭
摄　　影：张宁

荔枝异形小卷蛾 卷蛾科

Cryptophlebia ombrodelta

中国分布：华东、华中、华南地区

寄主植物：荔枝、金合欢、大豆等

拍摄日期：2020 年 5 月 25 日
拍摄地点：上海博山东路
摄　　影：魏宇宸

槐叶柄卷蛾 卷蛾科

Cydia trasias

中国分布：华东、华中、华北地区

寄主植物：刺槐、国槐等

拍摄日期：2020 年 5 月 28 日
拍摄地点：上海博山东路
摄　　影：魏宇宸

白钩小卷蛾 卷蛾科

Epiblema foenella

中国分布：全国各地区

寄主植物：芦蒿、艾等

拍摄日期：2020 年 8 月 8 日
拍摄地点：上海三林
摄　　影：李昀泽

麻小食心虫 卷蛾科

Grapholita delineana

中国分布：华东、华中、华北、西南地区

寄主植物：李、桃、樱等

拍摄日期：2020 年 9 月 26 日
拍摄地点：上海凌海路
摄　　影：李昀泽

河北狭纹卷蛾 卷蛾科

Gynnidomorpha permixtana

中国分布：华东、华中、华北、西南地区

寄主植物：不详

小 型

拍摄日期：2020 年 8 月 29 日
拍摄地点：上海凌海路
摄　　影：李昀泽

茶长卷蛾（雄） 卷蛾科

Homona magnanima

中国分布：华东、华中、华南地区

寄主植物：茶、桃、李等

拍摄日期：2020 年 7 月 24 日
拍摄地点：上海金海湿地公园
摄　　影：魏宇宸

榆花翅小卷蛾 卷蛾科

Lobesia aeolopa

中国分布：华东、华中、华北、华南、西南地区

寄主植物：榆、豆科、菊科等

拍摄日期：2020 年 8 月 15 日
拍摄地点：上海张江
摄　　影：李昀泽

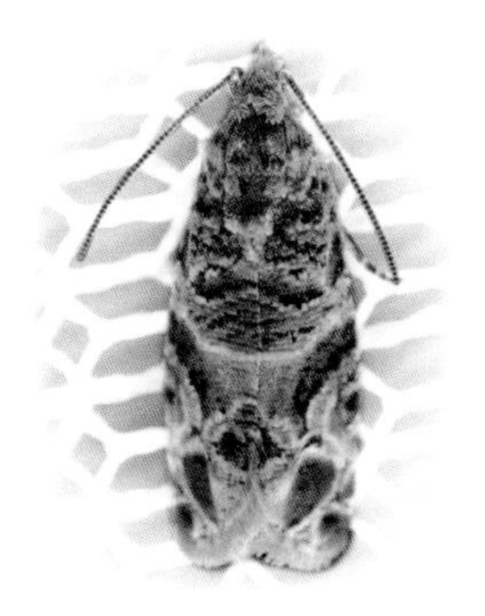

苦楝小卷蛾 卷蛾科

Loboschiza koenigiana

中国分布：华东、华中地区

寄主植物：苦楝

拍摄日期：2020 年 8 月 29 日
拍摄地点：上海凌海路
摄　　影：李昀泽

倒卵小卷蛾 卷蛾科

Olethreutes obovata

中国分布：华东、华中、华北、西南地区

寄主植物：绣线菊

拍摄日期：2020 年 7 月 18 日
拍摄地点：上海张江
摄　　影：李昀泽

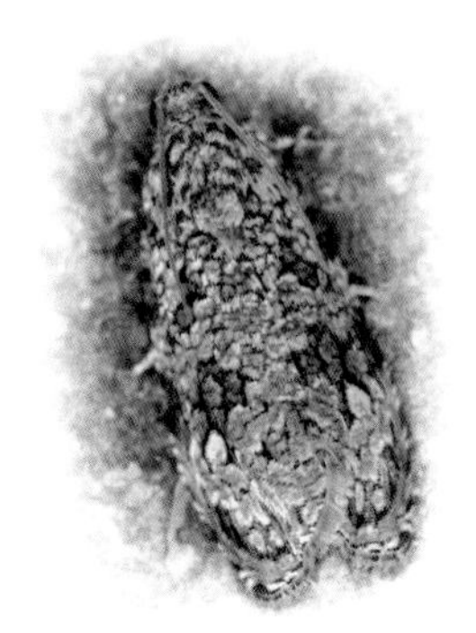

翼蛾科
Alucitidae

小型。触角丝状。唇须发达。前后翅各分裂为 6 支羽状脉，形态与鸟的羽翼相仿。停息时四翅羽状脉均衡平展，身体全露。全世界已知 210 多种。

栀子花多翼蛾 翼蛾科
Orneodes flavofascia

中国分布：上海
寄主植物：栀子花

小 型

拍摄日期：2020 年 9 月 12 日
拍摄地点：上海张江
摄　　影：张宁

羽蛾科
Pterophoridae

小型。头部宽阔，颈部具直立鳞毛。复眼半球形。喙长。前翅通常 2 裂，后翅 3 裂。停息时前翅前举呈“Y”形。全世界已知 1 190 多种，我国记载 140 多种。

黄褐羽蛾 羽蛾科
Deuterocopus socotranus

中国分布：华东、华南地区
寄主植物：不详

小 型

拍摄日期：2020 年 7 月 18 日
拍摄地点：上海张江
摄　　影：李昀泽

甘薯异羽蛾 羽蛾科

Emmelina monodactyla

中国分布：华东、华北、东北、西北地区

寄主植物：甘薯、旋花等

拍摄日期：2020 年 9 月 19 日
拍摄地点：上海高东
摄　　影：李昀泽

小 型

艾蒿滑羽蛾 羽蛾科

Hellinsia lienigiana

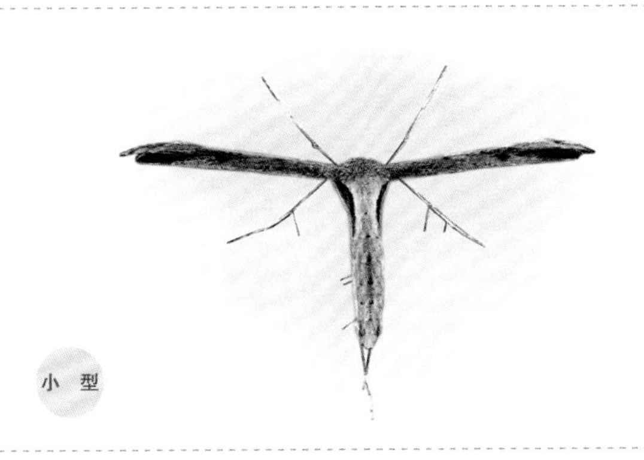

中国分布：华东、华中、华北、西南地区

寄主植物：艾草等

拍摄日期：2018 年 11 月 5 日
拍摄地点：浙江桐庐天子地
摄　　影：张宁

小 型

网蛾科 Thyrididae

多数为小型。无单眼。喙发达，基部无鳞毛。触角丝状或短栉状。前翅外缘线分叉。停息时四翅呈平展型，身体全露。全世界已知 600 多种，我国记载 70 多种。

金盏拱肩网蛾 网蛾科

Camptochilus sinuosus

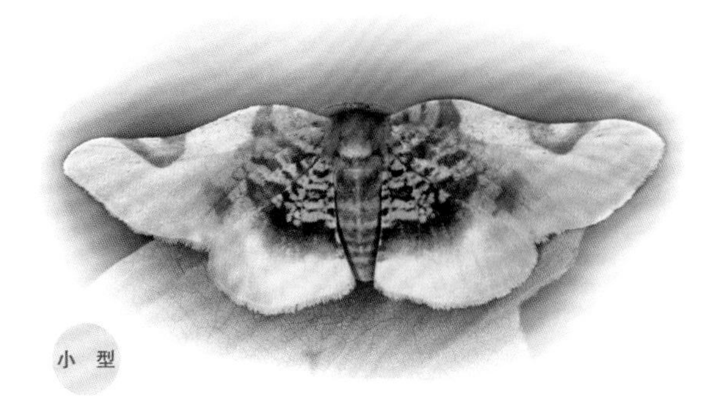

中国分布：华东、华中、华南、西南地区

寄主植物：不详

拍摄日期：2019 年 5 月 20 日
拍摄地点：浙江临安太湖源
摄　　影：张宁

小 型

红蝉网蛾 网蛾科

Glanycus insolitus

中国分布：华东、华南、西南地区

寄主植物：板栗

拍摄日期：2015 年 7 月 9 日
拍摄地点：浙江临安东天目山
摄　　影：张宁

石榴绢网蛾 网蛾科

Herdonia osacesalis

中国分布：华东、华南、西南地区

寄主植物：石榴、紫薇等

拍摄日期：2020 年 5 月 22 日
拍摄地点：上海金海湿地公园
摄　　影：魏宇宸

大斜线网蛾 网蛾科

Striglina cancellata

中国分布：华南、西南地区

寄主植物：不详

拍摄日期：2020 年 8 月 8 日
拍摄地点：海南琼中什寒村
摄　　影：张宁

螟蛾科
Pyralidae

小型。复眼大。触角丝状。喙发达。下唇须 3 节，平伸或上举。停息时姿态各异，四翅呈竖裹型、斜覆型和平展型。全世界已知 5 900 多种。

水稻毛拟斑螟 螟蛾科

Emmalocera gensanalis

中国分布：华东、华中地区
寄主植物：水稻、稗草

拍摄日期：2020年8月22日
拍摄地点：上海高东
摄　　影：李昀泽

小　型

康岐角螟 螟蛾科

Endotricha consocia

中国分布：华东地区
寄主植物：不详

拍摄日期：2020年9月19日
拍摄地点：上海高东
摄　　影：安开颜

小　型

榄绿歧角螟 螟蛾科

Endotricha olivacealis

中国分布：全国各地区
寄主植物：不详

拍摄日期：2020年8月22日
拍摄地点：上海高东
摄　　影：李昀泽

小　型

库氏歧角螟 螟蛾科

Endotricha kuznetzovi

中国分布：华东、华北地区
寄主植物：不详

拍摄日期：2020年7月24日
拍摄地点：上海高东
摄　　影：李昀泽

小 型

长臂彩丛螟

螟蛾科

Lista haraldusalis

中国分布：华东、华中、华南、西南地区

寄主植物：不详

拍摄日期：2020 年 8 月 13 日
拍摄地点：海南五指山
摄　　影：张宁

小 型

缀叶丛螟

螟蛾科

Locastra muscosalis

中国分布：华东、华中、华北、西南地区

寄主植物：核桃、板栗、香椿等

拍摄日期：2020 年 7 月 19 日
拍摄地点：浙江泰顺
摄　　影：张宁

小 型

褐鹦螟

螟蛾科

Loryma recursata

中国分布：华东、华中、华南地区

寄主植物：不详

拍摄日期：2020 年 7 月 12 日
拍摄地点：上海三林
摄　　影：李昀泽

小 型

赫双点螟

螟蛾科

Orybina hoenei

中国分布：华东、华南、西南地区

寄主植物：不详

拍摄日期：2019 年 7 月 29 日
拍摄地点：浙江桐庐天子地
摄　　影：张宁

红云翅斑螟 螟蛾科

Oncocera semirubella

中国分布：全国各地区

寄主植物：白车轴草、苜蓿等

拍摄日期：2020 年 5 月 9 日
拍摄地点：上海康桥生态园
摄　　影：张宁

小　型

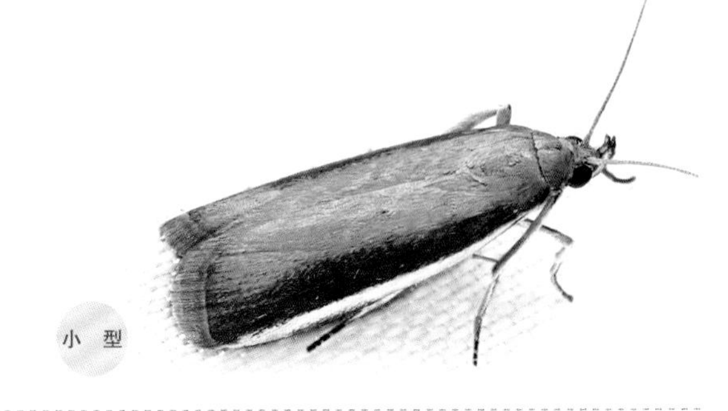

印度谷斑螟 螟蛾科

Plodia interpunctella

中国分布：全国各地区

寄主植物：豆、大米、干果等

拍摄日期：2020 年 8 月 28 日
拍摄地点：上海明月路
摄　　影：李昀泽

小　型

柳阴翅斑螟 螟蛾科

Sciota adelphella

中国分布：华东、华中、华北、西北地区

寄主植物：杨、柳等

拍摄日期：2020 年 9 月 20 日
拍摄地点：上海金海湿地公园
摄　　影：魏宇宸

小　型

白带网丛螟 螟蛾科

Teliphasa albifusa

中国分布：华东、华中、华南、西南地区

寄主植物：不详

拍摄日期：2015 年 7 月 7 日
拍摄地点：浙江临安东天目山
摄　　影：张宁

小　型

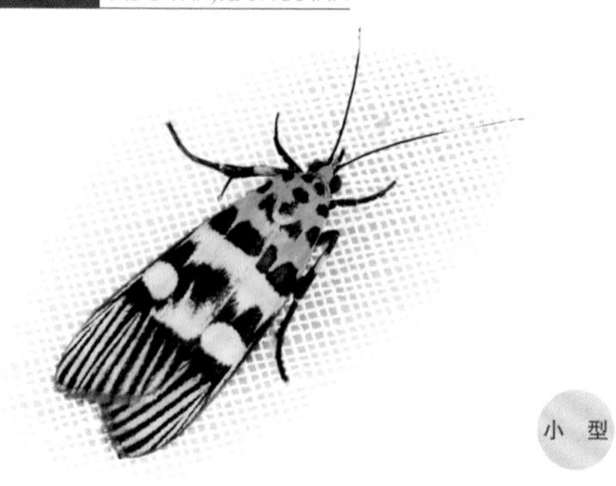

黄螟

螟蛾科

Vitessa suradeva

中国分布：华南、西南地区

寄主植物：不详

小 型

拍摄日期：2016 年 11 月 6 日
拍摄地点：海南琼中什寒村
摄　　影：张宁

草螟科 Crambidae

多数为小型。头顶具直立鳞片。复眼大，球形。触角长丝状。停息时四翅大多数呈平展型，触角后伸。全世界已知10 000 多种，我国记载1 000 多种。

黄野螟

草螟科

Heortia vitessoides

中国分布：华南、西南地区

寄主植物：不详

拍摄日期：2020 年 8 月 8 日
拍摄地点：海南琼中什寒村
摄　　影：张宁

火红奇异野螟

草螟科

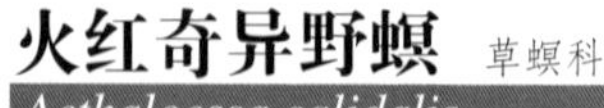

中国分布：华东、华南地区

寄主植物：不详

拍摄日期：2019 年 10 月 4 日
拍摄地点：安徽黟县打鼓岭
摄　　影：王瑞阳

元参棘趾野螟 草螟科
Anania verbascalis

中国分布：华东、华中、华北、华南、西南地区

寄主植物：泡桐、菊科、元参等

拍摄日期：2020 年 7 月 19 日
拍摄地点：浙江泰顺左溪村
摄　　影：张宁

小　型

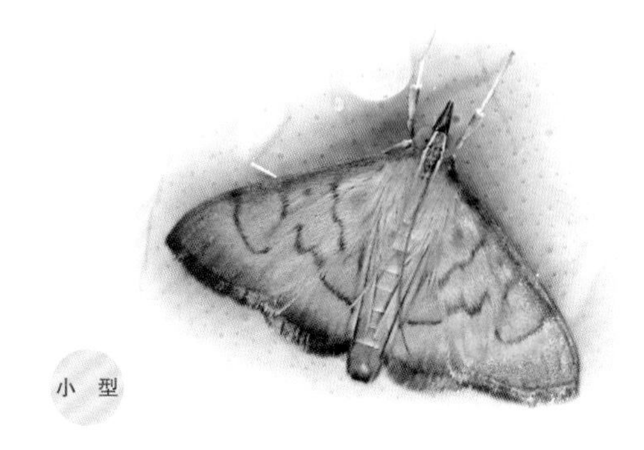

华南波水螟 草螟科
Paracymoriza laminalis

中国分布：华东、西南地区

寄主植物：不详

拍摄日期：2016 年 7 月 5 日
拍摄地点：浙江浙西大峡谷
摄　　影：张宁

小　型

白斑翅野螟 草螟科
Bocchoris inspersalis

中国分布：华东、西南地区

寄主植物：不详

拍摄日期：2015 年 8 月 23 日
拍摄地点：江苏南山竹海
摄　　影：张宁

小　型

白杨缀叶夜螟 草螟科
Botyodes asialis

中国分布：华东、华南、西南地区

寄主植物：白杨

拍摄日期：2015 年 10 月 3 日
拍摄地点：海南霸王岭
摄　　影：张宁

小中型

小 型

黄翅缀叶野螟 草螟科

Botyodes diniasalis

中国分布：华东、华中、华北、西南地区

寄主植物：杨、柳等

拍摄日期：2020 年 7 月 24 日
拍摄地点：上海金海湿地公园
摄　　影：魏宇宸

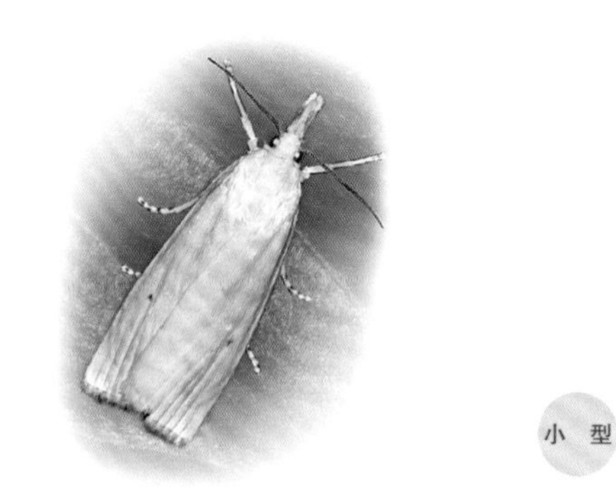

小 型

黄纹髓草螟 草螟科

Calamotropha paludella

中国分布：全国各地区

寄主植物：香蒲等

拍摄日期：2020 年 6 月 6 日
拍摄地点：上海金海湿地公园
摄　　影：魏宇宸

小 型

海斑水螟 草螟科

Eoophyla halialis

中国分布：华东、华南、西南地区

寄主植物：不详

拍摄日期：2020 年 10 月 2 日
拍摄地点：浙江临安龙门秘境
摄　　影：张宁

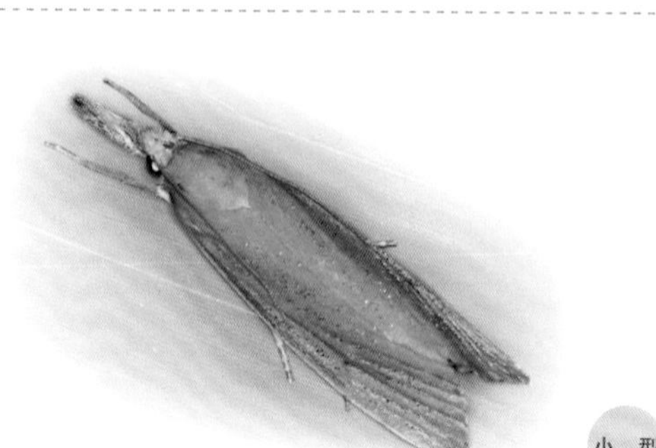

小 型

蔗茎禾草螟 草螟科

Chilo sacchariphagus

中国分布：华东、华中、华北地区

寄主植物：高粱、甘蔗等

拍摄日期：2020 年 7 月 12 日
拍摄地点：上海金海湿地公园
摄　　影：魏宇宸

金黄镰翅野螟 草螟科

Circobotys aurealis

中国分布：华东、华中、华南地区

寄主植物：竹

拍摄日期：2015年6月12日
拍摄地点：浙江临安神龙川
摄　　影：张宁

小　型

横线镰翅野螟 草螟科

Circobotys heterogenalis

中国分布：华东、华中、华北、西南地区

寄主植物：竹

拍摄日期：2015年7月9日
拍摄地点：浙江临安东天目山
摄　　影：张宁

小　型

圆斑黄缘野螟 草螟科

Cirrhochrista brizoalis

中国分布：华东、华南、西南地区

寄主植物：不详

拍摄日期：2020年7月19日
拍摄地点：浙江泰顺
摄　　影：张宁

小　型

稻纵卷叶螟 草螟科

Cnaphalocrocia medinalis

中国分布：华东、华中、华北、华南地区

寄主植物：水稻、小麦等

拍摄日期：2020年7月24日
拍摄地点：上海康桥生态园
摄　　影：王令齐

小　型

桃蛀螟 草螟科

Conogethes punctiferalis

中国分布：全国各地区

寄主植物：桃、李、石榴等

拍摄日期：2020 年 7 月 4 日
拍摄地点：上海凌海路
摄　　影：李昀泽

伊锥歧角螟 草螟科

Cotachena histricalis

中国分布：华东、华南、西南地区

寄主植物：不详

小 型

拍摄日期：2016 年 7 月 22 日
拍摄地点：浙江清凉峰
摄　　影：张宁

黄杨绢野螟 草螟科

Cydalima perspectalis

中国分布：华东、华中、华北、华南、西南地区

寄主植物：黄杨等

小中型

拍摄日期：2015 年 7 月 7 日
拍摄地点：浙江临安东天目山
摄　　影：张宁

绿翅绢野螟 草螟科

Diaphania angustalis

中国分布：华南、西南地区

寄主植物：不详

小中型

拍摄日期：2017 年 7 月 25 日
拍摄地点：海南琼中什寒村
摄　　影：张宁

双点绢野螟 草螟科

Diaphania bivitralis

中国分布：华东、华南、西南地区

寄主植物：不详

拍摄日期：2020 年 1 月 21 日
拍摄地点：海南五指山
摄　　影：张宁

小型

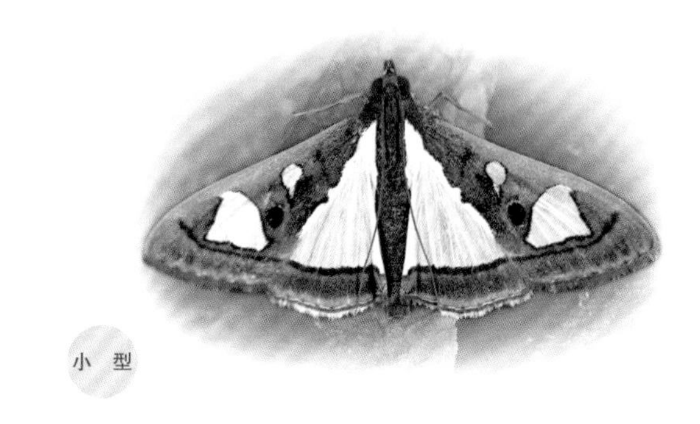

黄翅绢野螟 草螟科

Diaphania caesalis

中国分布：华南、西南地区

寄主植物：不详

拍摄日期：2016 年 11 月 6 日
拍摄地点：海南琼中什寒村
摄　　影：张宁

小型

海绿绢野螟 草螟科

Diaphania glauculalis

中国分布：华南、西南地区

寄主植物：不详

拍摄日期：2016 年 11 月 6 日
拍摄地点：海南琼中什寒村
摄　　影：张宁

瓜绢野螟 草螟科

Diaphania indica

中国分布：华东、华中、西南、华北地区

寄主植物：梧桐、悬铃木等

拍摄日期：2020 年 7 月 24 日
拍摄地点：上海金海湿地公园
摄　　影：魏宇宸

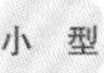

盾纹绢野螟 草螟科

Diaphania itysalis

中国分布：华南、西南地区

寄主植物：不详

小 型

拍摄日期：2014 年 5 月 27 日
拍摄地点：海南吊罗山
摄　　影：张宁

四斑绢野螟 草螟科

Diaphania quadrimaculalis

中国分布：华东、华中、东北、华南、西南地区

寄主植物：黄杨、柳等

小 型

拍摄日期：2017 年 2 月 4 日
拍摄地点：马来西亚婆罗洲
摄　　影：张宁

棕带绢野螟 草螟科

Diaphania stolalis

中国分布：华南、西南地区

寄主植物：不详

小 型

拍摄日期：2017 年 2 月 3 日
拍摄地点：马来西亚婆罗洲
摄　　影：张宁

目斑纹翅野螟 草螟科

Diasemia distinctalis

中国分布：华东地区

寄主植物：不详

小 型

拍摄日期：2016 年 6 月 11 日
拍摄地点：浙江安吉龙王山
摄　　影：张宁

齿斑翅野螟 草螟科

Diastictis onychinalis

中国分布：华东、华南、西南地区

寄主植物：不详

拍摄日期：2020 年 5 月 16 日
拍摄地点：上海康桥生态园
摄　　影：张宁

小型

双带蛀野螟 草螟科

Dichocrocis zebralis

中国分布：华南地区

寄主植物：不详

拍摄日期：2018 年 2 月 7 日
拍摄地点：马来西亚婆罗洲
摄　　影：张宁

小型

褐萍水螟 草螟科

Elophila turbata

中国分布：华东、华中、华北、华南、西南地区

寄主植物：水稻、满江红、鸭舌草等

拍摄日期：2020 年 8 月 29 日
拍摄地点：上海凌海路
摄　　影：李昀泽

小型

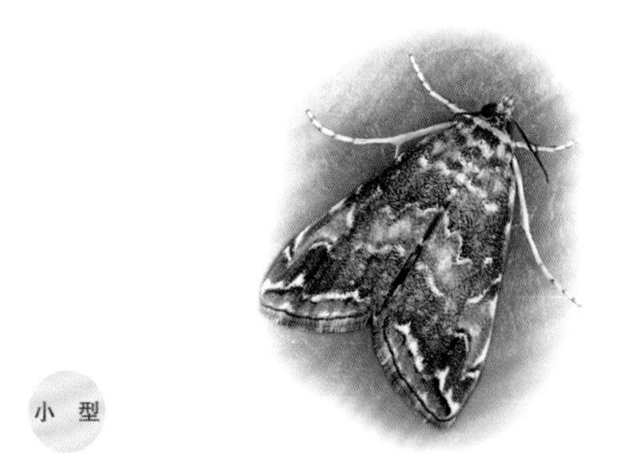

竹黄腹大草螟 草螟科

Eschata miranda

中国分布：华东、华南、西南地区

寄主植物：不详

拍摄日期：2015 年 8 月 29 日
拍摄地点：浙江临安东天目山
摄　　影：张宁

小型

小 型

叶展须野螟 草螟科

Eurrhyparodes bracteolalis

中国分布：华东、华中、华南、西南地区

寄主植物：不详

拍摄日期：2018 年 11 月 6 日
拍摄地点：浙江余杭山沟沟
摄　　影：张宁

小 型

桑绢野螟 草螟科

Glyphodes pyloalis

中国分布：华东、华中、华北、西南地区

寄主植物：桑

拍摄日期：2020 年 7 月 18 日
拍摄地点：上海张江
摄　　影：李昀泽

小 型

稻巢草螟 草螟科

Ancylolomia japonica

中国分布：全国各地区

寄主植物：水稻

拍摄日期：2020 年 6 月 26 日
拍摄地点：上海康桥生态园
摄　　影：严羽笑

小 型

黄翅长距野螟 草螟科

Hyalobathra filalis

中国分布：华南地区

寄主植物：不详

拍摄日期：2015 年 11 月 10 日
拍摄地点：海南霸王岭
摄　　影：张宁

三环狭野螟 草螟科

Mabra charonialis

中国分布：华东、华中、华北、西南地区

寄主植物：不详

拍摄日期：2020 年 5 月 28 日
拍摄地点：上海博山东路
摄　　影：魏宇宸

小　型

豆荚野螟 草螟科

Maruca vitrata

中国分布：全国各地区

寄主植物：大豆、豇豆、田菁等

拍摄日期：2018 年 11 月 6 日
拍摄地点：浙江余杭山沟沟
摄　　影：张宁

小　型

双带草螟 草螟科

Miyakea expansa

中国分布：华东地区

寄主植物：不详

拍摄日期：2020 年 7 月 3 日
拍摄地点：上海康桥生态园
摄　　影：李昀泽

小　型

黑点蚀叶野螟 草螟科

Nacoleia commixta

中国分布：华东、华中、华北、华南、西南地区

寄主植物：不详

拍摄日期：2016 年 7 月 20 日
拍摄地点：浙江开化古田山
摄　　影：张宁

小　型

小　型

脉纹野螟 草螟科

Nevrina procopia

中国分布：华南、西南地区

寄主植物：不详

拍摄日期：2017 年 2 月 5 日
拍摄地点：马来西亚婆罗洲
摄　　影：张宁

小　型

麦牧野螟 草螟科

Nomophila noctuella

中国分布：华东、华中、华北、华南、西南地区

寄主植物：小麦、柳、苜蓿

拍摄日期：2020 年 5 月 28 日
拍摄地点：上海博山东路
摄　　影：魏宇宸

小　型

茶须野螟 草螟科

Nosophora semitritalis

中国分布：华东、华南、西南地区

寄主植物：不详

拍摄日期：2020 年 8 月 26 日
拍摄地点：安徽石台
摄　　影：张宁

小　型

小蜡绢须野螟 草螟科

Palpita inusitata

中国分布：华东、华北、华南地区

寄主植物：白蜡、女贞等

拍摄日期：2020 年 9 月 12 日
拍摄地点：上海张江
摄　　影：李昀泽

洁波水螟 草螟科

Paracymoriza prodigalis

中国分布：华东、华中、华北、华南、西南地区

寄主植物：不详

拍摄日期：2016年6月12日
拍摄地点：浙江安吉龙王山
摄　　影：张宁

小　型

白斑黑野螟 草螟科

Phlyctaenia tyres

中国分布：华南、西南地区

寄主植物：不详

拍摄日期：2017年7月25日
拍摄地点：海南琼中什寒村
摄　　影：张宁

小中型

大白斑野螟 草螟科

Polythlipta liquidalis

中国分布：华东、华中、华南、西南地区

寄主植物：不详

拍摄日期：2015年7月9日
拍摄地点：浙江临安东天目山
摄　　影：张宁

小中型

黑脉厚须螟蛾 草螟科

Propachys nigrivena

中国分布：华东、西南地区

寄主植物：不详

拍摄日期：2018年7月30日
拍摄地点：浙江宁海
摄　　影：张宁

小中型

黄纹银草螟 草螟科

Pseudargyria interruptella

中国分布：华东、华南、西南地区

寄主植物：不详

小 型

拍摄日期：2020 年 8 月 26 日
拍摄地点：安徽石台
摄　　影：张宁

纯白草螟 草螟科

Pseudocatharylla simplex

中国分布：全国各地区

寄主植物：水稻

小 型

拍摄日期：2020 年 9 月 12 日
拍摄地点：上海金海湿地公园
摄　　影：魏宇宸

显纹卷野螟 草螟科

Pycnarmon radiata

中国分布：华东、华中、华南地区

寄主植物：不详

小 型

拍摄日期：2015 年 8 月 29 日
拍摄地点：浙江临安东天目山
摄　　影：张宁

黄纹野螟 草螟科

Pyrausta aurata

中国分布：华东、华中、华北、西北、西南地区

寄主植物：不详

小 型

拍摄日期：2020 年 5 月 23 日
拍摄地点：上海博山东路
摄　　影：魏宇宸

白缘苇野螟 草螟科

Sclerocona acutella

中国分布：华东、华中、华北地区

寄主植物：芦苇等

拍摄日期：2020 年 8 月 7 日
拍摄地点：上海金海湿地公园
摄　　影：魏宇宸

小　型

楸蠹野螟 草螟科

Sinomphisa plagialis

中国分布：华东、华中、华北、西南地区

寄主植物：楸树等

拍摄日期：2020 年 7 月 12 日
拍摄地点：上海金海湿地公园
摄　　影：魏宇宸

小　型

甜菜白带野螟 草螟科

Spoladea recurvalis

中国分布：华东、华中、华南、西南、华北、东北地区

寄主植物：甜菜、甘蔗、苋菜等

拍摄日期：2012 年 6 月 19 日
拍摄地点：广东珠海
摄　　影：张宁

小　型

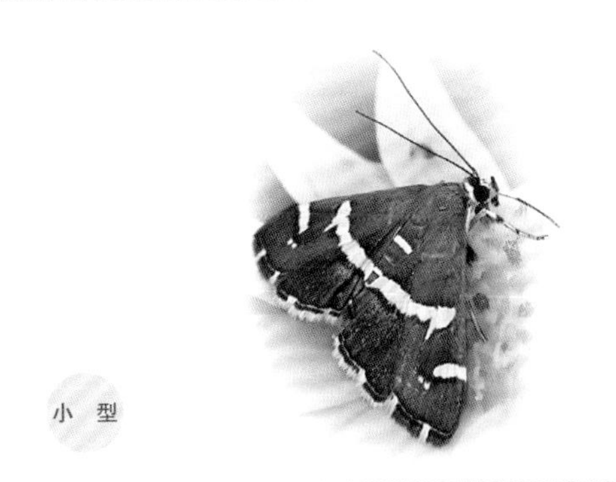

棉卷叶野螟 草螟科

Syllepte derogata

中国分布：华东、华南、华中、华北、西南地区

寄主植物：棉花、梧桐、木槿等

拍摄日期：2015 年 7 月 9 日
拍摄地点：浙江临安东天目山
摄　　影：张宁

小　型

六斑蓝水螟 草螟科

Talanga sexpunctalis

中国分布：华南、西南地区

寄主植物：不详

拍摄日期：2016年11月6日
拍摄地点：海南琼中什寒村
摄　　影：张宁

黄黑纹野螟 草螟科

Tyspanodes hypsalis

中国分布：华东、西南地区

寄主植物：不详

拍摄日期：2019年7月26日
拍摄地点：浙江桐庐天子地
摄　　影：张宁

橙黑纹野螟 草螟科

Tyspanodes striata

中国分布：华东、华南、西南地区

寄主植物：不详

拍摄日期：2015年9月14日
拍摄地点：浙江临安神龙川
摄　　影：张宁

枯叶蛾科 Lasiocampidae

小中型至大型。身体粗壮。色彩以黄褐为主。喙不发达，触角为双栉齿状。停息时四翅呈斜覆型或竖裹型，形如枯叶。全世界已知2 200多种，我国记载210多种。

红点枯叶蛾 枯叶蛾科

Alompra roepkei

中国分布：华南地区

寄主植物：不详

拍摄日期：2018 年 2 月 7 日
拍摄地点：马来西亚婆罗洲
摄　　影：张宁

小中型

棕线枯叶蛾 枯叶蛾科

Arguda insulindiana

中国分布：华南、西南地区

寄主植物：不详

拍摄日期：2017 年 2 月 3 日
拍摄地点：马来西亚婆罗洲
摄　　影：张宁

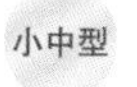

小中型

思茅松毛虫 枯叶蛾科

Dendrolimus kikuchii

中国分布：华东、华中、华南、西南地区

寄主植物：思茅松、马尾松、金钱树等

拍摄日期：2020 年 9 月 12 日
拍摄地点：上海张江
摄　　影：严羽笑

中大型

赛纹枯叶蛾 枯叶蛾科

Euthrix isocyma

中国分布：华中、华南、西南地区

寄主植物：不详

拍摄日期：2017 年 8 月 23 日
拍摄地点：海南琼中什寒村
摄　　影：张宁

小中型

竹纹枯叶蛾 枯叶蛾科

Euthrix laeta

中国分布：华东、华中、西南地区

寄主植物：竹、芦苇

拍摄日期：2020 年 7 月 19 日
拍摄地点：浙江泰顺
摄　　影：张宁

李枯叶蛾 枯叶蛾科

Gastropacha quercifolia

中国分布：华东、华中、华北、东北地区

寄主植物：李、苹果、柳等

拍摄日期：2020 年 8 月 26 日
拍摄地点：安徽石台
摄　　影：张宁

二白点枯叶蛾 枯叶蛾科

Kosala rufa

中国分布：华东、西南地区

寄主植物：不详

拍摄日期：2020 年 10 月 2 日
拍摄地点：浙江临安龙门秘境
摄　　影：张宁

直纹杂枯叶蛾 枯叶蛾科

Kunugia lineata

中国分布：华南、西南地区

寄主植物：不详

拍摄日期：2020 年 1 月 22 日
拍摄地点：海南五指山
摄　　影：张宁

油茶枯叶蛾 枯叶蛾科

Lebeda onbilis

中国分布：华东、华中地区

寄主植物：油茶、杨梅、板栗等

拍摄日期：2015 年 9 月 14 日
拍摄地点：浙江临安神龙川
摄　　影：张宁

大　型

苹果枯叶蛾 枯叶蛾科

Odonestis pruni

中国分布：华东、华中、华北、东北地区

寄主植物：苹果、梅、桦等

拍摄日期：2015 年 9 月 6 日
拍摄地点：浙江临安龙门秘境
摄　　影：张宁

中　型

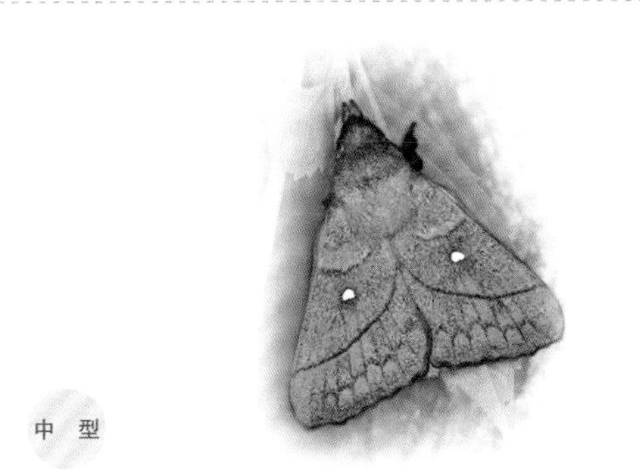

东北栎枯叶蛾 枯叶蛾科

Paralebeda femorata

中国分布：华东、华中、东北、华南、西南地区

寄主植物：杨、栎、板栗等

拍摄日期：2015 年 9 月 4 日
拍摄地点：浙江临安东坑村
摄　　影：张宁

中大型

栗黄枯叶蛾 枯叶蛾科

Trabala vishnou

中国分布：华东、华中、西南地区

寄主植物：柳、榆、蓖麻等

拍摄日期：2019 年 7 月 22 日
拍摄地点：浙江桐庐天子地
摄　　影：张宁

中　型

带蛾科 Eupterotidae

中型至中大型。触角为双栉状。喙退化。下唇须发达。翅宽大，鳞毛发达，色暗淡，具带状纹。停息时四翅呈平展型。全世界已知300多种，我国记载10多种。

中 型

云斑带蛾 带蛾科

Apha yunnanensis

中国分布：华中、华南、西南地区

寄主植物：不详

拍摄日期：2020年1月22日
拍摄地点：海南五指山
摄　　影：张宁

中 型

灰纹带蛾 带蛾科

Ganisa cyanugrisea

中国分布：华东、华中、华南、西南地区

寄主植物：不详

拍摄日期：2019年5月20日
拍摄地点：浙江临安太湖源
摄　　影：张宁

中 型

三线褐带蛾 带蛾科

Palirisa sp.

中国分布：华南、西南地区

寄主植物：不详

拍摄日期：2020年1月21日
拍摄地点：海南五指山
摄　　影：张宁

蚕蛾科 Bombycidae

小型至小中型。喙退化。触角多数为双栉羽状。翅宽大，色彩以白、黄褐为主。停息时四翅呈平展型，后翅略露，身体全露。全世界已知 60 多种，我国记载 20 多种。

一点钩翅蚕蛾 蚕蛾科

Mustilia hepatica

中国分布：华东、华南、西南地区

寄主植物：构树

拍摄日期：2017 年 7 月 25 日
拍摄地点：海南琼中什寒村
摄　　影：张宁

小　型

黄波花蚕蛾 蚕蛾科

Oberthueria caeca

中国分布：华东、华中、华北、东北地区

寄主植物：鸡爪槭

拍摄日期：2015 年 6 月 11 日
拍摄地点：浙江临安神龙川
摄　　影：张宁

小中型

褐斑白蚕蛾 蚕蛾科

Ocinara brunnea

中国分布：华东、华南地区

寄主植物：桑

拍摄日期：2020 年 8 月 11 日
拍摄地点：海南五指山
摄　　影：张宁

小　型

小中型

大黑点白蚕蛾 蚕蛾科

Ocinara lida

中国分布：华南、西南地区

寄主植物：桑

拍摄日期：2015 年 10 月 3 日
拍摄地点：海南霸王岭
摄　　影：张宁

小　型

白弧野蚕蛾 蚕蛾科

Theophila albicurva

中国分布：华东、华中、华南、西北地区

寄主植物：桑

拍摄日期：2020 年 8 月 7 日
拍摄地点：上海金海湿地公园
摄　　影：魏宇宸

小　型

四点白蚕蛾 蚕蛾科

Theophila sp.

中国分布：华南、西南地区

寄主植物：桑

拍摄日期：2017 年 8 月 22 日
拍摄地点：海南琼中什寒村
摄　　影：张宁

小　型

灰白蚕蛾 蚕蛾科

Trilocha varians

中国分布：华南、西南地区

寄主植物：无花果、榕树、菠萝等

拍摄日期：2020 年 1 月 19 日
拍摄地点：海南琼中什寒村
摄　　影：张宁

天蚕蛾科
Saturniidae

多数为大型。喙退化。触角羽状。翅宽大，色彩鲜艳，常有眼斑，有些具长尾突。停息时四翅呈平展型，身体全露。全世界已知 2 300 多种，我国记载 40 多种。

长尾天蚕蛾　天蚕蛾科
Actias dubernardi

中国分布：华东、华中、华南、西南地区

寄主植物：不详

拍摄日期：2017 年 5 月 1 日
拍摄地点：浙江浙西天池
摄　　影：张宁

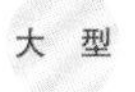

绿尾天蚕蛾　天蚕蛾科
Actias ningpoana

中国分布：华东、华中、华南、西南地区

寄主植物：枫杨、柳、乌桕等

拍摄日期：2020 年 7 月 19 日
拍摄地点：浙江泰顺
摄　　影：张宁

大 型

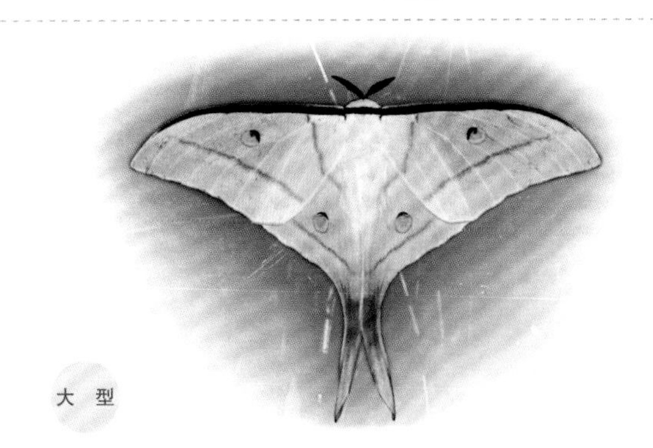

华尾天蚕蛾　天蚕蛾科
Actias sinensis

中国分布：华东、华中、华南、西南地区

寄主植物：枫香

拍摄日期：2020 年 8 月 12 日
拍摄地点：海南五指山
摄　　影：张宁

大 型

明目柞天蚕蛾(雌) 天蚕蛾科

Antheraea frithi tonkinensis

中国分布：华东、华南地区

寄主植物：香樟、乌桕

拍摄日期：2015 年 11 月 10 日
拍摄地点：海南霸王岭
摄　　影：张宁

大型

明目柞天蚕蛾(雄) 天蚕蛾科

Antheraea frithi tonkinensis

中国分布：华东、华南地区

寄主植物：香樟、乌桕

拍摄日期：2016 年 5 月 1 日
拍摄地点：浙江临安东天目山
摄　　影：张宁

大型

印度钩翅天蚕蛾 天蚕蛾科

Antheraeopsis assamensis

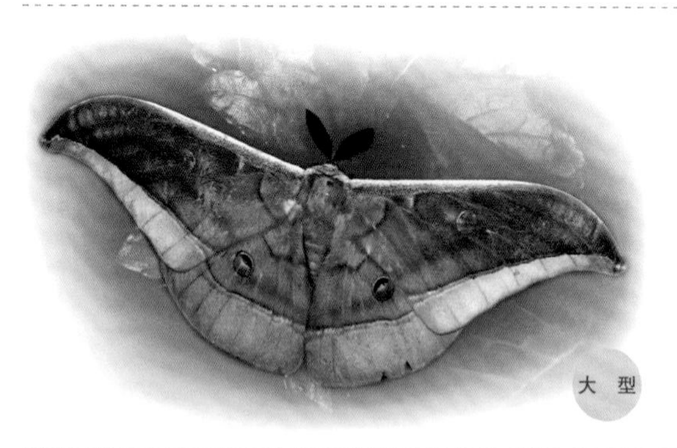

中国分布：华南、西南地区

寄主植物：不详

拍摄日期：2020 年 8 月 12 日
拍摄地点：海南五指山
摄　　影：张宁

大型

角斑樗蚕蛾 天蚕蛾科

Archaeosamia watsoni

中国分布：华东、华南、西南地区

寄主植物：香樟、乌桕等

拍摄日期：2015 年 6 月 12 日
拍摄地点：浙江临安神龙川
摄　　影：张宁

大型

乌桕天蚕蛾 天蚕蛾科

Attacus atlas

中国分布：华南、西南地区
寄主植物：乌桕、合欢、柳等

拍摄日期：2017 年 7 月 25 日
拍摄地点：海南琼中什寒村
摄　　影：张宁

大　型

小字天蚕蛾（雄） 天蚕蛾科

Cricula trifenestrata

中国分布：华南、西南地区
寄主植物：不详

拍摄日期：2017 年 8 月 23 日
拍摄地点：海南琼中什寒村
摄　　影：张宁

中　型

小字天蚕蛾（雌） 天蚕蛾科

Cricula trifenestrata

中国分布：华南、西南地区
寄主植物：不详

拍摄日期：2020 年 8 月 13 日
拍摄地点：海南五指山
摄　　影：张宁

中　型

樟蚕 天蚕蛾科

Eriogyna pyretorum

中国分布：华东、华中、华北、华南、东北、西南地区
寄主植物：香樟、枫香、银杏等

拍摄日期：2016 年 11 月 6 日
拍摄地点：海南琼中什寒村
摄　　影：张宁

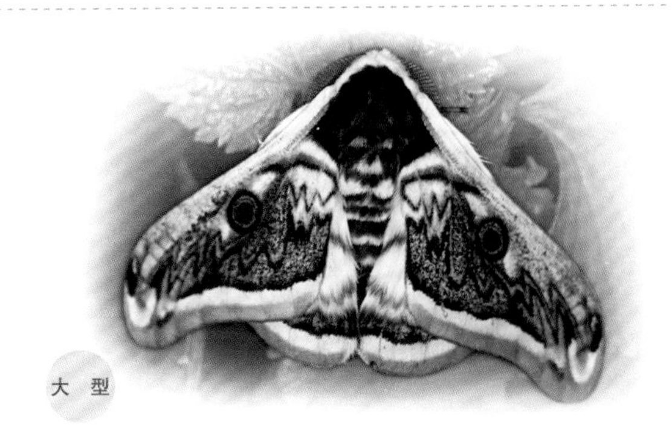

大　型

海南树天蚕蛾 天蚕蛾科

Lemaireia hainana

中国分布：海南

寄主植物：不详

拍摄日期：2020 年 1 月 21 日
拍摄地点：海南五指山
摄　　影：张宁

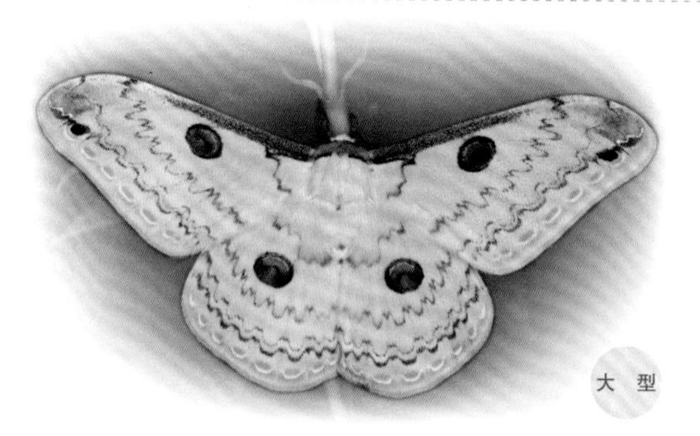

粤豹天蚕蛾 天蚕蛾科

Loepa kuangtungensis

中国分布：华南、华东地区

寄主植物：藤本植物

拍摄日期：2019 年 4 月 15 日
拍摄地点：浙江桐庐天子地
摄　　影：张宁

藤豹天蚕蛾 天蚕蛾科

Loepa anthera

中国分布：华南、西南地区

寄主植物：不详

拍摄日期：2017 年 8 月 23 日
拍摄地点：海南琼中什寒村
摄　　影：张宁

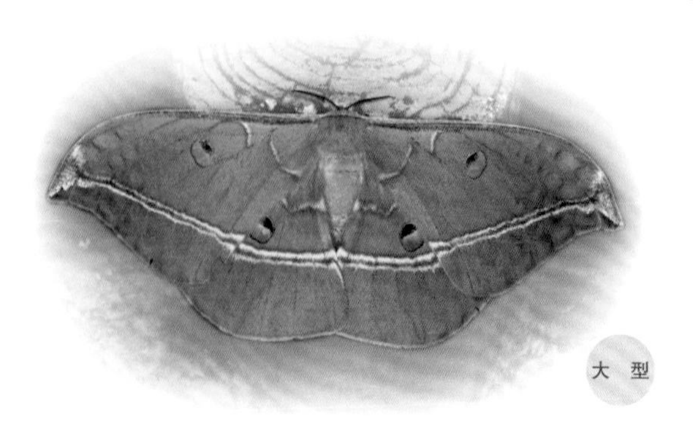

红目天蚕蛾 天蚕蛾科

Antheraea formosana

中国分布：华东、华南地区

寄主植物：不详

拍摄日期：2017 年 8 月 23 日
拍摄地点：海南琼中什寒村
摄　　影：张宁

王氏樗蚕蛾 天蚕蛾科

Samia wangi

中国分布：东北、华北、华东地区

寄主植物：香樟、臭椿、泡桐等

拍摄日期：2020 年 8 月 26 日
拍摄地点：安徽石台
摄　　影：张宁

大　型

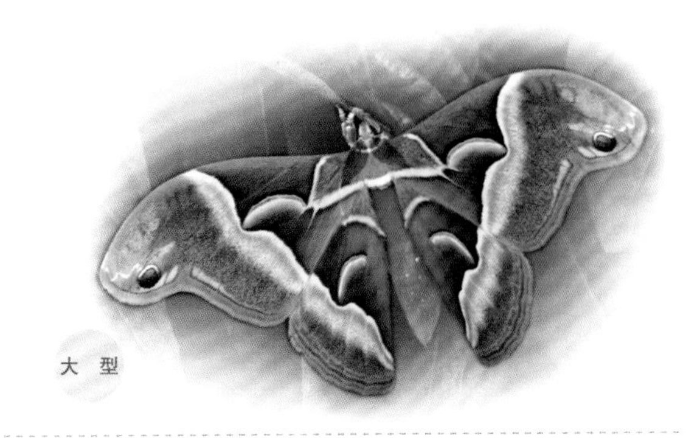

银杏珠天蚕蛾 天蚕蛾科

Saturnia japonica

中国分布：华东、华中、西南地区

寄主植物：银杏、麻栗、胡桃等

拍摄日期：2016 年 10 月 6 日
拍摄地点：浙江临安白沙村
摄　　影：张宁

大　型

中华黄珠天蚕蛾 天蚕蛾科

Saturnia sinanna

中国分布：西南地区

寄主植物：不详

拍摄日期：2013 年 8 月 8 日
拍摄地点：云南元阳
摄　　影：张宁

大　型

后目珠天蚕蛾 天蚕蛾科

Saturnia simla

中国分布：华南、西南地区

寄主植物：不详

拍摄日期：2015 年 11 月 9 日
拍摄地点：海南黎母山
摄　　影：张宁

大　型

箩纹蛾科 Brahmaeidae

大型。喙发达。下唇须向上伸。触角为双栉状。翅浓厚宽大，黄褐色，翅面斑纹呈众多箩筐状和波纹状。停息时四翅呈平展型。全世界已知 10 多种。

大 型

青球箩纹蛾 箩纹蛾科

Brahmaea hearseyi

中国分布：华东、华南、西南地区

寄主植物：女贞

拍摄日期：2015 年 7 月 17 日
拍摄地点：浙江临安东天目山
摄　　影：张宁

大 型

紫光箩纹蛾 箩纹蛾科

Brahmaea porphyrio

中国分布：华东、华北地区

寄主植物：女贞、丁香、桂花等

拍摄日期：2020 年 5 月 31 日
拍摄地点：上海金海湿地公园
摄　　影：魏宇宸

虎蛾科 Agaristidae

小型至中大型。触角为丝状，端部略粗。复眼大，具单眼。喙发达。下唇须上伸。翅色鲜艳，多数为黑、黄、红。停息时姿态各异，四翅呈竖裹型、斜覆型和平展型。

日龟虎蛾

虎蛾科

Chelonomorpha japona

中国分布：华东、华南、西南地区

寄主植物：不详

拍摄日期：2015 年 4 月 26 日
拍摄地点：浙江临安东天目山
摄　　影：张宁

中　型

葡萄修虎蛾

虎蛾科

Sarbanissa subflava

中国分布：华东、华中、华北、西南地区

寄主植物：葡萄、爬山虎

拍摄日期：2019 年 5 月 19 日
拍摄地点：浙江临安太湖源
摄　　影：张宁

小　型

豪虎蛾

虎蛾科

Scrobigera amatrix

中国分布：华东、华中、西南地区

寄主植物：不详

拍摄日期：2019 年 5 月 3 日
拍摄地点：安徽石台牯牛降
摄　　影：张宁

中大型

天蛾科 Sphingidae

中型至大型。身体粗壮，纺锤形。复眼和喙发达。触角多数为丝状。前翅长三角形，顶角尖；后翅三角形。停息时四翅呈平展型。全世界已知 1 050 多种，我国记载 180 多种。

芝麻鬼脸天蛾 天蛾科

Acherontia styx

中国分布：华东、华中、华北、西南地区

寄主植物：豆科、木樨等

拍摄日期：2019 年 7 月 3 日
拍摄地点：泰国清迈素贴山
摄　　影：张宁

缺角天蛾 天蛾科

Acosmeryx castanea

中国分布：华东、华中、华南、西南地区

寄主植物：葡萄、乌蔹莓

拍摄日期：2018 年 7 月 27 日
拍摄地点：浙江宁海岔路
摄　　影：张宁

拟黄褐缺角天蛾 天蛾科

Acosmeryx pseudomissa

中国分布：华东、华中、西南地区

寄主植物：不详

拍摄日期：2016 年 7 月 20 日
拍摄地点：浙江开化古田山
摄　　影：张宁

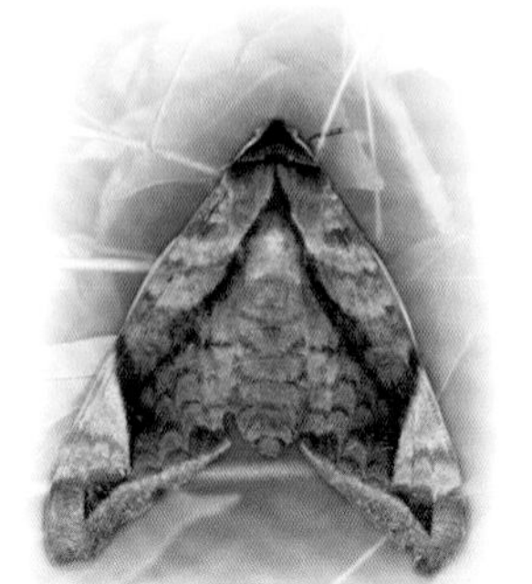

长翅缺角天蛾 天蛾科

Acosmeryx purus

中国分布：华东、华中、华北、华南、西南地区

寄主植物：葡萄、猕猴桃、爬山虎等

拍摄日期：2019 年 5 月 4 日
拍摄地点：安徽石台牯牛降
摄　　影：张宁

白薯天蛾 天蛾科

Agrius convolvuli

中国分布：华东、华中、华北、华南地区

寄主植物：白薯、牵牛花、扁豆等

拍摄日期：2020 年 9 月 6 日
拍摄地点：浙江临安龙门秘境
摄　　影：张宁

大　型

亚洲鹰翅天蛾 天蛾科

Ambulyx sericeipennis

中国分布：华东、华中、华南、西南地区

寄主植物：核桃、槭树、枫杨等

拍摄日期：2012 年 7 月 20 日
拍摄地点：浙江临安东天目山
摄　　影：张宁

大　型

鬼脸天蛾 天蛾科

Acherontia lachesis

中国分布：华东、华南、西南地区

寄主植物：茄科、豆科、唇形科

拍摄日期：2018 年 2 月 7 日
拍摄地点：马来西亚婆罗洲
摄　　影：张宁

大　型

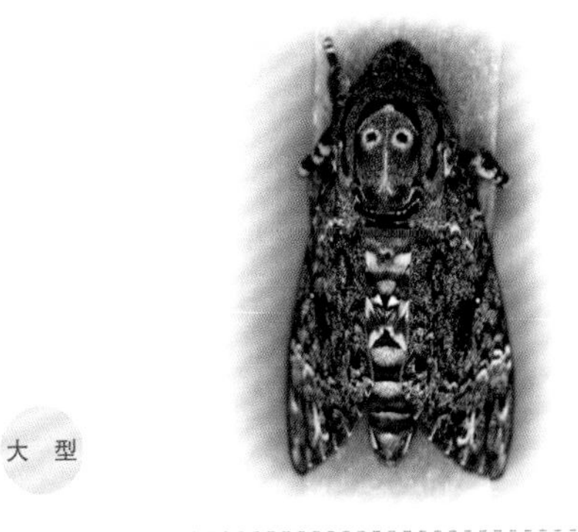

灰天蛾 天蛾科

Acosmerycoides harterti

中国分布：华东地区

寄主植物：不详

拍摄日期：2018 年 7 月 30 日
拍摄地点：浙江宁海岔路
摄　　影：张宁

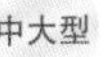

姬缺角天蛾 天蛾科

Acosmeryx anceus

中国分布：华东、华南地区

寄主植物：不详

拍摄日期：2017 年 7 月 25 日
拍摄地点：海南琼中什寒村
摄　　影：张宁

中大型

摩尔鹰翅天蛾 天蛾科

Ambulyx moorei

中国分布：华南地区

寄主植物：不详

拍摄日期：2015 年 10 月 4 日
拍摄地点：海南霸王岭
摄　　影：张宁

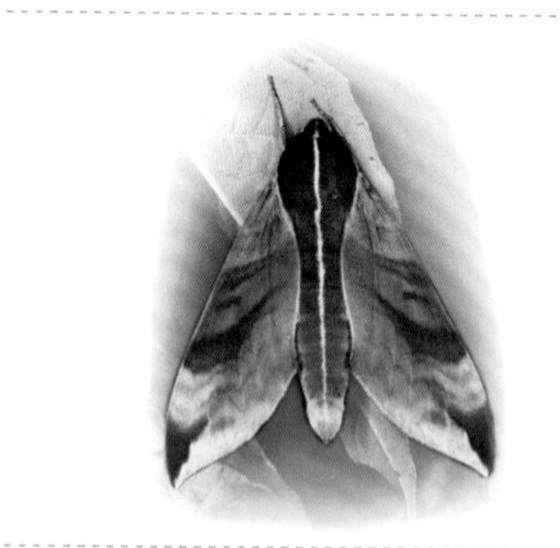

葡萄天蛾 天蛾科

Ampelophaga rubiginosa

中国分布：华东、华中、东北、西北、华北、华南地区

寄主植物：葡萄、爬山虎、乌蔹莓等

拍摄日期：2017 年 8 月 22 日
拍摄地点：海南琼中什寒村
摄　　影：张宁

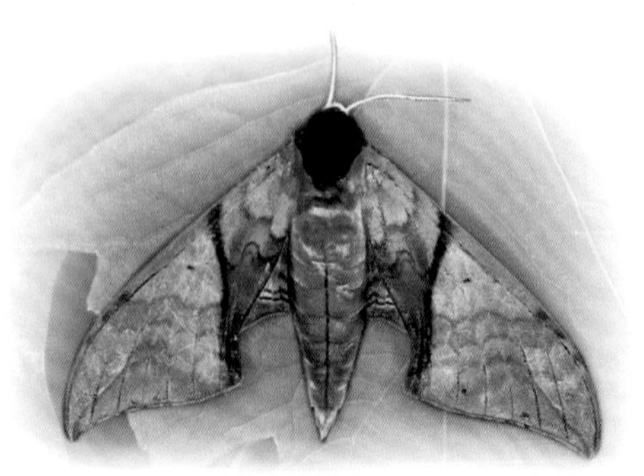

中大型

绿带闭目天蛾 天蛾科

Callambulyx rubricosa

中国分布：华东、华南地区

寄主植物：不详

拍摄日期：2017 年 8 月 23 日
拍摄地点：海南琼中什寒村
摄　　影：张宁

榆绿天蛾 天蛾科

Callambulyx tatarinovi

中国分布：华东、华中、华北、东北地区

寄主植物：榆、柳、榉树等

拍摄日期：2017 年 8 月 4 日
拍摄地点：浙江安吉龙王山
摄　　影：张宁

中大型

条背线天蛾 天蛾科

Cechetra lineosa

中国分布：华东、华南、西南地区

寄主植物：凤仙花、葡萄等

拍摄日期：2015 年 7 月 17 日
拍摄地点：浙江临安东天目山
摄　　影：张宁

大 型

平背线天蛾 天蛾科

Cechetra minor

中国分布：华北、华东、华中、西南地区

寄主植物：何首乌

拍摄日期：2017 年 8 月 23 日
拍摄地点：海南琼中什寒村
摄　　影：张宁

中大型

咖啡透翅天蛾 天蛾科

Cephonodes hylas

中国分布：华东、华中、西南地区

寄主植物：栀子花、黄杨、咖啡等

拍摄日期：2017 年 9 月 26 日
拍摄地点：上海后滩公园
摄　　影：张宁

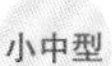

豆天蛾 天蛾科

Clanis bilineata tsingtauica

中国分布：全国各地区
寄主植物：大豆、刺槐等

拍摄日期：2017 年 9 月 1 日
拍摄地点：浙江宁海岔路
摄 影：张宁

灰斑豆天蛾 天蛾科

Clanis undulosa

中国分布：华东、西南地区
寄主植物：豆科

拍摄日期：2013 年 7 月 5 日
拍摄地点：浙江清凉峰
摄 影：张宁

芒果天蛾 天蛾科

Amplypterus panopus

中国分布：华南、华中、西南地区
寄主植物：芒果、漆树、红厚壳等

拍摄日期：2017 年 8 月 23 日
拍摄地点：海南琼中什寒村
摄 影：张宁

枫天蛾 天蛾科

Cypoides chinensis

中国分布：华东、华中、华南、西南地区
寄主植物：不详

拍摄日期：2016 年 6 月 23 日
拍摄地点：浙江浙西大峡谷
摄 影：张宁

赭红斜带天蛾 天蛾科

Dahira rubiginosa

中国分布：华东地区
寄主植物：不详

拍摄日期：2017 年 5 月 1 日
拍摄地点：浙江浙西天池
摄　　影：张宁

中大型

粉褐斗斑天蛾 天蛾科

Daphnusa ocellaris

中国分布：华南、西南地区
寄主植物：不详

拍摄日期：2018 年 2 月 9 日
拍摄地点：马来西亚婆罗洲
摄　　影：张宁

中大型

红天蛾 天蛾科

Deilephila elpenor

中国分布：华东、东北、西北、华北、西南地区
寄主植物：凤仙花、千屈菜、葡萄等

拍摄日期：2020 年 8 月 31 日
拍摄地点：上海康桥生态园
摄　　影：严羽笑

中 型

茜草白腰天蛾 天蛾科

Deilephila hypothous

中国分布：华南、西南地区
寄主植物：金鸡纳、钩藤等

拍摄日期：2017 年 8 月 22 日
拍摄地点：海南琼中什寒村
摄　　影：张宁

大 型

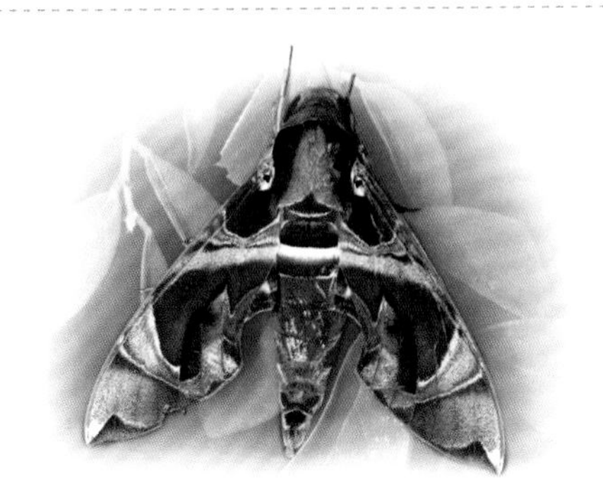

深色白眉天蛾 天蛾科

Hyles gallii

中国分布：华北、西北、东北、西南地区

寄主植物：茜草、大戟、凤仙等

中大型

拍摄日期：2021 年 7 月 6 日
拍摄地点：黑龙江伊春凉水
摄　　影：张宁

大星天蛾 天蛾科

Dolbina inexacta

中国分布：华东、东北、华北地区

寄主植物：女贞、榛、白蜡树

中大型

拍摄日期：2020 年 8 月 26 日
拍摄地点：安徽石台香口村
摄　　影：张宁

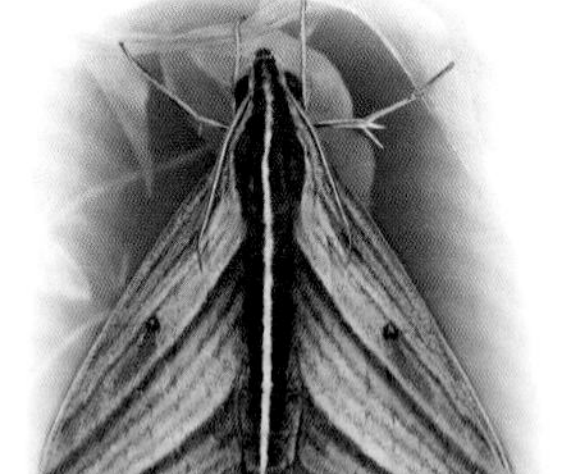

中线天蛾 天蛾科

Elibia dolichus

中国分布：华南、西南地区

寄主植物：不详

大　型

拍摄日期：2017 年 7 月 25 日
拍摄地点：海南琼中什寒村
摄　　影：张宁

后黄黑边天蛾 天蛾科

Haemorrhagia radians

中国分布：华东、华中地区

寄主植物：不详

小中型

拍摄日期：2017 年 9 月 26 日
拍摄地点：上海后滩公园
摄　　影：张宁

白眉斜线天蛾 天蛾科

Theretra suffusa

中国分布：华南、西南地区
寄主植物：不详

拍摄日期：2020 年 8 月 11 日
拍摄地点：海南五指山
摄　　影：张宁

云斑斜线天蛾 天蛾科

Hippotion velox

中国分布：华东地区
寄主植物：不详

拍摄日期：2019 年 7 月 3 日
拍摄地点：泰国清迈素贴山
摄　　影：张宁

晦暗松天蛾 天蛾科

Hyloicus caligineus

中国分布：华东、华中、华南地区
寄主植物：油松、马尾松等

拍摄日期：2020 年 8 月 10 日
拍摄地点：海南琼中什寒村
摄　　影：张宁

中大型

霉斑天蛾 天蛾科

Smerinthulus perversa

中国分布：华南、西南地区
寄主植物：不详

拍摄日期：2017 年 7 月 25 日
拍摄地点：海南琼中什寒村
摄　　影：张宁

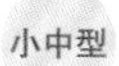

弗瑞兹长喙天蛾 天蛾科

Macroglossum fritzei

中国分布：华东、华中地区
寄主植物：茜草

小中型

拍摄日期：2020 年 8 月 2 日
拍摄地点：浙江临安龙门秘境
摄　　影：张宁

背带长喙天蛾 天蛾科

Macroglossum imperator

中国分布：华南、西南地区
寄主植物：不详

拍摄日期：2016 年 11 月 7 日
拍摄地点：海南琼中什寒村
摄　　影：张宁

黑长喙天蛾 天蛾科

Macroglossum pyrrhosticta

中国分布：华东、华中、华北、华南、西南地区
寄主植物：鸡矢藤等

小中型

拍摄日期：2017 年 9 月 26 日
拍摄地点：上海后滩公园
摄　　影：张宁

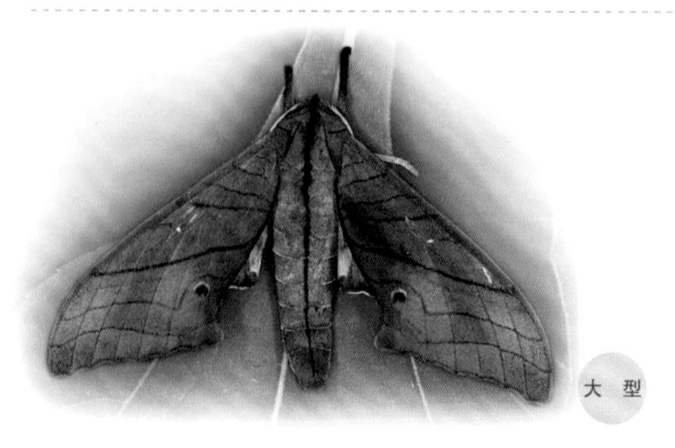

樟六点天蛾 天蛾科

Marumba cristata

中国分布：华东、华南地区
寄主植物：不详

大 型

拍摄日期：2017 年 8 月 23 日
拍摄地点：海南琼中什寒村
摄　　影：张宁

猿面天蛾 天蛾科

Megacorma obliqua

中国分布：云南

寄主植物：不详

拍摄日期：2017 年 2 月 3 日
拍摄地点：马来西亚婆罗洲
摄　　影：张宁

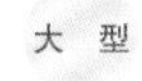

大背天蛾 天蛾科

Meganoton analis

中国分布：华东、华南、西南地区

寄主植物：不详

拍摄日期：2018 年 7 月 30 日
拍摄地点：浙江宁海岔路
摄　　影：张宁

大 型

马鞭草天蛾 天蛾科

Meganoton nyctiphanes

中国分布：华南、西南地区

寄主植物：不详

拍摄日期：2020 年 8 月 9 日
拍摄地点：海南琼中什寒村
摄　　影：张宁

栎鹰翅天蛾 天蛾科

Oxyambulyx liturata

中国分布：华东、西南地区

寄主植物：不详

拍摄日期：2020 年 7 月 19 日
拍摄地点：浙江泰顺左溪村
摄　　影：张宁

中大型

钩月天蛾 天蛾科

Parum colligata

中国分布：华东、华中、华北、东北、华南、西南地区

寄主植物：构树、桑树等

拍摄日期：2016 年 7 月 5 日
拍摄地点：浙江浙西大峡谷
摄　　影：张宁

小中型

月天蛾 天蛾科

Craspedortha porphyria

中国分布：华东、西南地区

寄主植物：不详

拍摄日期：2020 年 8 月 26 日
拍摄地点：安徽石台香口村
摄　　影：张宁

中大型

尖翅白肩天蛾 天蛾科

Rhagastis rubetra

中国分布：华南、西南地区

寄主植物：不详

拍摄日期：2017 年 2 月 3 日
拍摄地点：马来西亚婆罗洲
摄　　影：张宁

大　型

华中白肩天蛾 天蛾科

Rhagastis mongoliana

中国分布：华东、华南、西南地区

寄主植物：葡萄

拍摄日期：2016 年 7 月 28 日
拍摄地点：浙江浙西大峡谷
摄　　影：张宁

盾天蛾 天蛾科

Phyllosphingia dissimilis

中国分布：华东、华中、华北、东北、华南、西南地区

寄主植物：核桃、樱等

拍摄日期：2016 年 7 月 28 日
拍摄地点：浙江浙西大峡谷
摄　　影：张宁

大　型

丁香天蛾 天蛾科

Psilogramma incieta

中国分布：华东、华中、华北、华南、西南地区

寄主植物：丁香、女贞、梧桐等

拍摄日期：2020 年 6 月 25 日
拍摄地点：上海高东
摄　　影：李昀泽

大　型

霜天蛾 天蛾科

Psilogramma menephron

中国分布：华东、华中、华北、华南、西南地区

寄主植物：丁香、泡桐、女贞等

拍摄日期：2020 年 8 月 13 日
拍摄地点：海南五指山
摄　　影：张宁

大　型

斜绿天蛾 天蛾科

Pergesa acteus

中国分布：华东、华南、西南地区

寄主植物：芋、海棠、鸭舌草等

拍摄日期：2020 年 8 月 26 日
拍摄地点：安徽石台香口村
摄　　影：张宁

中大型

木蜂天蛾 天蛾科

Sataspes xylocoparis

中国分布：华东、华南、西南地区

寄主植物：葡萄

拍摄日期：2015 年 7 月 13 日
拍摄地点：浙江临安东天目山
摄　　影：张宁

蓝目天蛾 天蛾科

Smerithus planus

中国分布：华东、华中、华北地区

寄主植物：樱、梅、桃等

拍摄日期：2020 年 8 月 26 日
拍摄地点：安徽石台香口村
摄　　影：张宁

西藏斜纹天蛾 天蛾科

Theretra tibetiana

中国分布：华东、华中、华南地区

寄主植物：紫藤、木槿、葡萄等

拍摄日期：2020 年 8 月 1 日
拍摄地点：上海金海湿地公园
摄　　影：魏宇宸

雀纹天蛾 天蛾科

Theretra japonica

中国分布：全国各地区

寄主植物：葡萄、常春藤、虎耳草等

拍摄日期：2020 年 8 月 26 日
拍摄地点：安徽石台香口村
摄　　影：张宁

青背斜纹天蛾 天蛾科

Theretra nessus

中国分布：华南、西南地区

寄主植物：芋、水葱等

拍摄日期：2020 年 8 月 13 日
拍摄地点：海南五指山
摄　　影：张宁

大 型

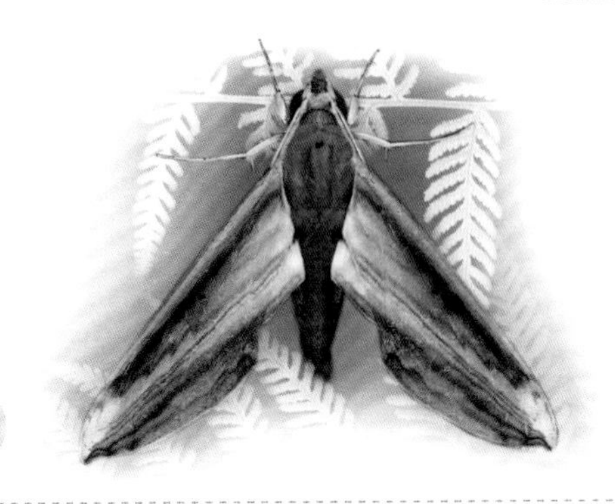

芋双线天蛾 天蛾科

Theretra oldenlandiae

中国分布：华东、华中、华北、华南、西南地区

寄主植物：葡萄、芋、乌蔹莓等

拍摄日期：2020 年 8 月 26 日
拍摄地点：安徽石台香口村
摄　　影：张宁

中 型

赭斜纹天蛾 天蛾科

Theretra pallicosta

中国分布：华南、西南地区

寄主植物：不详

拍摄日期：2017 年 8 月 24 日
拍摄地点：海南琼中什寒村
摄　　影：张宁

中大型

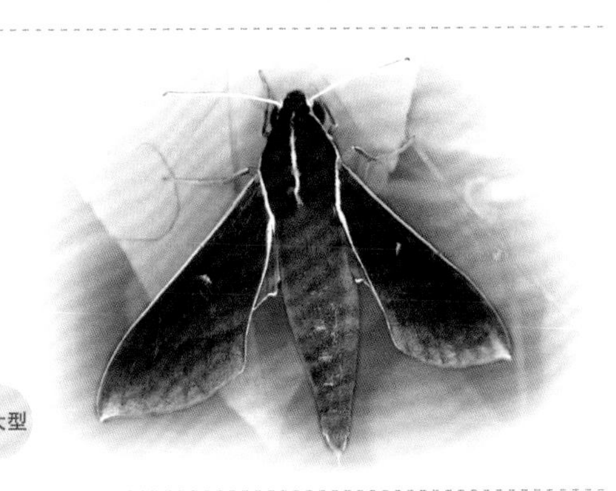

芋单线天蛾 天蛾科

Theretra silhetensis

中国分布：华东、华中、华南、西南地区

寄主植物：爬山虎

拍摄日期：2020 年 7 月 19 日
拍摄地点：浙江泰顺左溪村
摄　　影：张宁

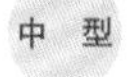

锚纹蛾科
Callidulidae

小型。触角为丝状。喙发达，较长。翅棕褐色，前翅有一锚形纹。具日行性。停息时四翅呈竖起型，酷似蝶类。全世界已知 50 多种。

小 型

锚纹蛾

锚纹蛾科

Pterodecta felderi

中国分布：华东、华北、华中、东北、西南地区

寄主植物：不详

拍摄日期：2016 年 7 月 18 日
拍摄地点：浙江浙西大峡谷
摄　　影：张宁

蛱蛾科
Epiplemidae

小型至中型，形似灰蝶、斑蝶或粉蝶。触角丝状。停息时常将前翅卷叠起来，后翅紧靠体侧，后足伸出体外。

黑星蛱蛾

蛱蛾科

Epiplema moza

中国分布：华东地区

寄主植物：不详

拍摄日期：2015 年 7 月 21 日
拍摄地点：浙江泰顺左溪村
摄　　影：张宁

圆钩蛾科
Cyclidiidae

小型至中型。触角扁细，具短齿。前翅顶角呈钩状，色彩以灰白为主。停息时四翅呈平展型，身体全露。全世界已知 11 种，我国记载 7 种。

洋麻圆钩蛾 圆钩蛾科
Cyclidia substigmaria

中国分布：华东、华中、华南、西南地区

寄主植物：洋麻、八角枫

拍摄日期：2019 年 5 月 20 日
拍摄地点：浙江临安太湖源
摄　　影：张宁

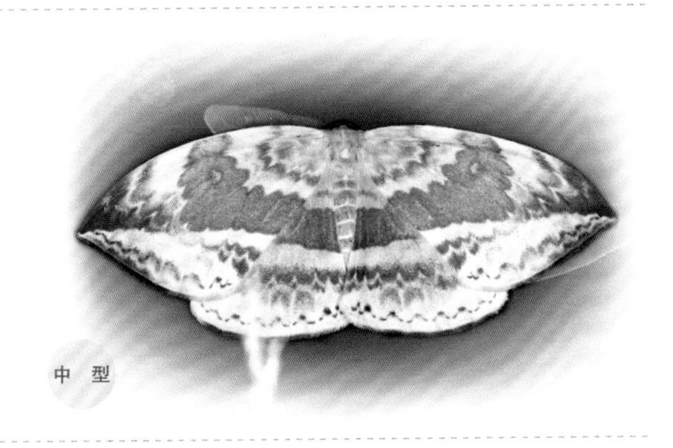

中 型

钩蛾科
Drepanidae

小型至中型。喙和唇须不发达。触角齿状或栉状。前翅顶角大多数呈钩状，色彩以黄褐为主。停息时四翅呈平展型。全世界已知 800 多种，我国记载 190 多种。

栎距钩蛾 钩蛾科
Agnidra scabiosa

中国分布：华东、华中、华北、西北、西南地区

寄主植物：麻栎、板栗等

拍摄日期：2015 年 4 月 26 日
拍摄地点：浙江临安东天目山
摄　　影：张宁

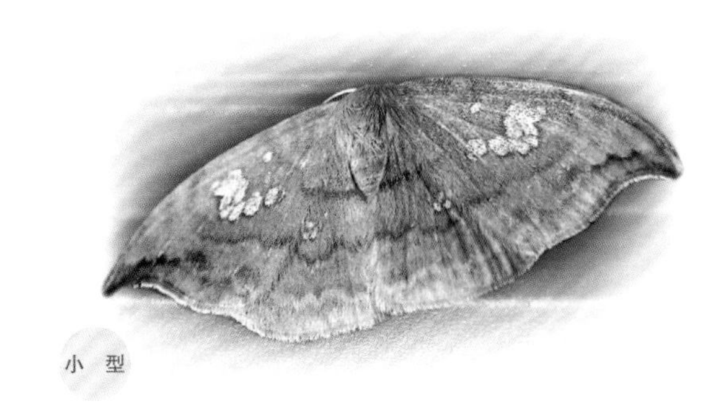

小 型

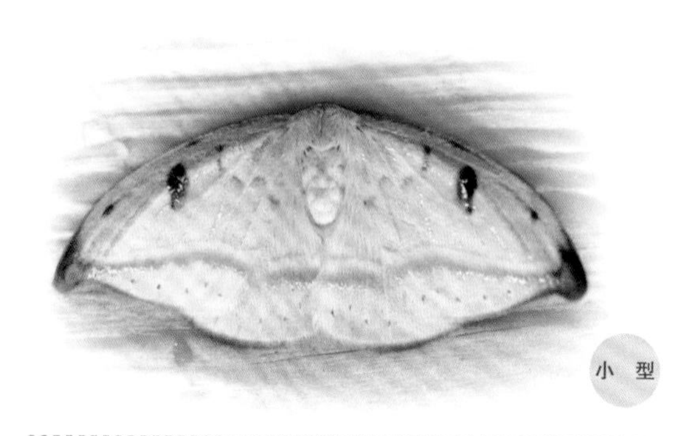

豆点丽钩蛾 钩蛾科

Callidrepana gemina

中国分布：华东、华南、西南地区

寄主植物：不详

拍摄日期：2015 年 7 月 3 日
拍摄地点：浙江临安东天目山
摄　　影：张宁

中华豆斑钩蛾 钩蛾科

Auzata chinensis

中国分布：华东、西南地区

寄主植物：灯台木

拍摄日期：2016 年 10 月 6 日
拍摄地点：浙江临安白沙村
摄　　影：张宁

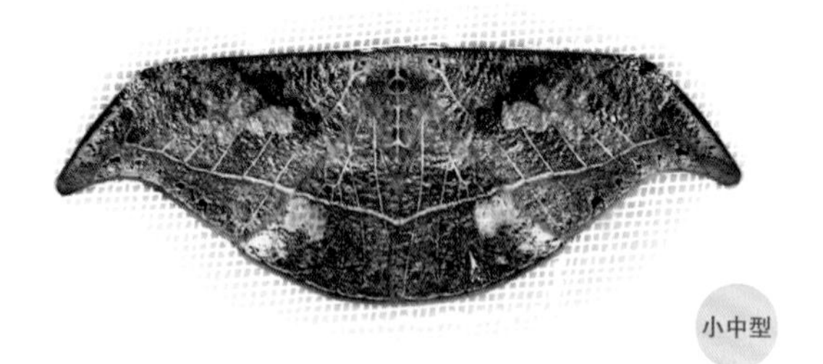

后窗枯叶钩蛾 钩蛾科

Canucha specularis

中国分布：华南、西南地区

寄主植物：不详

拍摄日期：2016 年 11 月 7 日
拍摄地点：海南琼中什寒村
摄　　影：张宁

赭黑钩蛾 钩蛾科

Cyclidia orciferaria

中国分布：华南、西南地区

寄主植物：不详

拍摄日期：2017 年 8 月 23 日
拍摄地点：海南琼中什寒村
摄　　影：张宁

中华大窗钩蛾 钩蛾科

Macrauzata maxima

中国分布：华东、华中地区
寄主植物：香樟

拍摄日期：2016 年 6 月 10 日
拍摄地点：浙江安吉龙王山
摄　　影：张宁

小　型

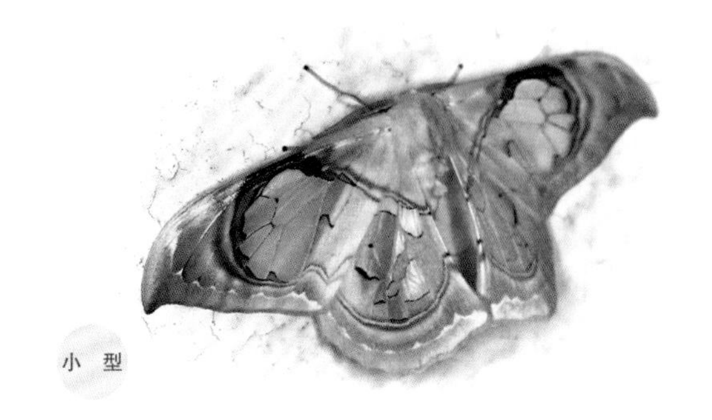

宽铃钩蛾 钩蛾科

Macrocilix maia

中国分布：华南、西南地区
寄主植物：不详

拍摄日期：2017 年 2 月 4 日
拍摄地点：马来西亚婆罗洲
摄　　影：张宁

小中型

哑铃钩蛾 钩蛾科

Mcrocilia mysticata

中国分布：华东、西南地区
寄主植物：不详

拍摄日期：2019 年 10 月 4 日
拍摄地点：浙江临安太湖源
摄　　影：张宁

小　型

双带钩蛾 钩蛾科

Nordostromia japonica

中国分布：华东、西南地区
寄主植物：青冈

拍摄日期：2020 年 9 月 6 日
拍摄地点：浙江临安龙门秘境
摄　　影：张宁

小　型

华夏山钩蛾　钩蛾科

Oreta pavaca

中国分布：华东、华中、西南地区

寄主植物：不详

拍摄日期：2016 年 10 月 6 日
拍摄地点：浙江临安白沙村
摄　　影：张宁

银端钩蛾　钩蛾科

Oreta brunnea

中国分布：华东、华南、西南地区

寄主植物：不详

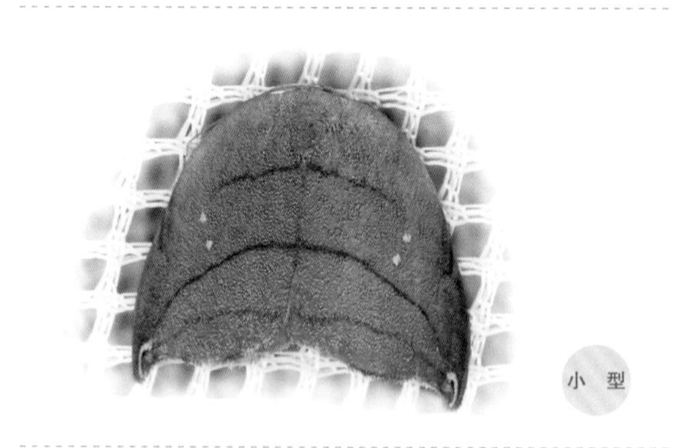

拍摄日期：2020 年 8 月 8 日
拍摄地点：海南琼中什寨村
摄　　影：张宁

三线钩蛾　钩蛾科

Pseudalbara parvula

中国分布：华东、华北、华南、西南地区

寄主植物：核桃、栎、化香等

拍摄日期：2020 年 10 月 2 日
拍摄地点：浙江安吉大溪
摄　　影：张宁

珊瑚树钩蛾　钩蛾科

Psiloreta turpis

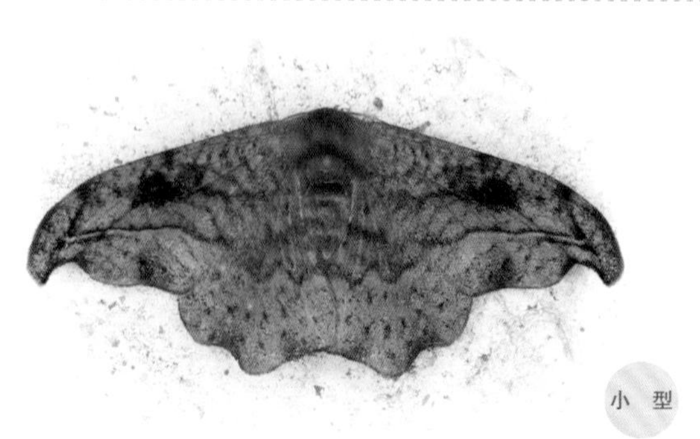

中国分布：华东、西南地区

寄主植物：珊瑚树

拍摄日期：2016 年 10 月 5 日
拍摄地点：浙江临安白沙村
摄　　影：张宁

古钩蛾 钩蛾科

Sabra harpagula

中国分布：华东、华中、华北、西北地区

寄主植物：桦、椴、栎等

拍摄日期：2017 年 5 月 1 日
拍摄地点：浙江浙西天池
摄　　影：张宁

小 型

白星黄钩蛾 钩蛾科

Tridrepana crocea

中国分布：华东、西南地区

寄主植物：香樟、楠

拍摄日期：2018 年 7 月 26 日
拍摄地点：浙江宁海岔路
摄　　影：张宁

小 型

青冈树钩蛾 钩蛾科

Zanclalbara scabiosa

中国分布：华东、西南地区

寄主植物：青冈

拍摄日期：2020 年 8 月 2 日
拍摄地点：浙江临安龙门秘境
摄　　影：张宁

小 型

波纹蛾科 Thyatiridae

小中型。复眼和喙发达。触角通常为扁柱形。翅斑明显，前翅常有肾形斑和环形斑。停息时四翅呈斜覆型。全世界已知 120 多种，我国记载 60 多种。

大斑波纹蛾　波纹蛾科

Thyatira batis

中国分布：东北、华北、华东、华南、西南地区

寄主植物：悬钩子、草莓等

小中型

拍摄日期：2020 年 10 月 2 日
拍摄地点：浙江临安龙门秘境
摄　　影：张宁

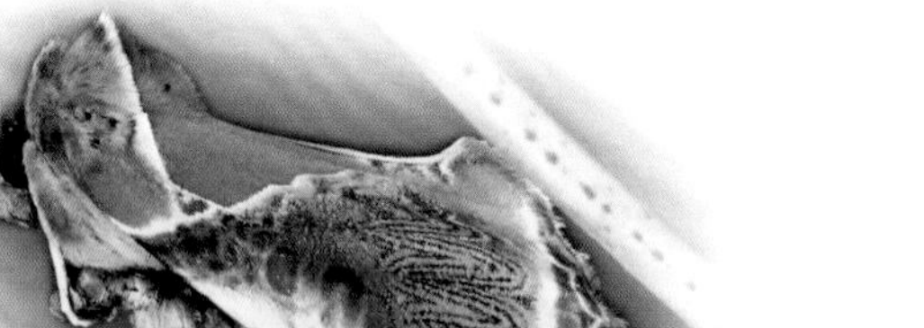

费浩波纹蛾　波纹蛾科

Habrosyne fraterna

中国分布：华东、华中地区

寄主植物：草莓

小中型

拍摄日期：2018 年 5 月 1 日
拍摄地点：浙江四明山
摄　　影：张宁

燕蛾科 Uraniidae

小型至大型。触角丝状。身体细小，翅宽大，形似凤蝶。停息时四翅呈平展型，身体全露。全世界已知 750 多种，我国记载 7 种。

斜线燕蛾　燕蛾科

Acropteris iphiata

中国分布：华东、华中、西南地区

寄主植物：萝藦等

小　型

拍摄日期：2020 年 7 月 12 日
拍摄地点：上海三林
摄　　影：安开颜

大燕蛾 燕蛾科

Lyssa zampa

中国分布：华东、华南、华中、西南地区

寄主植物：菠萝蜜

拍摄日期：2020 年 8 月 9 日
拍摄地点：海南琼中什寒村
摄　　影：张宁

凤蛾科
Epicopeiidae

中型至大型。触角为双栉状。喙发达。翅形如凤蝶，翅黑色，有白斑和红斑。停息时四翅呈平展型。全世界已知不足 10 种，我国大多数有记载。

福建凤蛾 凤蛾科

Epicopeia caroli

中国分布：华东地区

寄主植物：不详

拍摄日期：2016 年 7 月 27 日
拍摄地点：浙江浙西大峡谷
摄　　影：张宁

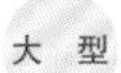

浅翅凤蛾 凤蛾科

Epicopeia hainesii

中国分布：华东、华中、西南地区

寄主植物：山胡椒

拍摄日期：2016 年 7 月 27 日
拍摄地点：浙江浙西大峡谷
摄　　影：张宁

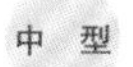

小中型

蚬蝶凤蛾　凤蛾科

Psychostrophia nymphidiaria

中国分布：华中、西南地区
寄主植物：不详

拍摄日期：2011 年 8 月 9 日
拍摄地点：湖北五峰柴埠溪
摄　　影：张宁

尺蛾科
Geometridae

小型至大型。身体细长。头部有 1 对毛隆。喙发达。翅大而薄。停息时四翅呈平展型，露后翅，身体全露。全世界已知 21 000 多种，我国记载 2 000 多种。

小中型

丝棉木金星尺蛾　尺蛾科

Abraxas suspecta

中国分布：华东、华中、华北、西北地区
寄主植物：丝棉木、卫矛、黄杨等

拍摄日期：2020 年 6 月 7 日
拍摄地点：上海康桥生态园
摄　　影：王令齐

小　型

纳艳青尺蛾　尺蛾科

Agathia antitheta

中国分布：华中、西南地区
寄主植物：不详

拍摄日期：2018 年 2 月 8 日
拍摄地点：马来西亚婆罗洲
摄　　影：张宁

萝藦艳青尺蛾 尺蛾科

Agathia carissima

中国分布：华南、华北、东北、西南地区

寄主植物：不详

拍摄日期：2017 年 2 月 4 日
拍摄地点：马来西亚婆罗洲
摄　　影：张宁

小　型

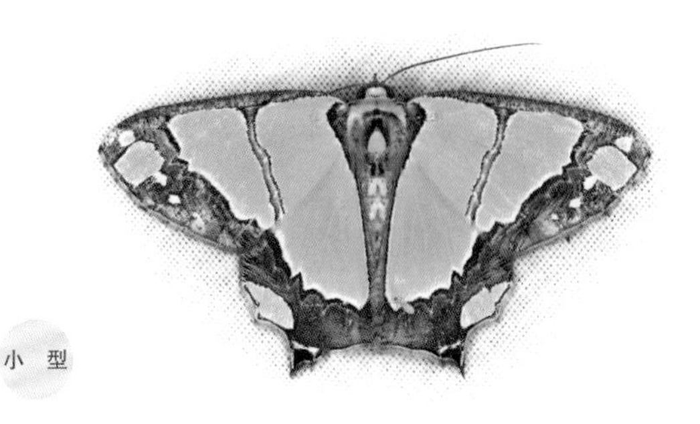

夹竹桃艳青尺蛾 尺蛾科

Agathia lycaenaria

中国分布：华东、西南地区

寄主植物：夹竹桃、栀子等

拍摄日期：2020 年 7 月 18 日
拍摄地点：上海张江
摄　　影：李昀泽

小中型

黑腰尺蛾 尺蛾科

Cleora fraterna

中国分布：华南、西南地区

寄主植物：不详

拍摄日期：2020 年 1 月 22 日
拍摄地点：海南五指山
摄　　影：张宁

小中型

枯叶尺蛾 尺蛾科

Amblychia angeronaria

中国分布：华东、华中、西南地区

寄主植物：不详

拍摄日期：2014 年 7 月 8 日
拍摄地点：浙江临安神龙川
摄　　影：张宁

中大型

梫星尺蛾 尺蛾科

Arichanna jaguararia

中国分布：华东、西南地区

寄主植物：梫木

拍摄日期：2013 年 7 月 4 日
拍摄地点：浙江临安东天目山
摄　　影：张宁

大造桥虫 尺蛾科

Ascotis selenaria

中国分布：全国各地区

寄主植物：悬铃木、香樟、水杉等

拍摄日期：2016 年 6 月 22 日
拍摄地点：浙江浙西大峡谷
摄　　影：张宁

纹丽斑尺蛾 尺蛾科

Berta rugosivalva

中国分布：华南、西南地区

寄主植物：不详

拍摄日期：2016 年 10 月 6 日
拍摄地点：海南海口
摄　　影：张宁

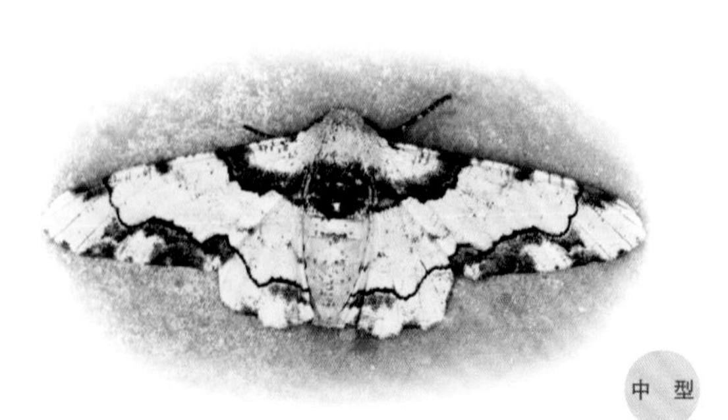

双云尺蛾 尺蛾科

Biston comitata

中国分布：华东、华中、东北、西南地区

寄主植物：榆、洋槐等

拍摄日期：2016 年 7 月 23 日
拍摄地点：浙江清凉峰
摄　　影：张宁

黄连木尺蛾 尺蛾科

Biston panterinaria

中国分布：华东、华中、华北、西北、华南、西南地区

寄主植物：黄连木、臭椿、泡桐等

拍摄日期：2020 年 8 月 2 日
拍摄地点：浙江临安龙门秘境
摄　　影：张宁

中 型

绿饰尺蛾 尺蛾科

Capasa hyadaria

中国分布：华南、西南地区

寄主植物：不详

拍摄日期：2017 年 8 月 23 日
拍摄地点：海南琼中什寒村
摄　　影：张宁

小 型

灰眉尺蛾 尺蛾科

Celerena divisa

中国分布：华南地区

寄主植物：不详

拍摄日期：2013 年 8 月 5 日
拍摄地点：广西崇左
摄　　影：张宁

中 型

格蔗尺蛾 尺蛾科

Chiasmia hebesata

中国分布：华东、华中、华北、西南、西北地区

寄主植物：胡枝子等

拍摄日期：2020 年 8 月 26 日
拍摄地点：安徽石台香口村
摄　　影：张宁

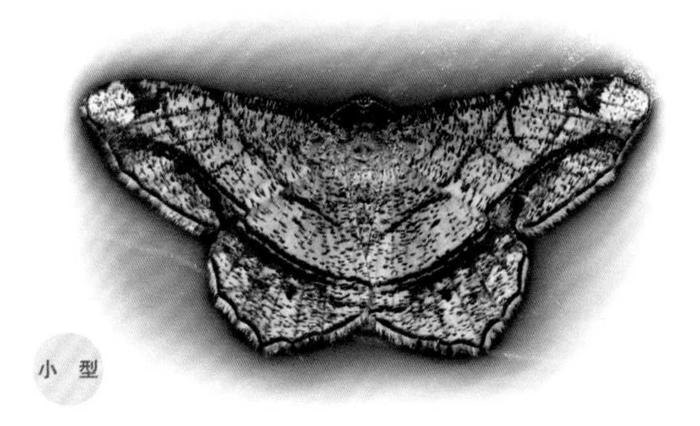

小 型

小 型

紫斑绿尺蛾 尺蛾科

Comibaena nigromacularia

中国分布：华东、华中、华北、华南、东北地区

寄主植物：胡枝子、千金榆等

拍摄日期：2016 年 7 月 23 日
拍摄地点：浙江清凉峰
摄　　影：张宁

小 型

肾纹绿尺蛾 尺蛾科

Comibaena procumbaria

中国分布：华北、华东、华南、西南地区

寄主植物：胡枝子、茶、杨梅等

拍摄日期：2016 年 10 月 5 日
拍摄地点：浙江临安神龙川
摄　　影：张宁

小 型

小斑四圈青尺蛾 尺蛾科

Comostola enodata

中国分布：华东、西南地区

寄主植物：不详

拍摄日期：2020 年 8 月 26 日
拍摄地点：安徽石台香口村
摄　　影：张宁

小 型

毛穿孔尺蛾 尺蛾科

Corymica arnearia

中国分布：华东、华南、西南地区

寄主植物：不详

拍摄日期：2020 年 7 月 12 日
拍摄地点：上海三林
摄　　影：李昀泽

细纹圆窗黄尺蛾 尺蛾科

Corymica spatiosa

中国分布：华东、西南地区
寄主植物：不详

拍摄日期：2019年10月4日
拍摄地点：浙江临安太湖源
摄　　影：张宁

小 型

小蜻蜓尺蛾 尺蛾科

Cystidia couaggaria

中国分布：华东、华中、华北、东北地区
寄主植物：海棠、红叶李、石楠等

拍摄日期：2020年5月16日
拍摄地点：上海康桥生态园
摄　　影：严羽笑

小中型

豹尺蛾 尺蛾科

Dysphania militaris

中国分布：华南、西南地区
寄主植物：竹节树

拍摄日期：2017年8月25日
拍摄地点：海南东寨港
摄　　影：张宁

中大型

方折线尺蛾 尺蛾科

Ecliptopera benigna

中国分布：华东、华南、西南地区
寄主植物：不详

拍摄日期：2017年2月5日
拍摄地点：马来西亚婆罗洲
摄　　影：张宁

小中型

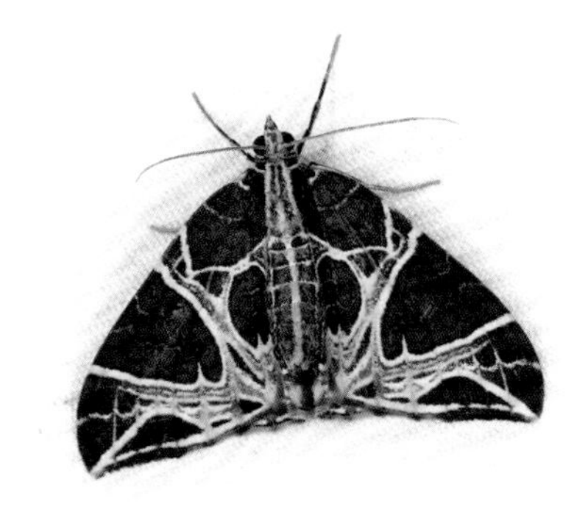

小中型

刺槐外斑尺蛾 尺蛾科

Ectropis excellens

中国分布：华东、华中、华北、华南、西南地区

寄主植物：槐、榆、杨等

拍摄日期：2020 年 8 月 2 日
拍摄地点：浙江临安龙门秘境
摄　　影：张宁

小中型

黄双线尺蛾 尺蛾科

Erastria perlutea

中国分布：华东、华北地区

寄主植物：栎等

拍摄日期：2016 年 7 月 22 日
拍摄地点：浙江清凉峰
摄　　影：张宁

中大型

树形尺蛾 尺蛾科

Erebomorpha consors

中国分布：华东、西南地区

寄主植物：不详

拍摄日期：2016 年 7 月 27 日
拍摄地点：浙江浙西大峡谷
摄　　影：张宁

小　型

枯斑翠尺蛾 尺蛾科

Eucyclodes difficta

中国分布：华东、华中、华北、西南、西北地区

寄主植物：杨、柳、桦等

拍摄日期：2016 年 7 月 20 日
拍摄地点：浙江开化古田山
摄　　影：张宁

彩青尺蛾 尺蛾科

Eucyclodes gavissima

中国分布：华南、西南地区
寄主植物：不详

拍摄日期：2018 年 2 月 7 日
拍摄地点：马来西亚婆罗洲
摄　　影：张宁

小　型

灰绿片尺蛾 尺蛾科

Fascellina plagiata

中国分布：华东、华中、西南地区
寄主植物：不详

拍摄日期：2019 年 7 月 23 日
拍摄地点：浙江桐庐天子地
摄　　影：张宁

小中型

中国枯叶尺蛾 尺蛾科

Gandaritis sinicaria

中国分布：华东、华中、华南、西南、西北地区
寄主植物：不详

拍摄日期：2016 年 6 月 22 日
拍摄地点：浙江浙西大峡谷
摄　　影：张宁

中　型

直脉青尺蛾 尺蛾科

Geometra valida

中国分布：华东、华中、华北、西北地区
寄主植物：杼栎、檫树、板栗等

拍摄日期：2016 年 6 月 10 日
拍摄地点：浙江安吉龙王山
摄　　影：张宁

小中型

细线无疆青尺蛾 尺蛾科

Hemistola tenuilinea

中国分布：华东、华中、华北、华南地区

寄主植物：栎等

拍摄日期：2020 年 9 月 6 日
拍摄地点：浙江临安龙门秘境
摄　　影：张宁

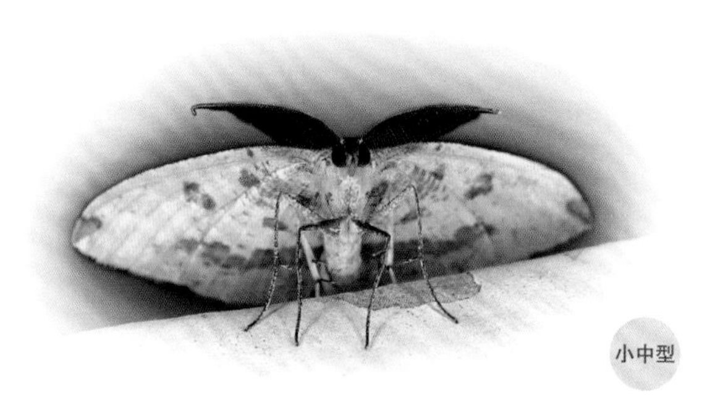

玲隐尺蛾 尺蛾科

Heterolocha aristonaria

中国分布：华东、华中、东北地区

寄主植物：金银花

拍摄日期：2016 年 6 月 22 日
拍摄地点：浙江安吉龙王山
摄　　影：张宁

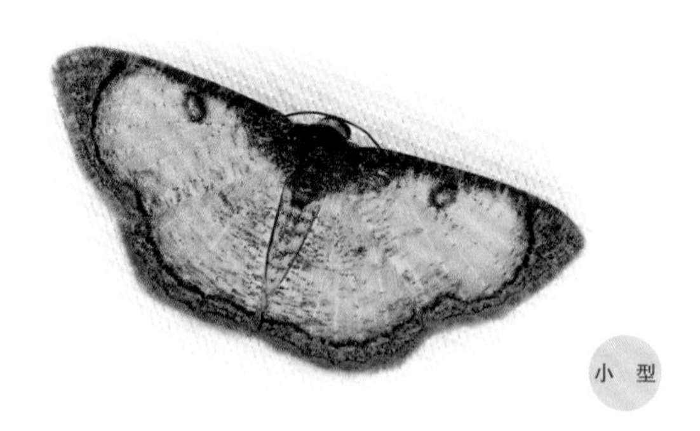

封尺蛾 尺蛾科

Hydatocapnia gemina

中国分布：华东、西南地区

寄主植物：不详

拍摄日期：2019 年 5 月 19 日
拍摄地点：浙江临安太湖源
摄　　影：张宁

红双线免尺蛾 尺蛾科

Hyperythra obliqua

中国分布：华东、华中、华北、华南、西南、西北地区

寄主植物：栎等

拍摄日期：2019 年 4 月 15 日
拍摄地点：浙江桐庐天子地
摄　　影：张宁

青辐射尺蛾 尺蛾科

Iotaphora admirabilis

中国分布：华东、华中、华北、西南地区

寄主植物：核桃等

拍摄日期：2019 年 5 月 20 日
拍摄地点：浙江临安神龙川
摄　　影：张宁

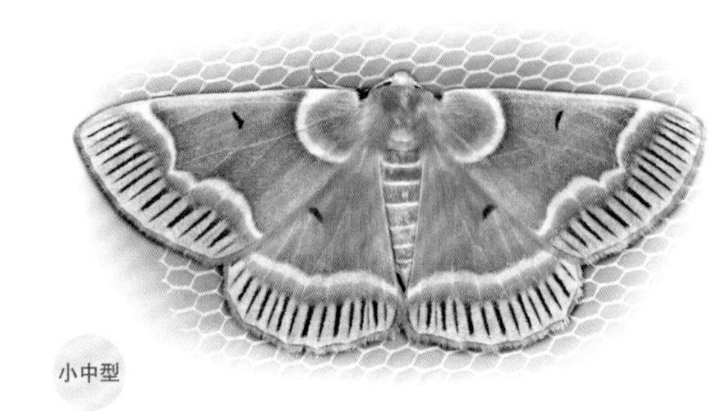

小中型

黑带璃尺蛾 尺蛾科

Krananda nepalensis

中国分布：华南、西南地区

寄主植物：不详

拍摄日期：2014 年 5 月 27 日
拍摄地点：海南吊罗山
摄　　影：张宁

小中型

橄璃尺蛾 尺蛾科

Krananda oliveomarginata

中国分布：华中、华南、西南地区

寄主植物：不详

拍摄日期：2020 年 8 月 9 日
拍摄地点：海南琼中什寒村
摄　　影：张宁

小中型

中国巨青尺蛾 尺蛾科

Limbatochlamys rothorni

中国分布：华东、华中、华南、西南、西北地区

寄主植物：不详

拍摄日期：2016 年 6 月 11 日
拍摄地点：浙江安吉龙王山
摄　　影：张宁

中大型

豆纹尺蛾 尺蛾科

Metallolophia arenaria

中国分布：华东、西南地区

寄主植物：不详

拍摄日期：2014 年 7 月 8 日
拍摄地点：浙江临安神龙川
摄　　影：张宁

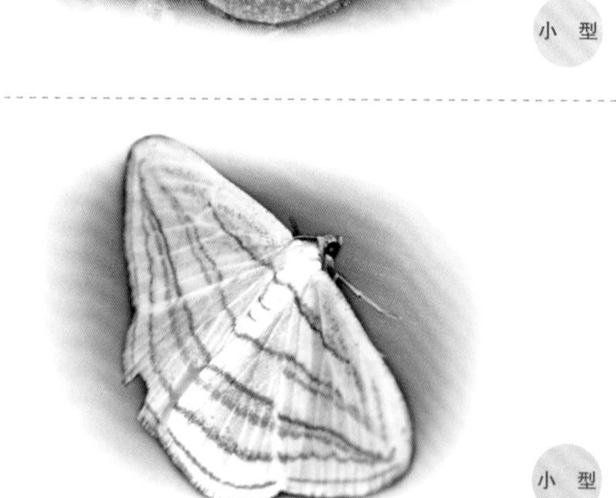

小　型

三岔绿尺蛾 尺蛾科

Mxochlora vittata

中国分布：华东、华中、华南、西南地区

寄主植物：不详

拍摄日期：2019 年 5 月 4 日
拍摄地点：安徽石台牯牛降
摄　　影：张宁

小　型

山茶斜带尺蛾 尺蛾科

Myrteta sericea

中国分布：华东、西南地区

寄主植物：不详

拍摄日期：2016 年 10 月 6 日
拍摄地点：上海张江
摄　　影：李昀泽

小　型

紫带霞尺蛾 尺蛾科

Nothomiza aureolaria

中国分布：华东、华中、西南地区

寄主植物：不详

拍摄日期：2018 年 11 月 6 日
拍摄地点：浙江余杭山沟沟
摄　　影：张宁

虎纹长翅尺蛾 尺蛾科

Obeidia tigrata

中国分布：华东、华中、华南地区

寄主植物：不详

拍摄日期：2014年7月8日
拍摄地点：浙江临安神龙川
摄　　影：张宁

小　型

核桃星尺蛾 尺蛾科

Ophthalmodes albosignaria

中国分布：华中、西南地区

寄主植物：核桃

拍摄日期：2018年2月10日
拍摄地点：马来西亚婆罗洲
摄　　影：张宁

中　型

泛尺蛾 尺蛾科

Orthonama obstipata

中国分布：华东、华中、华北、华南、西南地区

寄主植物：羊蹄等

拍摄日期：2020年7月12日
拍摄地点：上海三林
摄　　影：李昀泽

小　型

赭尾尺蛾 尺蛾科

Exurapteryx aristidaria

中国分布：华东、华中地区

寄主植物：不详

拍摄日期：2015年9月14日
拍摄地点：浙江临安神龙川
摄　　影：张宁

小　型

雪尾尺蛾 尺蛾科

Ourapteryx nivea

中国分布：华东、华北、西南地区

寄主植物：冬青、栎、朴等

拍摄日期：2020 年 5 月 2 日
拍摄地点：上海康桥生态园
摄　　影：严羽笑

金星垂耳尺蛾 尺蛾科

Pachyodes amplificata

中国分布：华东、华中、西南地区

寄主植物：不详

拍摄日期：2016 年 6 月 11 日
拍摄地点：浙江安吉龙王山
摄　　影：张宁

散斑点尺蛾 尺蛾科

Percnia lurdaria

中国分布：华东、华中、西南地区

寄主植物：山胡椒

拍摄日期：2020 年 7 月 26 日
拍摄地点：安徽石台香口村
摄　　影：张宁

黑豹尺蛾 尺蛾科

Parobeidia gigantearia

中国分布：华东、华南地区

寄主植物：不详

拍摄日期：2016 年 7 月 22 日
拍摄地点：浙江清凉峰
摄　　影：张宁

拟柿星尺蛾 尺蛾科
Antipercnia albinigrata

中国分布：华东、华中、西南地区

寄主植物：柿、核桃

拍摄日期：2019 年 5 月 4 日
拍摄地点：安徽石台牯牛降
摄　　影：张宁

小中型

小点尺蛾 尺蛾科
Percnia maculata

中国分布：华中、西南地区

寄主植物：不详

拍摄日期：2013 年 8 月 8 日
拍摄地点：云南元阳
摄　　影：张宁

小中型

海南粉尺蛾 尺蛾科
Pingasa pseudoterpnaria

中国分布：华南、西南地区

寄主植物：不详

拍摄日期：2020 年 8 月 10 日
拍摄地点：海南琼中什寒村
摄　　影：张宁

小　型

斧木纹尺蛾 尺蛾科
Plagodis dolabraria

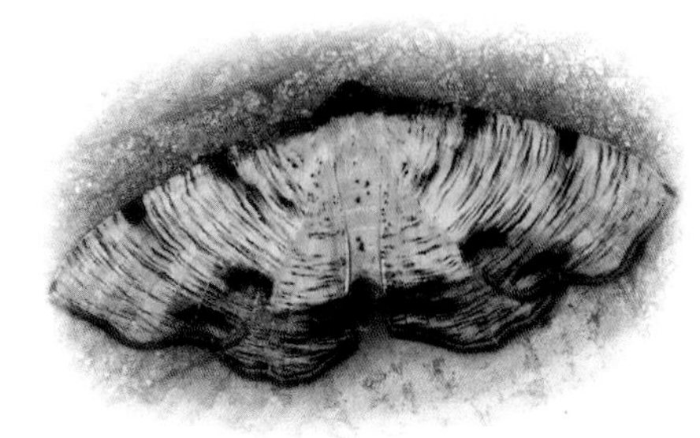

中国分布：华东、华中、华北、西南地区

寄主植物：悬钩子、栎等

拍摄日期：2016 年 7 月 22 日
拍摄地点：浙江清凉峰
摄　　影：张宁

小 型

丸尺蛾 尺蛾科

Plutodes flaverscens

中国分布：华东、华南地区

寄主植物：不详

拍摄日期：2020 年 7 月 19 日
拍摄地点：浙江泰顺左溪村
摄　　影：张宁

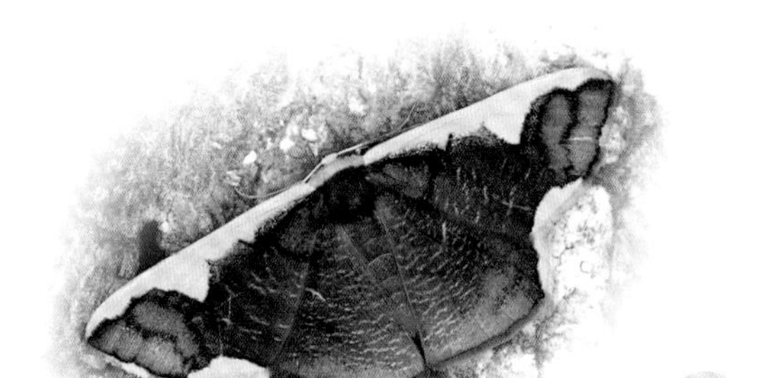

小中型

黄缘丸尺蛾 尺蛾科

Plutodes costatus

中国分布：华东、华中、华南、西南地区

寄主植物：不详

拍摄日期：2020 年 1 月 21 日
拍摄地点：海南五指山
摄　　影：张宁

小中型

长眉眼尺蛾 尺蛾科

Problepsis changmei

中国分布：华东、华北地区

寄主植物：不详

拍摄日期：2016 年 6 月 10 日
拍摄地点：浙江安吉龙王山
摄　　影：张宁

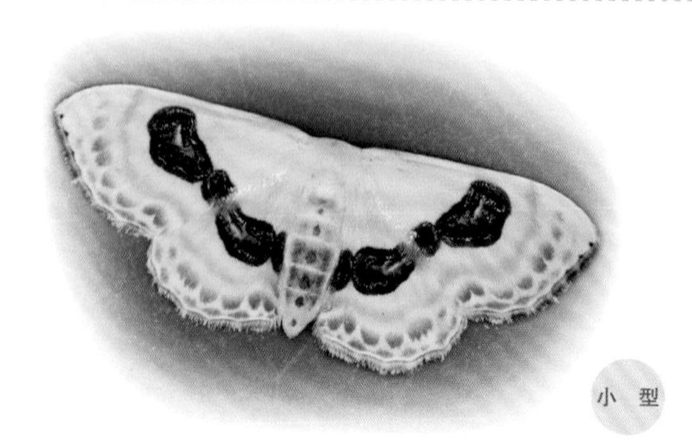

小 型

平眼尺蛾 尺蛾科

Problepsis vulgaris

中国分布：华东、华南、西南地区

寄主植物：不详

拍摄日期：2019 年 5 月 20 日
拍摄地点：浙江临安太湖源
摄　　影：张宁

紫白尖尺蛾 尺蛾科

Pseudomiza obliquaria

中国分布：华东地区
寄主植物：不详

拍摄日期：2015 年 7 月 7 日
拍摄地点：浙江临安东天目山
摄　　影：张宁

小 型

红边青尺蛾 尺蛾科

Pyrrhorachis pyrrhogona

中国分布：华南地区
寄主植物：不详

拍摄日期：2017 年 2 月 4 日
拍摄地点：马来西亚婆罗洲
摄　　影：张宁

小 型

三线沙尺蛾 尺蛾科

Sarcinodes aequilinearia

中国分布：华南、西南地区
寄主植物：不详

拍摄日期：2020 年 8 月 13 日
拍摄地点：海南五指山
摄　　影：张宁

小中型

一线沙尺蛾 尺蛾科

Sarcinodes restitutaria

中国分布：华南、西南地区
寄主植物：不详

拍摄日期：2017 年 7 月 25 日
拍摄地点：海南琼中什寒村
摄　　影：张宁

中 型

小 型

巨岩尺蛾 尺蛾科

Scopula umbelaria

中国分布：华东、华北地区

寄主植物：柿子等

拍摄日期：2020 年 8 月 1 日
拍摄地点：上海凌海路
摄　　影：李昀泽

小 型

琨环斑绿尺蛾 尺蛾科

Spaniocentra kuniyukii

中国分布：华南、西南地区

寄主植物：不详

拍摄日期：2020 年 8 月 8 日
拍摄地点：海南琼中什寒村
摄　　影：张宁

小中型

金叉俭尺蛾 尺蛾科

Spilopera divaicata

中国分布：华东、华中、西南地区

寄主植物：不详

拍摄日期：2019 年 7 月 23 日
拍摄地点：浙江桐庐天子地
摄　　影：张宁

小中型

缺口镰翅青尺蛾 尺蛾科

Timandromorpha discolor

中国分布：华东、华中、西南地区

寄主植物：木莲

拍摄日期：2017 年 8 月 4 日
拍摄地点：浙江安吉龙王山
摄　　影：张宁

镰翅绿尺蛾 尺蛾科

Tanaorhinus reciprocata confuciaria

中国分布：华东、华中、华南、西南地区

寄主植物：栎、橡

拍摄日期：2016 年 10 月 6 日
拍摄地点：浙江临安白沙村
摄　　影：张宁

小　型

影镰翅绿尺蛾 尺蛾科

Tanaorhinus viridiluteata

中国分布：华东、华南、华北、西南地区

寄主植物：不详

拍摄日期：2018 年 2 月 7 日
拍摄地点：马来西亚婆罗洲
摄　　影：张宁

中　型

银瞳尺蛾 尺蛾科

Tasta micaceata

中国分布：华南地区

寄主植物：不详

拍摄日期：2017 年 8 月 8 日
拍摄地点：海南琼中什寒村
摄　　影：张宁

小　型

胆尺蛾 尺蛾科

Teinoloba perspicillata

中国分布：华东、华中、西南地区

寄主植物：不详

拍摄日期：2015 年 4 月 26 日
拍摄地点：浙江临安东天目山
摄　　影：张宁

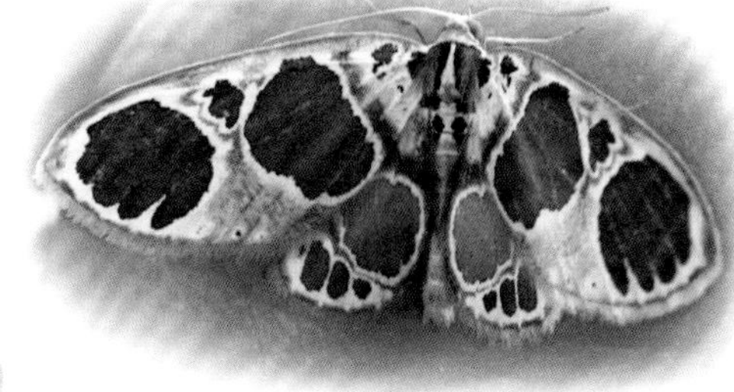

小　型

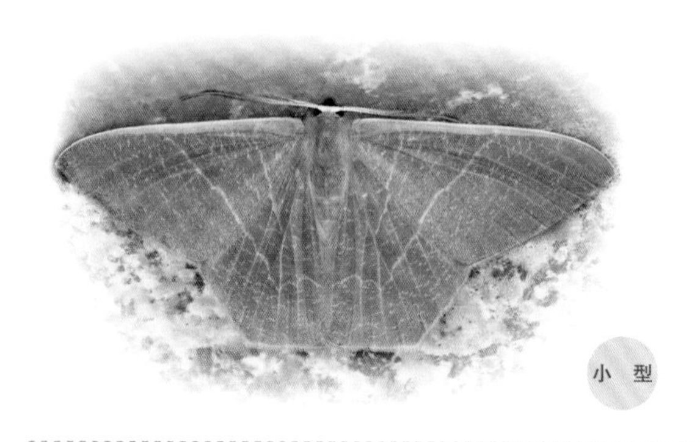

小　型

樟翠尺蛾　尺蛾科

Thalassodes quadraria

中国分布：华东、华南地区

寄主植物：香樟

拍摄日期：2020 年 10 月 2 日
拍摄地点：浙江临安龙门秘境
摄　　影：张宁

中大型

黄蝶尺蛾　尺蛾科

Thinopter crocoptera

中国分布：华东、华中、华南、西南地区

寄主植物：葡萄

拍摄日期：2017 年 2 月 3 日
拍摄地点：马来西亚婆罗洲
摄　　影：张宁

中　型

灰沙黄蝶尺蛾　尺蛾科

Thinopteryx delectans

中国分布：华东、西南地区

寄主植物：不详

拍摄日期：2015 年 7 月 3 日
拍摄地点：浙江临安东天目山
摄　　影：张宁

小　型

紫条尺蛾　尺蛾科

Timandra recompta

中国分布：华东、华中、华北、东北地区

寄主植物：萹蓄等

拍摄日期：2020 年 6 月 19 日
拍摄地点：上海张江
摄　　影：李昀泽

三角尺蛾 尺蛾科

Trigonoptila latimarginaria

中国分布：华东、华中、西南地区

寄主植物：香樟

拍摄日期：2018 年 8 月 9 日
拍摄地点：浙江宁海岔路
摄 影：张宁

小中型

墨氏大尺蛾 尺蛾科

Vindusara moorei

中国分布：华东、华南地区

寄主植物：不详

拍摄日期：2020 年 8 月 13 日
拍摄地点：海南五指山
摄 影：张宁

中 型

玉臂黑尺蛾 尺蛾科

Xandrames dholaria

中国分布：华东、华中、华南地区

寄主植物：不详

拍摄日期：2016 年 7 月 22 日
拍摄地点：浙江清凉峰
摄 影：张宁

中大型

中国虎尺蛾 尺蛾科

Xanthabraxas hemionata

中国分布：华东、华南地区

寄主植物：栎、油桐

拍摄日期：2016 年 7 月 22 日
拍摄地点：浙江清凉峰
摄 影：张宁

小中型

中 型

白脉青尺蛾 尺蛾科

Hipparchus albovenaria

中国分布：东北、华北、西南地区

寄主植物：不详

拍摄日期：2021 年 7 月 5 日
拍摄地点：黑龙江伊春凉水
摄 影：张宁

小中型

女贞尺蛾 尺蛾科

Naxa seriaria

中国分布：东北、华北、西北、华中、华东地区

寄主植物：女贞、丁香等

拍摄日期：2021 年 7 月 5 日
拍摄地点：黑龙江伊春凉水
摄 影：张宁

小 型

菊四目绿尺蛾 尺蛾科

Thetidia albocostaria

中国分布：东北、华北、西北、华中地区

寄主植物：菊科、艾、蒿等

拍摄日期：2021 年 7 月 8 日
拍摄地点：黑龙江伊春梅花河
摄 影：张宁

小中型

李尺蛾 尺蛾科

Angerona prunaria

中国分布：东北、华北地区

寄主植物：李、桦、山楂等

拍摄日期：2021 年 7 月 7 日
拍摄地点：黑龙江伊春新青
摄 影：张宁

汇纹尺蛾　尺蛾科
Evecliptopera decurrens

中国分布：西南、华中、华东地区

寄主植物：不详

拍摄日期：2021年7月20日
拍摄地点：四川雅安碧峰峡
摄　　影：张宁

小中型

四眼绿尺蛾　尺蛾科
Chlorodontopera discospilata

中国分布：西南、华南、华中、华东地区

寄主植物：不详

拍摄日期：2021年7月20日
拍摄地点：四川雅安碧峰峡
摄　　影：张宁

小中型

达尺蛾　尺蛾科
Dalima apicata eoa

中国分布：西南、华中地区

寄主植物：不详

拍摄日期：2021年8月3日
拍摄地点：贵州遵义十二背后
摄　　影：张宁

中大型

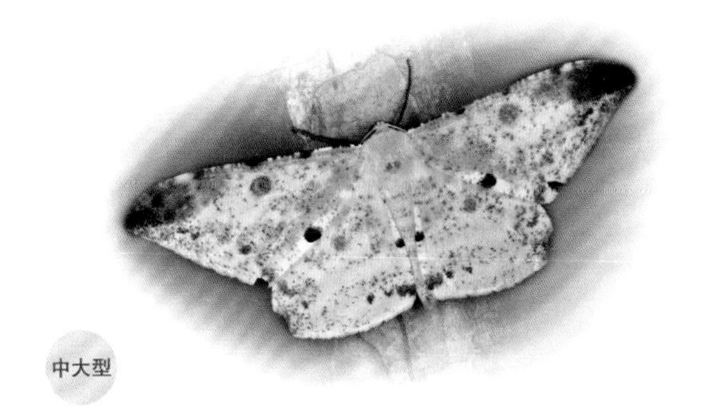

兀尺蛾　尺蛾科
Elphos insueta

中国分布：西南、华南、华中地区

寄主植物：不详

拍摄日期：2021年8月3日
拍摄地点：贵州遵义十二背后
摄　　影：张宁

中大型

舟蛾科 Notodontidae

小型至中大型。触角双栉状或丝状。喙退化。体色多数为黄褐色。停息时四翅大多数呈竖裹型，形如枯枝或枯叶。全世界已知3 000多种，我国记载370多种。

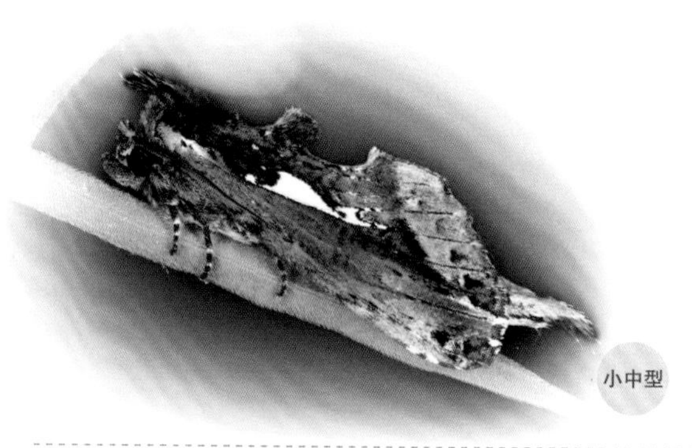

小中型

新奇舟蛾 舟蛾科

Neophyta sikkima

中国分布：华东、华中、华南地区

寄主植物：紫藤

拍摄日期：2020年7月19日
拍摄地点：浙江泰顺左溪村
摄　　影：张宁

杨二尾舟蛾 舟蛾科

Cerura menciana

中国分布：全国各地区

寄主植物：杨、柳

拍摄日期：2019年3月23日
拍摄地点：江苏南京青龙山
摄　　影：王瑞阳

中　型

白二尾舟蛾 舟蛾科

Cerura tattakana

中国分布：华东、华中、西南地区

寄主植物：不详

拍摄日期：2012年7月20日
拍摄地点：浙江临安东天目山
摄　　影：张宁

黑蕊舟蛾 舟蛾科

Dudusa sphingiformis

中国分布：华北、华东、华中、华南、西南地区

寄主植物：龙眼、栾树、漆树等

拍摄日期：2015 年 6 月 11 日
拍摄地点：浙江临安神龙川
摄　　影：张宁

中大型

银二星舟蛾 舟蛾科

Euhampsonia splendida

中国分布：华东、华中、东北地区

寄主植物：蒙古栎

拍摄日期：2015 年 6 月 12 日
拍摄地点：浙江临安神龙川
摄　　影：张宁

中　型

栎纷舟蛾 舟蛾科

Fentonia ocypete

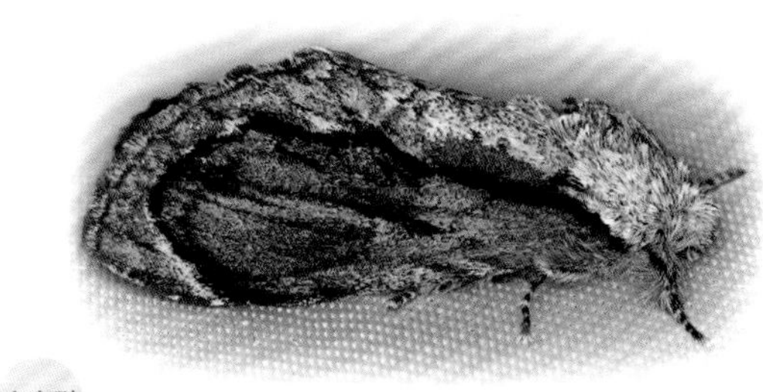

中国分布：华东、华北、华南、东北、西南地区

寄主植物：麻栎、栗、桦等

拍摄日期：2015 年 11 月 8 日
拍摄地点：海南黎母山
摄　　影：张宁

小中型

钩翅舟蛾 舟蛾科

Gangarides dharma

中国分布：华东、华中、华南、西南地区

寄主植物：紫藤、核桃

拍摄日期：2012 年 7 月 27 日
拍摄地点：浙江清凉峰
摄　　影：张宁

中　型

小 型

怪舟蛾

舟蛾科

Hagapteryx admirabilis

中国分布：华东、华中地区

寄主植物：胡桃

拍摄日期：2015 年 7 月 9 日
拍摄地点：浙江临安东天目山
摄　　影：张宁

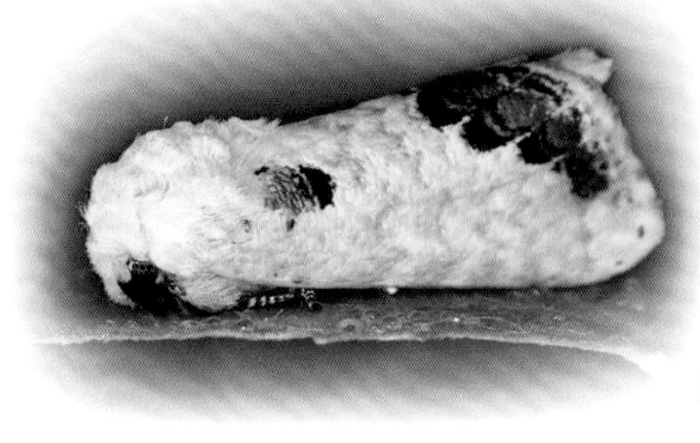

小中型

苹掌舟蛾

舟蛾科

Phalera flavescens

中国分布：全国各地区

寄主植物：苹果、杏、海棠等

拍摄日期：2017 年 8 月 4 日
拍摄地点：浙江安吉龙王山
摄　　影：张宁

中 型

刺槐掌舟蛾

舟蛾科

Phalera grotei

中国分布：华东、华中、华北、华南、西南地区

寄主植物：刺槐、胡枝子等

拍摄日期：2017 年 8 月 23 日
拍摄地点：海南琼中什寒村
摄　　影：张宁

小中型

白斑胯舟蛾

舟蛾科

Syntypistis comatus

中国分布：华东、华中、华南、西南地区

寄主植物：不详

拍摄日期：2020 年 7 月 19 日
拍摄地点：浙江泰顺乌岩岭
摄　　影：张宁

黄二星舟蛾 舟蛾科

Euhampsonia cristata

中国分布：华东、华中、华北、东北、西南地区

寄主植物：蒙古栎等

拍摄日期：2012 年 7 月 20 日
拍摄地点：浙江临安东天目山
摄　　影：张宁

中大型

核桃美舟蛾 舟蛾科

Uropyia meticulodina

中国分布：华北、东北、华东、华中、华南、西南地区

寄主植物：核桃、胡桃等

拍摄日期：2020 年 9 月 6 日
拍摄地点：浙江临安龙门秘境
摄　　影：张宁

小　型

毒蛾科 Lymantriida

小中型。身体粗壮多毛。复眼发达。喙退化。触角双栉齿状。翅发达，密被鳞毛。停息时四翅大多数呈斜覆型。全世界已知 2 500 多种，我国记载 360 多种。

白毒蛾 毒蛾科

Arctornis l-nigrum

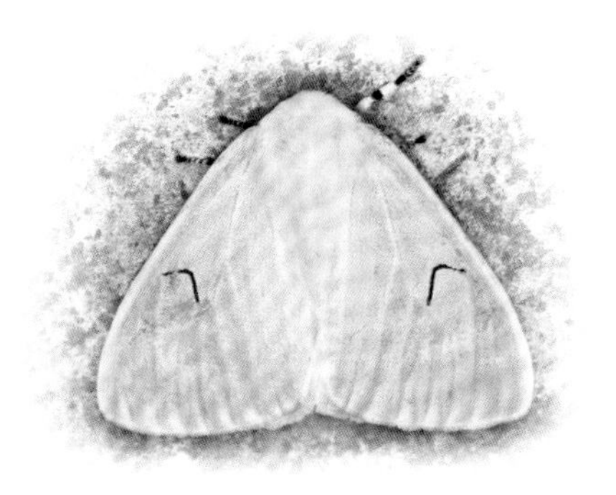

中国分布：华东、东北、西南地区

寄主植物：榆、山杨等

拍摄日期：2020 年 9 月 6 日
拍摄地点：浙江临安龙门秘境
摄　　影：张宁

无忧花丽毒蛾 毒蛾科

Calliteara horsfieldi

中国分布：华东、华中、华南、西南地区

寄主植物：不详

拍摄日期：2020 年 9 月 20 日
拍摄地点：上海康桥生态园
摄　　影：严羽笑

苔肾毒蛾 毒蛾科

Cifuna eurydice

中国分布：华东、华南、西南地区

寄主植物：葡萄、山楂、苹果等

小中型

拍摄日期：2016 年 10 月 6 日
拍摄地点：浙江临安白沙村
摄　　影：张宁

肾毒蛾 毒蛾科

Cifuna locuples

中国分布：全国各地区

寄主植物：榉树、紫藤、大豆等

拍摄日期：2020 年 7 月 3 日
拍摄地点：上海康桥生态园
摄　　影：王令齐

结茸毒蛾 毒蛾科

Dasychira lunulata

中国分布：华东、东北地区

寄主植物：栎、栗等

拍摄日期：2020 年 8 月 2 日
拍摄地点：浙江临安龙门秘境
摄　　影：张宁

脉黄毒蛾 毒蛾科

Euproctis albovenosa

中国分布：华东、西南地区

寄主植物：不详

拍摄日期：2015 年 11 月 9 日
拍摄地点：海南黎母山
摄　　影：张宁

小中型

皎星黄毒蛾 毒蛾科

Euproctis bimaculata

中国分布：华东、华中、西南地区

寄主植物：不详

拍摄日期：2020 年 9 月 6 日
拍摄地点：浙江临安龙门秘境
摄　　影：张宁

小中型

折带黄毒蛾 毒蛾科

Euproctis flava

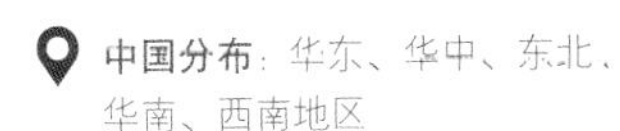
中国分布：华东、华中、东北、华南、西南地区

寄主植物：松、杉、柏等

拍摄日期：2017 年 8 月 23 日
拍摄地点：海南琼中什寒村
摄　　影：张宁

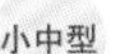
小中型

戟盗毒蛾 毒蛾科

Euproctis pulverea

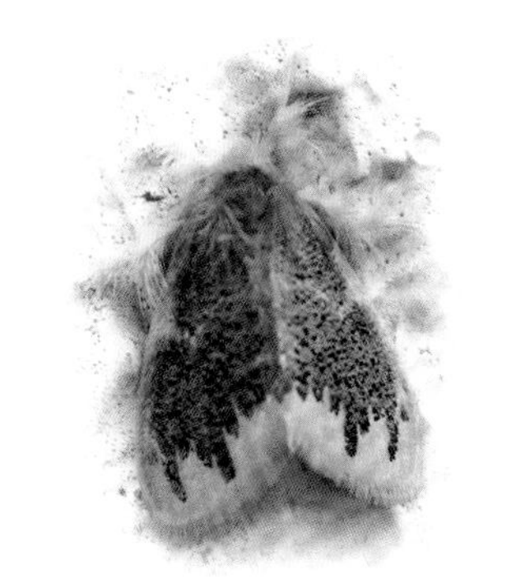

中国分布：华东、华中、华北、华南地区

寄主植物：刺槐、榆、茶等

拍摄日期：2017 年 7 月 14 日
拍摄地点：江苏苏州西山
摄　　影：张宁

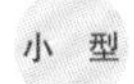
小　型

幻带黄毒蛾 毒蛾科

Euproctis varians

中国分布：华东、华中、华北、华南、西南地区

寄主植物：柑橘、枇杷、茶等

拍摄日期：2018 年 8 月 6 日
拍摄地点：浙江宁海岔路
摄　　影：张宁

杨雪毒蛾 毒蛾科

Leucoma candida

中国分布：华东、华中、华北、东北、西北地区

寄主植物：杨、柳、槭树等

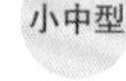

拍摄日期：2020 年 6 月 7 日
拍摄地点：上海康桥生态园
摄　　影：王令齐

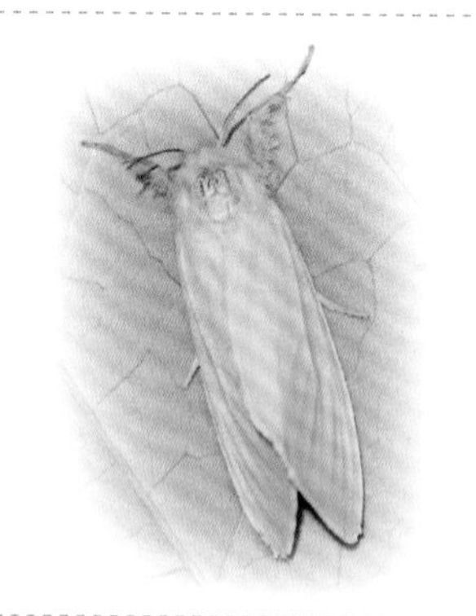

榆黄足毒蛾 毒蛾科

Ivela ochropoda

中国分布：华东、华中、华北、东北地区

寄主植物：榆

拍摄日期：2020 年 6 月 11 日
拍摄地点：上海博山东路
摄　　影：魏宁宸

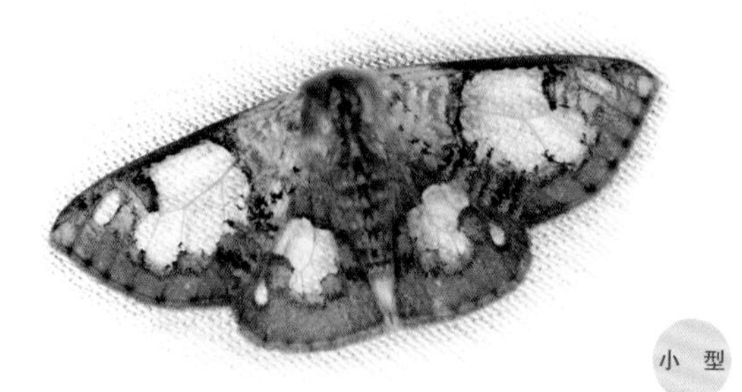

窗毒蛾 毒蛾科

Leucoma seminsula

中国分布：华南、西南地区

寄主植物：不详

小 型

拍摄日期：2015 年 11 月 10 日
拍摄地点：海南霸王岭
摄　　影：张宁

黄黑丛毒蛾 毒蛾科

Locharna flavopica

中国分布：华东、华中、西南地区

寄主植物：不详

拍摄日期：2017 年 2 月 5 日
拍摄地点：马来西亚婆罗洲
摄　　影：张宁

小中型

丛毒蛾 毒蛾科

Locharna strigipennis

中国分布：华东、华中、华南、西南地区

寄主植物：肉桂、芒果、短柄泡等

拍摄日期：2020 年 8 月 2 日
拍摄地点：浙江临安龙门秘境
摄　　影：张宁

小中型

汇毒蛾 毒蛾科

Lymantria bivittata

中国分布：西南地区

寄主植物：不详

拍摄日期：2017 年 2 月 7 日
拍摄地点：马来西亚婆罗洲
摄　　影：张宁

条毒蛾 毒蛾科

Lymantria dissoluta

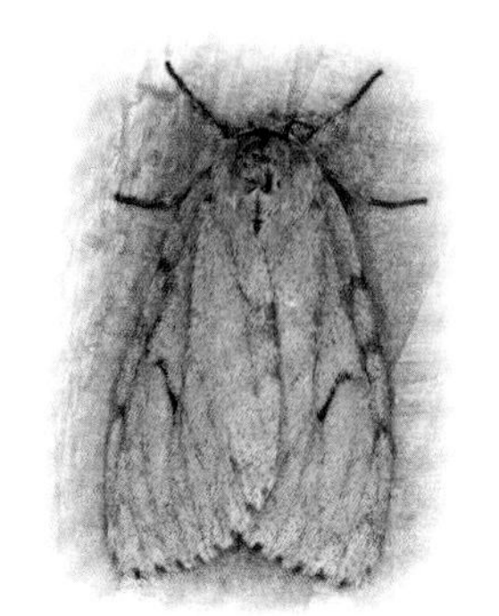

中国分布：华东、华中、华南地区

寄主植物：马尾松、黑松、油松等

拍摄日期：2016 年 7 月 7 日
拍摄地点：浙江浙西大峡谷
摄　　影：张宁

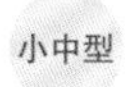

小中型

芒果毒蛾　　毒蛾科

Lymantria marginata

中国分布：华东、华南、西北、西南地区

寄主植物：扁桃、芒果等

拍摄日期：2019 年 10 月 4 日
拍摄地点：浙江临安太湖源
摄　　影：张宁

栎毒蛾　　毒蛾科

Lymantria mathura

中国分布：华东、华南、西南、华中、华北、东北地区

寄主植物：麻栎、栗子、梨等

拍摄日期：2017 年 8 月 23 日
拍摄地点：海南琼中什寒村
摄　　影：张宁

模毒蛾　　毒蛾科

Lymantria monacha

中国分布：华东、东北、西南地区

寄主植物：云杉、桦、榆等

拍摄日期：2016 年 7 月 29 日
拍摄地点：浙江浙西大峡谷
摄　　影：张宁

珊毒蛾　　毒蛾科

Lymantria viola

中国分布：华东、华南、西南地区

寄主植物：榄仁树

拍摄日期：2020 年 8 月 9 日
拍摄地点：海南琼中什寒村
摄　　影：张宁

白斜带毒蛾 毒蛾科

Numenes albofascia

中国分布：华东、华中、西北、西南地区

寄主植物：不详

拍摄日期：2020年8月12日
拍摄地点：海南五指山
摄　　影：张宁

小中型

斜带毒蛾 毒蛾科

Numenes silettis

中国分布：华南、西南地区

寄主植物：不详

拍摄日期：2017年2月5日
拍摄地点：马来西亚婆罗洲
摄　　影：张宁

小中型

榕透翅毒蛾 毒蛾科

Perina nuda

中国分布：华东、华中、华南、西南地区

寄主植物：榕

拍摄日期：2020年1月21日
拍摄地点：海南五指山
摄　　影：张宁

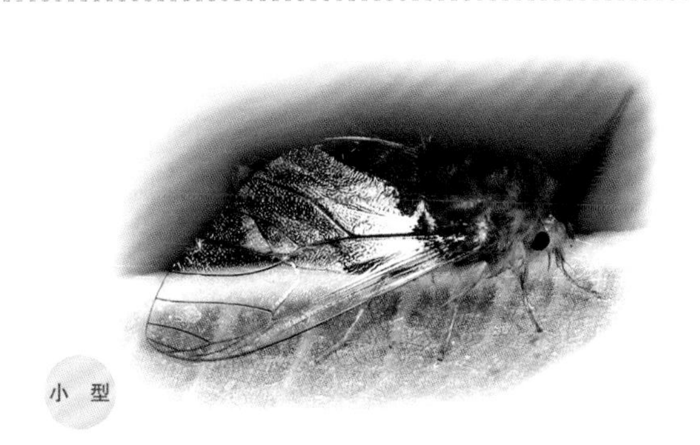

小　型

日本羽毒蛾 毒蛾科

Pida niphonis

中国分布：华东、华中、华北、东北地区

寄主植物：榛、桦、刺槐等

拍摄日期：2015年9月14日
拍摄地点：浙江临安神龙川
摄　　影：张宁

小中型

小中型

白纹羽毒蛾

毒蛾科

Pida postalba

中国分布：华东、西南地区

寄主植物：不详

拍摄日期：2017 年 7 月 25 日
拍摄地点：海南琼中什寒村
摄　　影：张宁

小　型

盗毒蛾

毒蛾科

Porthesia similis

中国分布：华东、华中、华北、华南地区

寄主植物：蔷薇、柳、榆等

拍摄日期：2020 年 9 月 20 日
拍摄地点：上海金海湿地公园
摄　　影：魏宇宸

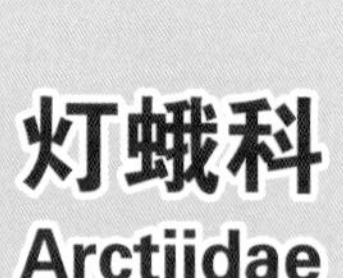

灯蛾科 Arctiidae

小型至中大型。身体粗壮。复眼发达。触角多数为栉状。前翅狭长，后翅宽阔，色彩鲜艳。停息时姿态各异，四翅呈竖裹型、斜覆型和平展型。全世界已知 4 000 多种，我国记载 500 多种。

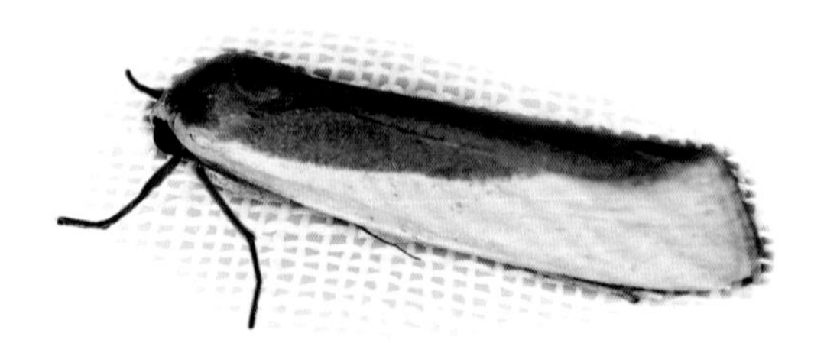

小中型

双分华苔蛾

灯蛾科

Agylla bisecta

中国分布：华东、西南地区

寄主植物：不详

拍摄日期：2016 年 11 月 7 日
拍摄地点：海南琼中什寒村
摄　　影：张宁

红缘灯蛾　灯蛾科

Aloa lactinea

中国分布：华东、华北、华中、华南、西南地区

寄主植物：柑橘、玉米、芝麻等

拍摄日期：2018 年 7 月 2 日
拍摄地点：浙江宁海岔路
摄　　影：张宁

中 型

广鹿蛾　灯蛾科

Amata emma

中国分布：华东、华中、华北、华南、西南地区

寄主植物：不详

拍摄日期：2020 年 7 月 12 日
拍摄地点：上海三林
摄　　影：李昀泽

小 型

蕾鹿蛾　灯蛾科

Amata germana

中国分布：华东、华南、西南地区

寄主植物：茶、桑、蓖麻等

拍摄日期：2020 年 5 月 31 日
拍摄地点：上海康桥生态园
摄　　影：严羽笑

小中型

闪光玫灯蛾　灯蛾科

Amerila astrea

中国分布：华南、西南地区

寄主植物：清明花

拍摄日期：2020 年 1 月 19 日
拍摄地点：海南琼中什寒村
摄　　影：张宁

中大型

乳白斑灯蛾 灯蛾科

Areas galactina

中国分布：华中、华南、西南地区

寄主植物：不详

拍摄日期：2013 年 8 月 8 日
拍摄地点：广西崇左
摄　　影：张宁

小中型

纹闪丽灯蛾 灯蛾科

Argina argus

中国分布：华东、华中、华南、西南地区

寄主植物：不详

拍摄日期：2019 年 6 月 9 日
拍摄地点：台湾埔里
摄　　影：张宁

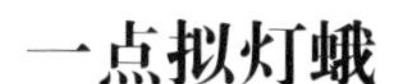

一点拟灯蛾 灯蛾科

Asota caricae

小中型

中国分布：华南、西南地区

寄主植物：榕、野无花果

拍摄日期：2014 年 5 月 27 日
拍摄地点：海南吊罗山
摄　　影：张宁

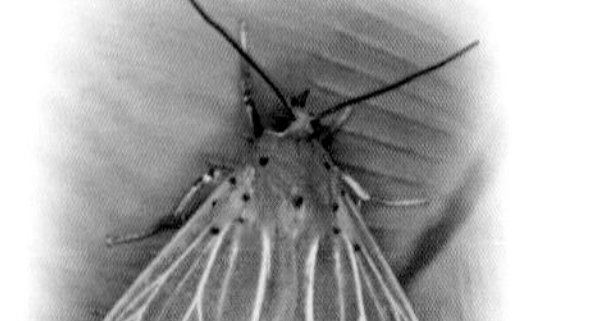

橙拟灯蛾 灯蛾科

Asota egens

中国分布：华南、西南地区

寄主植物：不详

中　型

拍摄日期：2020 年 1 月 19 日
拍摄地点：海南琼中什寒村
摄　　影：张宁

长斑拟苔蛾 灯蛾科

Asota plana

中国分布：华南、西南地区
寄主植物：不详

拍摄日期：2013 年 8 月 8 日
拍摄地点：云南元阳
摄　　影：张宁

三色艳苔蛾 灯蛾科

Asura tricolor

中国分布：华南、西南地区
寄主植物：不详

拍摄日期：2020 年 1 月 19 日
拍摄地点：海南琼中什寒村
摄　　影：张宁

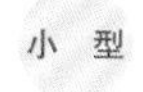

之美苔蛾 灯蛾科

Barsine ziczac

中国分布：华东、华中、华北、华南地区
寄主植物：不详

拍摄日期：2015 年 7 月 17 日
拍摄地点：浙江临安东天目山
摄　　影：张宁

小 型

大丽灯蛾 灯蛾科

Callimorpha histrio

中国分布：华东、华中、西南地区
寄主植物：油茶、杉木

拍摄日期：2016 年 7 月 23 日
拍摄地点：浙江浙西大峡谷
摄　　影：张宁

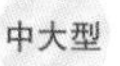

花布丽灯蛾　灯蛾科

Camptoloma interiorata

中国分布：华东、华中、西南地区

寄主植物：麻栎、乌桕、柳等

小　型

拍摄日期：2015 年 6 月 11 日
拍摄地点：浙江临安神龙川
摄　　影：张宁

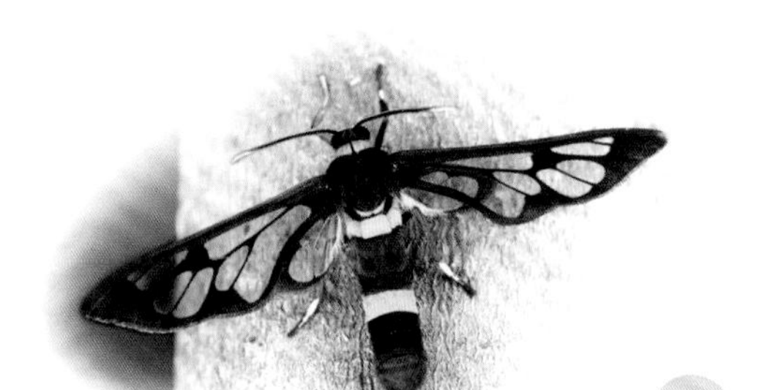

伊贝鹿蛾　灯蛾科

Ceozv imaon

中国分布：华东、华南、西南地区

寄主植物：不详

小　型

拍摄日期：2020 年 1 月 19 日
拍摄地点：海南琼中什寒村
摄　　影：张宁

猩红雪苔蛾　灯蛾科

Chionaema coccinea

中国分布：华南、西南地区

寄主植物：台湾相思

小　型

拍摄日期：2018 年 2 月 10 日
拍摄地点：马来西亚婆罗洲
摄　　影：张宁

优雪苔蛾　灯蛾科

Chionaema hamata

中国分布：华东、华中、西南地区

寄主植物：玉米、棉花、柑橘等

小　型

拍摄日期：2016 年 6 月 10 日
拍摄地点：浙江安吉龙王山
摄　　影：张宁

闪光苔蛾 灯蛾科

Chrysaeglia magnifica

中国分布：华南、西南地区

寄主植物：不详

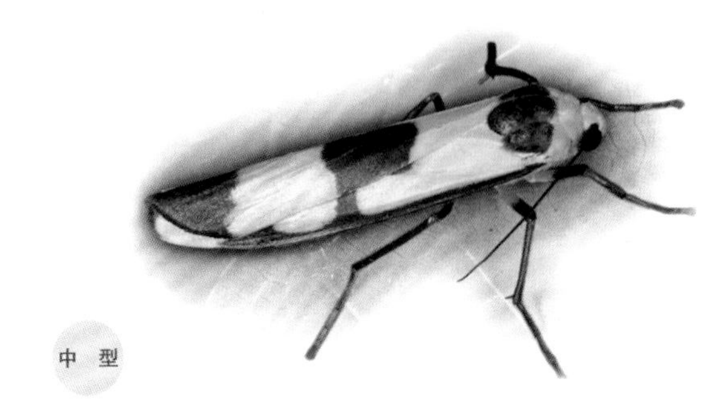

拍摄日期：2017 年 8 月 24 日
拍摄地点：海南琼中什寒村
摄　　影：张宁

中型

代土苔蛾 灯蛾科

Eilema vicaria

中国分布：华东、华南、西南地区

寄主植物：不详

拍摄日期：2017 年 2 月 5 日
拍摄地点：马来西亚婆罗洲
摄　　影：张宁

小型

黑条灰灯蛾 灯蛾科

Creatonotos gangis

中国分布：华东、华中、华南、西南地区

寄主植物：不详

拍摄日期：2018 年 8 月 3 日
拍摄地点：浙江宁海岔路
摄　　影：张宁

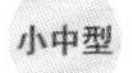

八点灰灯蛾 灯蛾科

Creatonotos transiens

中国分布：全国各地区

寄主植物：柑橘、桑、柳等

拍摄日期：2020 年 7 月 24 日
拍摄地点：上海康桥生态园
摄　　影：王令齐

小中型

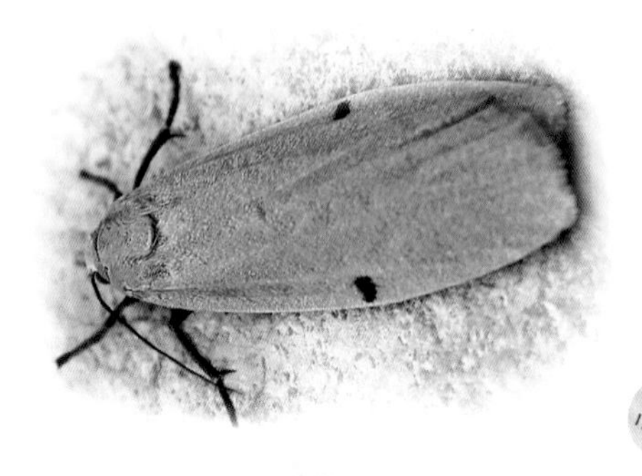

缘点土苔蛾 灯蛾科

Eilema costipuncta

中国分布：华东、华中、西南地区

寄主植物：地衣

小 型

拍摄日期：2015 年 4 月 26 日
拍摄地点：浙江临安东天目山
摄　　影：张宁

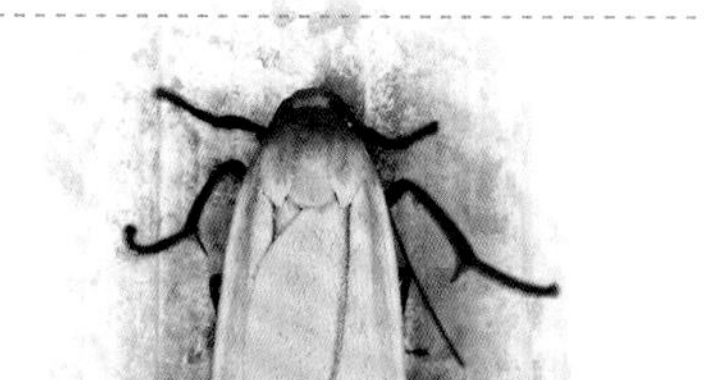

平土苔蛾 灯蛾科

Eilema deplana

中国分布：华东地区

寄主植物：地衣等

小 型

拍摄日期：2018 年 11 月 6 日
拍摄地点：浙江余杭山沟沟
摄　　影：张宁

圆斑土苔蛾 灯蛾科

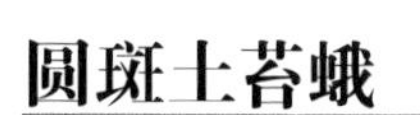

Eilema signata

中国分布：华东、华北、华中、西南地区

寄主植物：不详

小 型

拍摄日期：2015 年 8 月 30 日
拍摄地点：浙江临安白沙村
摄　　影：张宁

金土苔蛾 灯蛾科

Eilema sororcula

中国分布：华东地区

寄主植物：地衣等

小 型

拍摄日期：2019 年 10 月 4 日
拍摄地点：浙江临安太湖源
摄　　影：张宁

褐带污灯蛾 灯蛾科

Eospilarctia lewisii

中国分布：华东、西南地区

寄主植物：不详

拍摄日期：2018 年 5 月 1 日
拍摄地点：浙江四明山
摄　　影：张宁

铅拟灯蛾 灯蛾科

Euplocia membliaria

中国分布：华南、西南地区

寄主植物：不详

拍摄日期：2020 年 8 月 13 日
拍摄地点：海南五指山
摄　　影：张宁

四点苔蛾 灯蛾科

Lithosia quadra

中国分布：华东、华北、西南地区

寄主植物：樟子松、苹果、地衣等

拍摄日期：2015 年 9 月 14 日
拍摄地点：浙江临安神龙川
摄　　影：张宁

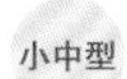
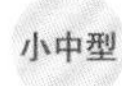

乌闪网苔蛾 灯蛾科

Macrobrochis staudingeri

中国分布：华东地区

寄主植物：不详

拍摄日期：2019 年 5 月 3 日
拍摄地点：安徽石台牯牛降
摄　　影：张宁

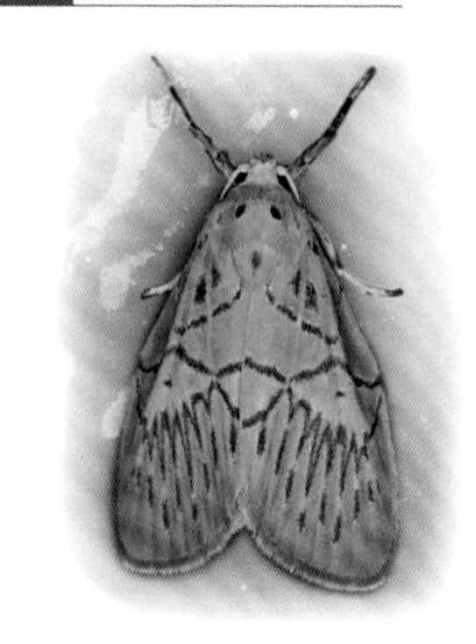

异美苔蛾 灯蛾科
Miltochrista aberrans

中国分布：华东、华中、华北、华南地区

寄主植物：地衣

拍摄日期：2016 年 6 月 11 日
拍摄地点：浙江安吉龙王山
摄　　影：张宁

黑缘美苔蛾 灯蛾科
Miltochrista delineata

中国分布：华东、华中、华南、西南地区

寄主植物：榆

拍摄日期：2015 年 9 月 4 日
拍摄地点：浙江临安东坑村
摄　　影：张宁

丹美苔蛾 灯蛾科
Miltochrista sanguinea

中国分布：华东、西南地区

寄主植物：不详

小 型

拍摄日期：2020 年 9 月 5 日
拍摄地点：上海三林
摄　　影：李昀泽

黄边美苔蛾 灯蛾科
Miltochrista pallida

中国分布：华东、华中、华北、华南、西南、东北地区

寄主植物：不详

小 型

拍摄日期：2020 年 7 月 18 日
拍摄地点：上海张江
摄　　影：李昀泽

优美苔蛾　灯蛾科

Miltochrista striata

中国分布：华东、华北、西北、华中、华南、西南地区

寄主植物：地衣、大豆

拍摄日期：2017 年 4 月 30 日
拍摄地点：浙江乍浦九龙山
摄　　影：张宁

小　型

粉蝶灯蛾　灯蛾科

Nyctemera adversata

中国分布：华东、华中、华南、西南地区

寄主植物：葡萄

拍摄日期：2019 年 10 月 4 日
拍摄地点：安徽黟县打鼓岭
摄　　影：王瑞阳

小中型

直蝶灯蛾　灯蛾科

Nyctemera arctata

中国分布：华南、西南地区

寄主植物：不详

拍摄日期：2015 年 5 月 17 日
拍摄地点：海南尖峰岭
摄　　影：张宁

小中型

白巾蝶灯蛾　灯蛾科

Nyctemera tripunctaria

中国分布：华南、西南地区

寄主植物：茶

拍摄日期：2017 年 8 月 21 日
拍摄地点：海南琼中什寒村
摄　　影：张宁

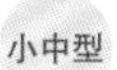

斜带斑灯蛾 灯蛾科

Pericallia obliquifascia

中国分布：华南、西南地区

寄主植物：芋、马樱丹

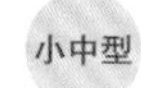
小中型

拍摄日期：2015 年 10 月 2 日
拍摄地点：海南霸王岭
摄　　影：张宁

圆拟灯蛾 灯蛾科

Peridrome orbicularis

中国分布：华南地区

寄主植物：不详

中　型

拍摄日期：2015 年 10 月 3 日
拍摄地点：海南霸王岭
摄　　影：张宁

人纹污灯蛾 灯蛾科

Spilarctia subcarnea

中国分布：华东、华中、华北、西南地区

寄主植物：杨、榆、蔷薇等

小中型

拍摄日期：2020 年 8 月 9 日
拍摄地点：海南琼中什寒村
摄　　影：张宁

点斑雪灯蛾 灯蛾科

Spilosoma ningyuenfui

中国分布：华东、西南地区

寄主植物：不详

小中型

拍摄日期：2020 年 7 月 24 日
拍摄地点：上海金海湿地公园
摄　　影：魏宇宸

玫痣苔蛾　灯蛾科

Stigmatophora rhodophila

中国分布：华东、华中、华北、华南、西南、东北地区

寄主植物：牛毛毡等

拍摄日期：2020 年 8 月 15 日
拍摄地点：上海张江
摄　　影：李昀泽

黑长斑苔蛾　灯蛾科

Thysanoptyx incurvata

中国分布：华东、西南地区

寄主植物：不详

拍摄日期：2020 年 9 月 6 日
拍摄地点：浙江临安龙门秘境
摄　　影：张宁

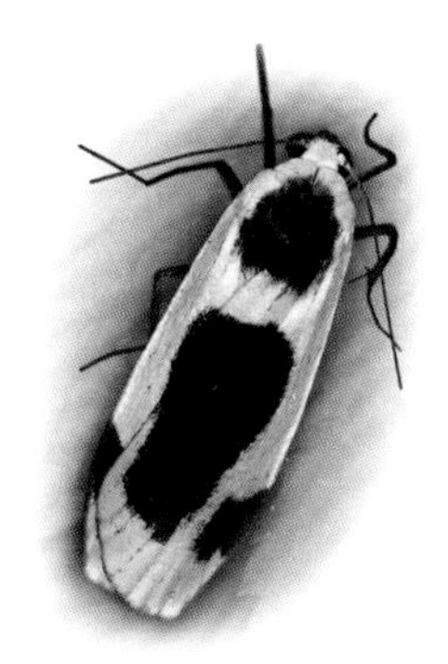

白黑瓦苔蛾　灯蛾科

Vamuna ramelana

中国分布：华东、华中、华南、西南地区

寄主植物：不详

拍摄日期：2014 年 5 月 27 日
拍摄地点：海南吊罗山
摄　　影：张宁

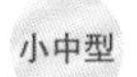

瘤蛾科 Nolidae

小型。触角为丝状。喙退化。下唇须发达。翅鲜艳，色斑明显，以黄、褐为主。停息时四翅呈竖裹型或斜覆型。全世界已知 1 700 多种。

小 型

粉缘钻夜蛾 瘤蛾科

Earias pudicana

中国分布：华东、华中、华北地区

寄主植物：杨、柳

拍摄日期：2020 年 8 月 22 日
拍摄地点：上海高东
摄　　影：李昀泽

小 型

玫缘钻夜蛾 瘤蛾科

Earias roseifera

中国分布：华东、华中、华北地区

寄主植物：杜鹃

拍摄日期：2016 年 4 月 30 日
拍摄地点：浙江临安神龙川
摄　　影：张宁

小 型

康纳瘤蛾 瘤蛾科

Narangodes confluens

中国分布：华东地区

寄主植物：不详

拍摄日期：2012 年 7 月 27 日
拍摄地点：浙江清凉峰
摄　　影：张宁

小 型

内黄血斑瘤蛾 瘤蛾科

Siglophora sanguinolenta

中国分布：华东、西南地区

寄主植物：不详

拍摄日期：2018 年 11 月 6 日
拍摄地点：浙江余杭山沟沟
摄　　影：张宁

胡桃豹夜蛾 瘤蛾科

Sinna extrema

中国分布：华东、华中、华南、西南地区

寄主植物：胡桃、枫杨、悬铃木等

拍摄日期：2017 年 5 月 1 日
拍摄地点：浙江浙西天池
摄　　影：张宁

小　型

夜蛾科 Noctuidae

小型至大型。复眼和喙发达。触角大多数为丝状或锯齿状。体色较灰暗，翅形变化多。停息时四翅大多数呈斜覆型和平展型。全世界已知 35 000 多种，我国记载 2 000 多种。

犁纹黄夜蛾 夜蛾科

Xanthodes transversa

中国分布：华东、华中、华南地区

寄主植物：木槿、锦葵、小叶黄杨等

拍摄日期：2020 年 9 月 19 日
拍摄地点：上海高东
摄　　影：安开颜

小　型

枯艳叶夜蛾 夜蛾科

Eudocima tyrannus

中国分布：全国各地区

寄主植物：十大功劳、葡萄、柿等

拍摄日期：2015 年 7 月 17 日
拍摄地点：浙江临安东天目山
摄　　影：张宁

大　型

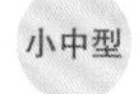

小地老虎 夜蛾科

Agrotis ipsilon

中国分布：全国各地区

寄主植物：粮棉等

拍摄日期：2020 年 6 月 19 日
拍摄地点：上海金海湿地公园
摄　　影：魏宇宸

小中型

瓜夜蛾 夜蛾科

Anadevidia hebetata

中国分布：华东、华北、华南地区

寄主植物：不详

拍摄日期：2020 年 7 月 4 日
拍摄地点：上海博山东路
摄　　影：魏宇宸

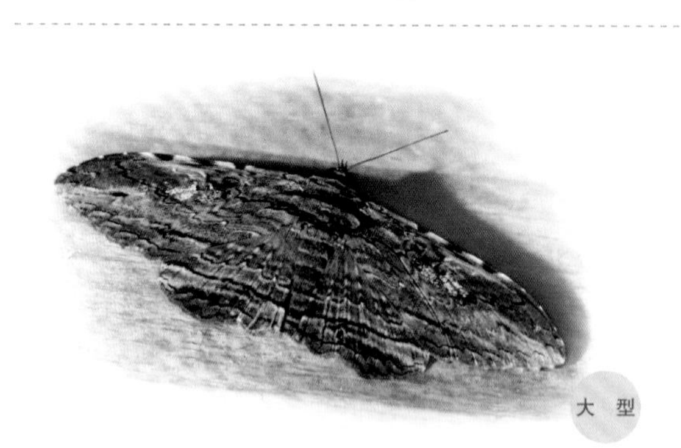

大　型

树皮乱纹夜蛾 夜蛾科

Anisoneura aluco

中国分布：华南、西南地区

寄主植物：不详

拍摄日期：2015 年 10 月 3 日
拍摄地点：海南霸王岭
摄　　影：张宁

小中型

超桥夜蛾 夜蛾科

Anomis fulvida

中国分布：华东、华南、西南地区

寄主植物：木槿、柑橘、黄杨等

拍摄日期：2020 年 7 月 19 日
拍摄地点：浙江泰顺左溪村
摄　　影：张宁

折纹殿尾夜蛾 夜蛾科

Anuga multiplicans

中国分布：华东、西南地区
寄主植物：不详

拍摄日期：2015 年 7 月 14 日
拍摄地点：浙江临安东天目山
摄　　影：张宁

小型

中爱丽夜蛾 夜蛾科

Ariolica chinensis

中国分布：华东、西南地区
寄主植物：不详

拍摄日期：2020 年 8 月 2 日
拍摄地点：浙江临安龙门秘境
摄　　影：张宁

小型

颠夜蛾 夜蛾科

Attatha regalis

中国分布：华南地区
寄主植物：鹊肾树

拍摄日期：2015 年 5 月 17 日
拍摄地点：海南尖峰岭
摄　　影：张宁

小中型

象形文夜蛾 夜蛾科

Baorisa hieroglyphica

中国分布：华南、西南地区
寄主植物：不详

拍摄日期：2016 年 11 月 7 日
拍摄地点：海南琼中什寒村
摄　　影：张宁

小中型

新靛夜蛾 夜蛾科

Belciades staudingeri

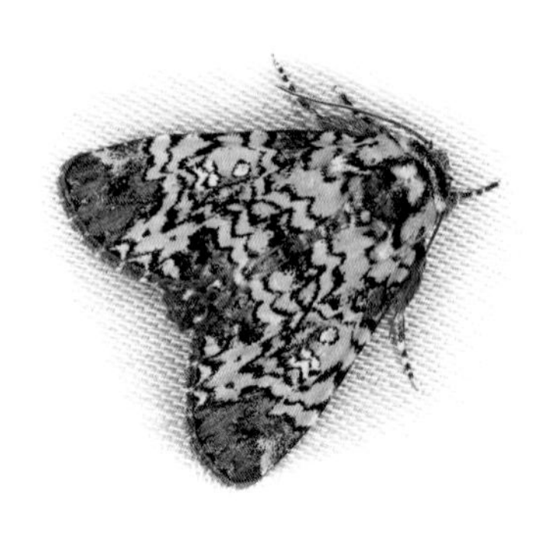

中国分布：华东、华中、东北地区

寄主植物：华东椴

小中型

拍摄日期：2016 年 6 月 10 日
拍摄地点：浙江安吉龙王山
摄　　影：张宁

淡缘波夜蛾 夜蛾科

Bocana marginata

中国分布：华东地区

寄主植物：不详

拍摄日期：2015 年 9 月 3 日
拍摄地点：浙江浙西大峡谷
摄　　影：张宁

畸夜蛾 夜蛾科

Bocula bifaria

中国分布：华东、西南地区

寄主植物：不详

拍摄日期：2017 年 9 月 1 日
拍摄地点：浙江宁海岔路
摄　　影：张宁

红晕散纹夜蛾 夜蛾科

Callopistria repleta

中国分布：华东、华中、华北、东北、西南地区

寄主植物：蕨类

小中型

拍摄日期：2020 年 7 月 28 日
拍摄地点：安徽石台香口村
摄　　影：张宁

半点顶夜蛾 夜蛾科

Callyna semivitta

中国分布：华南、西南地区
寄主植物：不详

拍摄日期：2017 年 7 月 25 日
拍摄地点：海南琼中什寒村
摄　　影：张宁

小　型

平嘴壶夜蛾 夜蛾科

Oraesia lata

中国分布：全国各地区
寄主植物：柑橘、紫堇、唐松草

拍摄日期：2017 年 8 月 4 日
拍摄地点：浙江安吉龙王山
摄　　影：张宁

小中型

缟裳夜蛾 夜蛾科

Catocala fraxini

中国分布：华北、东北地区
寄主植物：杨、柳、榆等

拍摄日期：2015 年 8 月 18 日
拍摄地点：黑龙江黑河
摄　　影：张宁

中大型

珀光裳夜蛾 夜蛾科

Catocala helena

中国分布：华东、华中、华北、东北地区
寄主植物：不详

拍摄日期：2015 年 8 月 10 日
拍摄地点：内蒙古海拉尔
摄　　影：张宁

中　型

晦刺裳夜蛾

夜蛾科

Catocala abamita

中国分布：华东地区

寄主植物：不详

中 型

拍摄日期：2014 年 7 月 3 日
拍摄地点：浙江临安神龙川
摄　　影：张宁

象夜蛾

夜蛾科

Grammodes geometrica

中国分布：华东、华中、华南、西南地区

寄主植物：石榴、柑橘、无患子等

小中型

拍摄日期：2020 年 7 月 19 日
拍摄地点：上海金海湿地公园
摄　　影：魏宇宸

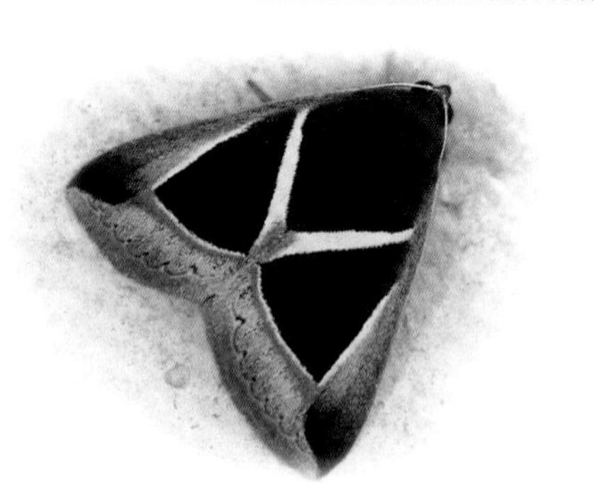

三角夜蛾

夜蛾科

Chalciope mygdon

中国分布：华东、华南地区

寄主植物：不详

小 型

拍摄日期：2016 年 11 月 6 日
拍摄地点：海南琼中什寒村
摄　　影：张宁

彻夜蛾

夜蛾科

Checupa fortissima

中国分布：华南、西南地区

寄主植物：不详

小 型

拍摄日期：2017 年 2 月 5 日
拍摄地点：马来西亚婆罗洲
摄　　影：张宁

柑橘孔夜蛾　夜蛾科

Corgatha sp.

中国分布：华东、西南地区

寄主植物：柑橘

拍摄日期：2020 年 6 月 26 日
拍摄地点：上海金海湿地公园
摄　　影：魏宇宸

小　型

银纹夜蛾　夜蛾科

Ctenoplusia agnata

中国分布：全国各地区

寄主植物：大豆、菊科、一串红等

拍摄日期：2020 年 6 月 19 日
拍摄地点：上海金海湿地公园
摄　　影：魏宇宸

小　型

白条夜蛾　夜蛾科

Ctenoplusia albostriata

中国分布：华东、华中、华北、东北地区

寄主植物：菊科

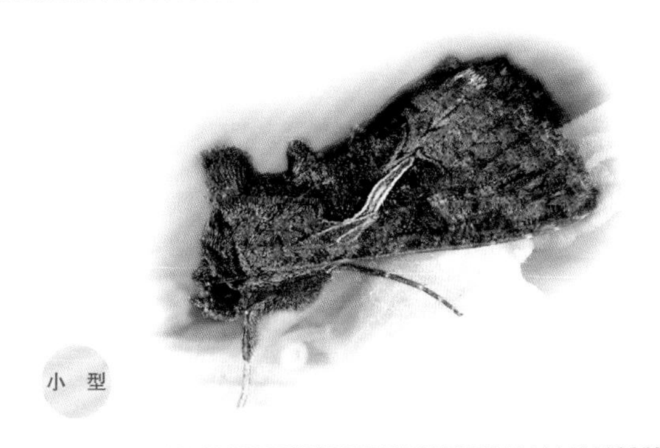

拍摄日期：2020 年 7 月 28 日
拍摄地点：安徽石台香口村
摄　　影：张宁

小　型

三斑蕊夜蛾　夜蛾科

Cymatooporopsis trimaculata

中国分布：华东、华中、华北、西南、东北地区

寄主植物：鼠李

拍摄日期：2020 年 8 月 15 日
拍摄地点：上海张江
摄　　影：李昀泽

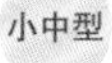

红尺夜蛾 夜蛾科

Naganoella timandra

中国分布：华东、华北地区

寄主植物：不详

拍摄日期：2020 年 8 月 2 日
拍摄地点：浙江临安龙门秘境
摄　　影：张宁

长阳狄夜蛾 夜蛾科

Diomea fasciata

中国分布：华东、华中地区

寄主植物：不详

拍摄日期：2015 年 7 月 16 日
拍摄地点：浙江临安东天目山
摄　　影：张宁

失巾夜蛾 夜蛾科

Dysgonia illibata

中国分布：华中、华南、西南地区

寄主植物：不详

拍摄日期：2015 年 11 月 9 日
拍摄地点：海南霸王岭
摄　　影：张宁

钩白肾夜蛾 夜蛾科

Edessena hamada

中国分布：华东、华中、西南地区

寄主植物：麻栎等

拍摄日期：2016 年 6 月 10 日
拍摄地点：浙江安吉龙王山
摄　　影：张宁

旋皮夜蛾 夜蛾科

Eligma narcissus

中国分布：华东、华中、华北、西南地区

寄主植物：臭椿、香椿

拍摄日期：2018 年 11 月 6 日
拍摄地点：浙江余杭山沟沟
摄　　影：张宁

中 型

白线篱夜蛾 夜蛾科

Episparis liturata

中国分布：华东地区

寄主植物：不详

拍摄日期：2020 年 7 月 29 日
拍摄地点：安徽石台
摄　　影：张宁

小 型

目夜蛾 夜蛾科

Erebus crepuscularis

中国分布：华东、华南、西南地区

寄主植物：不详

拍摄日期：2015 年 7 月 9 日
拍摄地点：浙江临安东天目山
摄　　影：张宁

大 型

涡猎夜蛾 夜蛾科

Eublemma cochylioides

中国分布：华东地区

寄主植物：菊科

拍摄日期：2020 年 6 月 19 日
拍摄地点：上海金海湿地公园
摄　　影：魏宇宸

中大型

艳叶夜蛾　夜蛾科

Eudocima salaminia

中国分布：华东、华南、西南地区

寄主植物：蝙蝠葛

拍摄日期：2015 年 10 月 2 日
拍摄地点：海南霸王岭
摄　　影：张宁

苹梢鹰夜蛾　夜蛾科

Hypocala subsatura

中国分布：华东、华中、华北、华南、西南地区

寄主植物：苹果、柿、栎等

拍摄日期：2020 年 6 月 30 日
拍摄地点：上海博山东路
摄　　影：魏宇宸

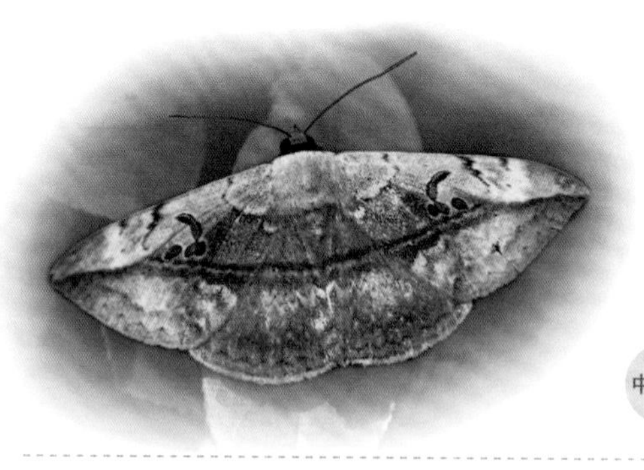

中大型

变色夜蛾　夜蛾科

Enmonodia vespertilio

中国分布：华东、华南、西南地区

寄主植物：合欢、紫藤、柑橘等

拍摄日期：2020 年 7 月 12 日
拍摄地点：上海康桥生态园
摄　　影：严羽笑

中大型

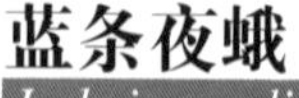

蓝条夜蛾　夜蛾科

Ischyia manlia

中国分布：华东、华中、华南、西南地区

寄主植物：榄仁树、香樟

拍摄日期：2019 年 8 月 6 日
拍摄地点：浙江桐庐天子地
摄　　影：张宁

间纹德夜蛾 夜蛾科

Lepidodelta intermedia

中国分布：华东、华中、西南地区

寄主植物：不详

拍摄日期：2020年7月22日
拍摄地点：上海博山东路
摄　　影：魏宇宸

小　型

白点粘夜蛾 夜蛾科

Mythimna loreyi

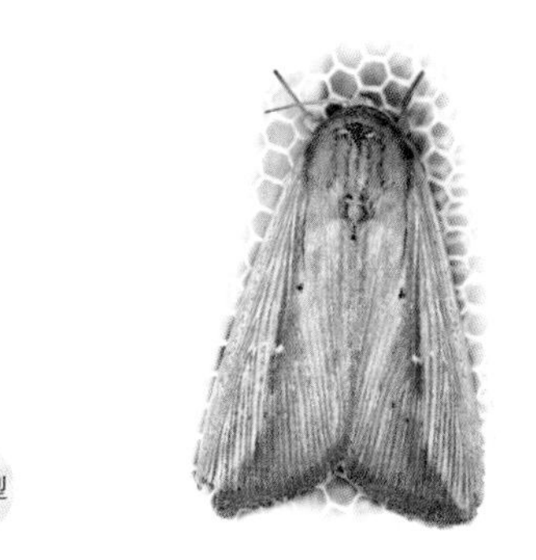

中国分布：华东、华南、西南地区

寄主植物：水稻

拍摄日期：2020年7月18日
拍摄地点：上海张江
摄　　影：李昀泽

小　型

暗裙脊蕊夜蛾 夜蛾科

Lophoptera costata

中国分布：华南、西南地区

寄主植物：不详

拍摄日期：2016年11月6日
拍摄地点：海南琼中什寒村
摄　　影：张宁

小　型

标瑙夜蛾 夜蛾科

Maliattha signifera

中国分布：华东、华中、华北、华南地区

寄主植物：莎草

拍摄日期：2020年6月6日
拍摄地点：上海金海湿地公园
摄　　影：魏宇宸

小　型

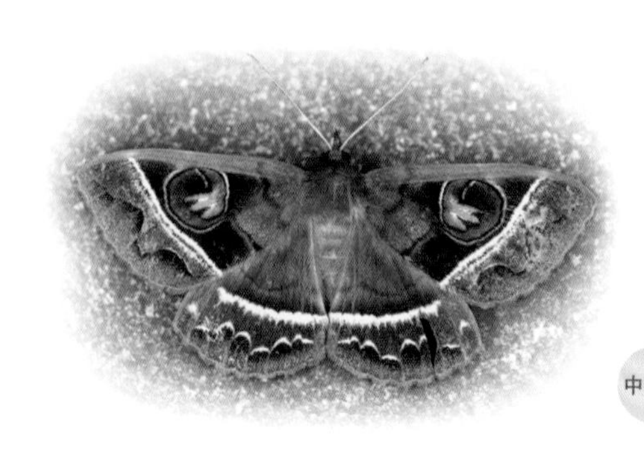

蚪目夜蛾

夜蛾科

Metopta rectifasciata

中国分布：华东、西南地区

寄主植物：不详

拍摄日期：2016 年 7 月 27 日
拍摄地点：浙江浙西大峡谷
摄　　影：张宁

毛胫夜蛾

夜蛾科

Mocis undata

中国分布：华东、华中、华北、华南、西南地区

寄主植物：柑橘、六月雪、木麻黄等

拍摄日期：2020 年 8 月 14 日
拍摄地点：上海康桥生态园
摄　　影：严羽笑

乏夜蛾

夜蛾科

Niphonyx segregata

中国分布：华东、华北、西南地区

寄主植物：葎草、啤酒花等

拍摄日期：2020 年 5 月 31 日
拍摄地点：上海金海湿地公园
摄　　影：魏宇宸

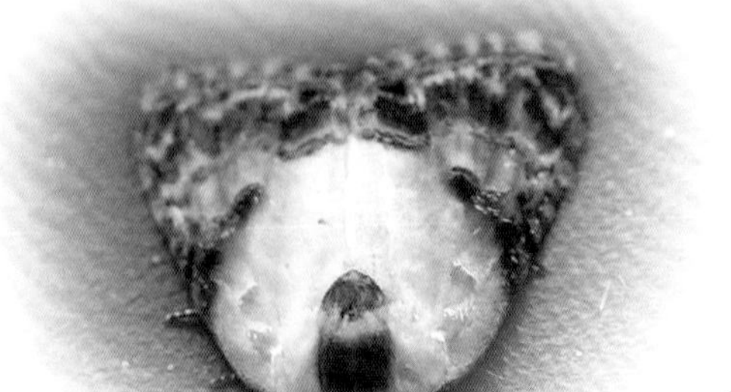

洼皮夜蛾

夜蛾科

Nolathripa lactaria

中国分布：华东、华北、西南地区

寄主植物：枇杷、胡桃楸、苹果等

拍摄日期：2015 年 9 月 3 日
拍摄地点：浙江浙西大峡谷
摄　　影：张宁

安钮夜蛾 夜蛾科

Ophiusa tirhaca

中国分布：华东、华南、西南地区

寄主植物：乳香、漆树

拍摄日期：2016 年 11 月 7 日
拍摄地点：海南琼中什寒村
摄　　影：张宁

中　型

鸟嘴壶夜蛾 夜蛾科

Oraesia excavata

中国分布：华东、华中、华北、华南、西南地区

寄主植物：苹果、梨、无花果等

拍摄日期：2018 年 11 月 6 日
拍摄地点：浙江余杭山沟沟
摄　　影：张宁

小中型

佩夜蛾 夜蛾科

Oxyodes scrobiculata

中国分布：华南、西南地区

寄主植物：不详

拍摄日期：2016 年 11 月 6 日
拍摄地点：海南琼中什寒村
摄　　影：张宁

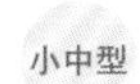

红衣夜蛾 夜蛾科

Clethrophora distincta

中国分布：华东、华南、西南地区

寄主植物：不详

拍摄日期：2015 年 7 月 8 日
拍摄地点：浙江临安东天目山
摄　　影：张宁

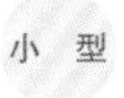

小中型

玫瑰巾夜蛾

夜蛾科

Parallelia arctotaenia

中国分布：华东、华中、华北、华南、西南地区

寄主植物：玫瑰、黄杨、迎春等

拍摄日期：2020 年 7 月 4 日
拍摄地点：上海凌海路
摄　　影：李昀泽

霉巾夜蛾

夜蛾科

Parallelia maturata

中国分布：华东、西南地区

寄主植物：栎

拍摄日期：2014 年 7 月 8 日
拍摄地点：浙江临安神龙川
摄　　影：张宁

石榴巾夜蛾

夜蛾科

Parallelia stuposa

中国分布：华东、华南、西南地区

寄主植物：石榴、紫薇、合欢等

拍摄日期：2020 年 8 月 10 日
拍摄地点：海南五指山
摄　　影：张宁

小中型

紫金翅夜蛾

夜蛾科

Diachrysia chryson

中国分布：华东、华北、西北、东北地区

寄主植物：大麻叶泽兰、无花果

拍摄日期：2016 年 10 月 6 日
拍摄地点：浙江临安白沙村
摄　　影：张宁

枝夜蛾 夜蛾科

Ramadasa pavo

中国分布：华东、华南、西南地区

寄主植物：不详

拍摄日期：2017 年 8 月 22 日
拍摄地点：海南琼中什寒村
摄　　影：张宁

小中型

丹日明夜蛾 夜蛾科

Sphragifera sigillata

中国分布：华东、华中、华北、西南地区

寄主植物：胡桃楸、千斤榆等

拍摄日期：2019 年 5 月 3 日
拍摄地点：安徽石台牯牛降
摄　　影：张宁

小中型

旋目夜蛾 夜蛾科

Spirama retorta

中国分布：华东、华中、西南地区

寄主植物：桃、葡萄、合欢等

拍摄日期：2020 年 7 月 19 日
拍摄地点：浙江泰顺左溪村
摄　　影：张宁

中　型

斜纹夜蛾 夜蛾科

Spodoptera litura

中国分布：全国各地区

寄主植物：豆科、甘薯、荷花等

拍摄日期：2020 年 8 月 29 日
拍摄地点：上海凌海路
摄　　影：李昀泽

小中型

交兰纹夜蛾

夜蛾科

Stenoloba confusa

中国分布：华东、华中、华南、西南地区

寄主植物：不详

小　型

拍摄日期：2016 年 7 月 20 日
拍摄地点：浙江开化古田山
摄　　影：张宁

合夜蛾

夜蛾科

Sympis rufibasis

中国分布：华南、西南地区

寄主植物：不详

小中型

拍摄日期：2015 年 11 月 8 日
拍摄地点：海南黎母山
摄　　影：张宁

单闪夜蛾

夜蛾科

Sypna simplex

中国分布：华东、华中、西南地区

寄主植物：不详

小中型

拍摄日期：2020 年 10 月 2 日
拍摄地点：浙江临安龙门秘境
摄　　影：张宁

克析夜蛾

夜蛾科

Sypnoides kirbyi

中国分布：华东、华中、华南地区

寄主植物：不详

中　型

拍摄日期：2019 年 7 月 22 日
拍摄地点：浙江桐庐天子地
摄　　影：张宁

斜线关夜蛾 夜蛾科

Artena dotata

中国分布：华中、华南、西南地区

寄主植物：不详

拍摄日期：2020 年 8 月 8 日
拍摄地点：海南琼中什寒村
摄　　影：张宁

中大型

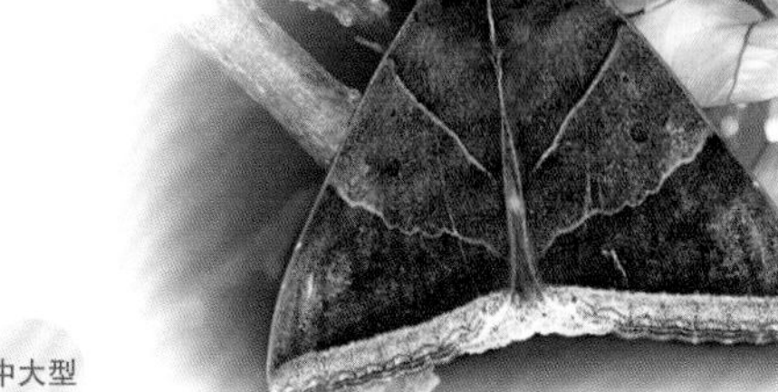

庸肖毛翅夜蛾 夜蛾科

Thyas juno

中国分布：华东、华中、华北、东北、华南、西南地区

寄主植物：桦、木槿、栗子等

拍摄日期：2018 年 10 月 2 日
拍摄地点：安徽石台牯牛降
摄　　影：张宁

中大型

中金弧夜蛾 夜蛾科

Diachrysia intermixta

中国分布：华东、华中、华北、东北、西南地区

寄主植物：胡萝卜、莴苣

拍摄日期：2015 年 5 月 16 日
拍摄地点：上海杨高中路
摄　　影：张宁

掌夜蛾 夜蛾科

Tiracola plagiata

中国分布：华东、西南地区

寄主植物：柑橘、茶、萝卜等

拍摄日期：2020 年 7 月 26 日
拍摄地点：安徽石台香口村
摄　　影：张宁

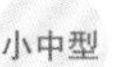

分夜蛾

夜蛾科

Trigonodes hyppasia

中国分布：华东、华中、西南地区

寄主植物：不详

小 型

拍摄日期：2015 年 10 月 2 日
拍摄地点：海南霸王岭
摄　　影：张宁

俊夜蛾

夜蛾科

Westermannia superba

中国分布：华南、西南地区

寄主植物：榄仁树

小 型

拍摄日期：2015 年 11 月 9 日
拍摄地点：海南黎母山
摄　　影：张宁

木叶夜蛾

夜蛾科

Xylophylla punctifascia

中国分布：华东、华南地区

寄主植物：不详

大 型

拍摄日期：2019 年 5 月 4 日
拍摄地点：安徽石台牯牛降
摄　　影：张宁

花夜蛾

夜蛾科

Yepcalphis dilectissima

中国分布：华东、华南地区

寄主植物：不详

小 型

拍摄日期：2020 年 7 月 28 日
拍摄地点：安徽石台香口村
摄　　影：张宁

碧金翅夜蛾　夜蛾科

Diachrysia nadeja

中国分布：东北、华北、西北地区

寄主植物：虎杖、刺儿菜等

拍摄日期：2021 年 7 月 4 日
拍摄地点：黑龙江伊春凉水
摄　　影：张宁

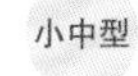

缤夜蛾　夜蛾科

Melanchra persiiae

中国分布：东北、华中、华东、西南地区

寄主植物：栎、桦、山毛榉等

拍摄日期：2021 年 7 月 4 日
拍摄地点：黑龙江伊春凉水
摄　　影：张宁

黑齿狼夜蛾　夜蛾科

Ochropleura praecurrens

中国分布：东北、华北地区

寄主植物：不详

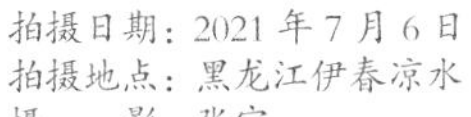

拍摄日期：2021 年 7 月 6 日
拍摄地点：黑龙江伊春凉水
摄　　影：张宁

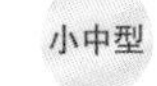

棘翅夜蛾　夜蛾科

Scoliopteryx libatrix

中国分布：东北、华北、华中地区

寄主植物：杨、柳

拍摄日期：2021 年 7 月 6 日
拍摄地点：黑龙江伊春凉水
摄　　影：张宁

金斑夜蛾　夜蛾科

Plusia festucae

中国分布：Plusia festucae

寄主植物：水稻

拍摄日期：2021 年 7 月 5 日
拍摄地点：黑龙江伊春凉水
摄　　影：张宁

绿孔雀夜蛾　夜蛾科

Nacna malachitis

中国分布：东北、华北、西南地区

寄主植物：不详

拍摄日期：2021 年 7 月 4 日
拍摄地点：黑龙江伊春凉水
摄　　影：张宁

瑕夜蛾　夜蛾科

Sinocharis korbae

中国分布：东北地区

寄主植物：大丽花

拍摄日期：2021 年 7 月 4 日
拍摄地点：黑龙江伊春凉水
摄　　影：张宁

焰夜蛾　夜蛾科

Pyrrhia umbra

中国分布：东北、华北、西北、华中、西南地区

寄主植物：烟草、大豆、荞麦等

拍摄日期：2021 年 7 月 22 日
拍摄地点：四川雅安神木垒
摄　　影：张宁

白斑锦夜蛾 夜蛾科

Phlogophora albovittata

中国分布：西南、华中、华东地区

寄主植物：不详

拍摄日期：2021 年 7 月 21 日
拍摄地点：四川雅安围塔
摄　　影：张宁

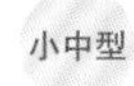
小中型

娓翠夜蛾 夜蛾科

Daseochaeta vivida

中国分布：西南、华中地区

寄主植物：不详

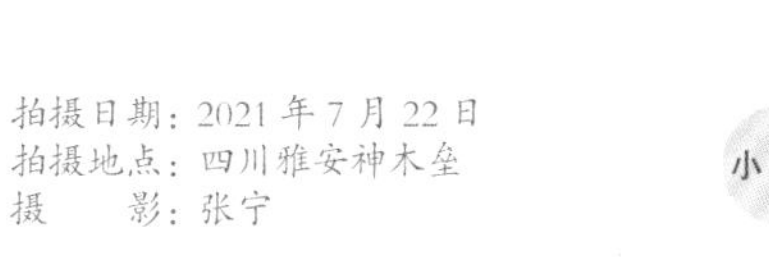

拍摄日期：2021 年 7 月 22 日
拍摄地点：四川雅安神木垒
摄　　影：张宁

小　型

瘤斑飒夜蛾 夜蛾科

Saroba pustulifera

中国分布：华南地区

寄主植物：不详

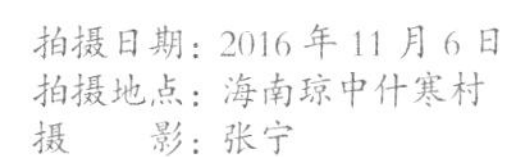

拍摄日期：2016 年 11 月 6 日
拍摄地点：海南琼中什寒村
摄　　影：张宁

小　型

朝线夜蛾 夜蛾科

Elydna coreana

中国分布：华东地区

寄主植物：不详

拍摄日期：2020 年 7 月 29 日
拍摄地点：安徽石台香口村
摄　　影：张宁

小　型

短炬夜蛾 夜蛾科

Daddala brevicauda

中国分布：西南地区

寄主植物：不详

拍摄日期：2017年2月4日
拍摄地点：马来西亚婆罗洲
摄　　影：张宁

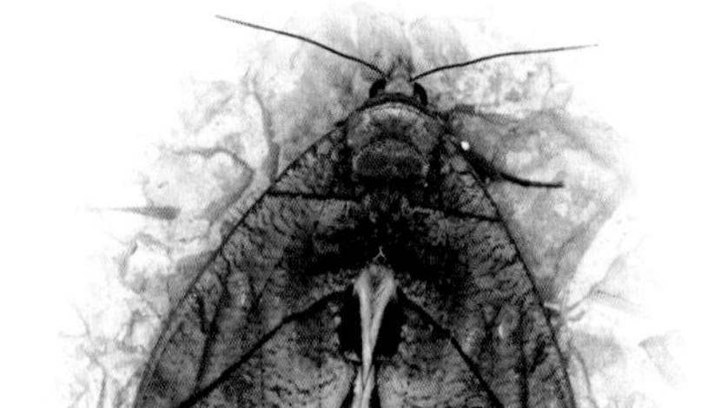

黄褐艳叶夜蛾 夜蛾科

Eudocima aurantia

中国分布：西南地区

寄主植物：不详

拍摄日期：2018年2月7日
拍摄地点：马来西亚婆罗洲
摄　　影：张宁

枯安钮夜蛾 夜蛾科

Ophiusa coronata

中国分布：西南、华南、华东地区

寄主植物：不详

中大型

拍摄日期：2015年11月8日
拍摄地点：海南黎母山
摄　　影：张宁

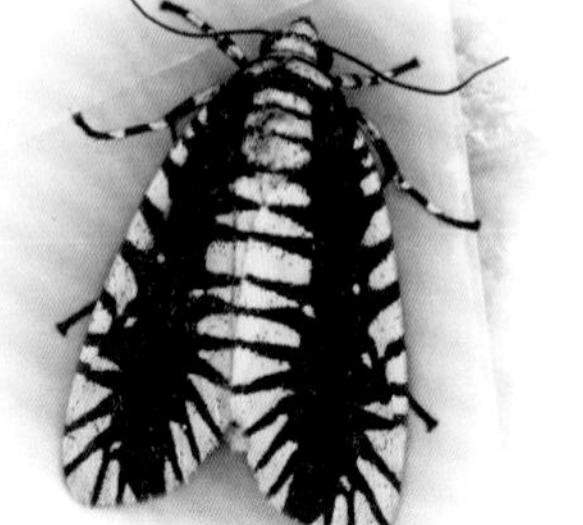

辐射夜蛾 夜蛾科

Apsarasa radians

中国分布：西南、华南、华东地区

寄主植物：不详

拍摄日期：2021年8月6日
拍摄地点：贵州遵义十二背后
摄　　影：张宁

稻螟蛉夜蛾 夜蛾科

Naranga aenescens

中国分布：华东、华中、西南地区

寄主植物：不详

拍摄日期：2021 年 9 月 4 日
拍摄地点：上海松江天马山
摄　　影：张轶宸

小 型

粉条巧夜蛾 夜蛾科

Oruza divisa

中国分布：华东、华南、华中、华北地区

寄主植物：不详

拍摄日期：2021 年 6 月 11 日
拍摄地点：上海松江天马山
摄　　影：张轶宸

小 型

胞短栉夜蛾 夜蛾科

Ochropleura praecurrens

中国分布：华东、华南、西南、华中、华北地区

寄主植物：野豌豆

拍摄日期：2021 年 5 月 8 日
拍摄地点：上海松江天马山
摄　　影：张轶宸

小 型

玲斑翅夜蛾 夜蛾科

Serrodes campana

中国分布：华东、华南、西南地区

寄主植物：不详

拍摄日期：2021 年 7 月 4 日
拍摄地点：上海松江天马山
摄　　影：张轶宸

中 型

基础知识

蝶蛾与人类有什么关系？蝶蛾为什么这么美？蝶蛾的身体构成和生活习性有哪些特点？蝶和蛾该如何区分？如果你是一位蝶蛾初级爱好者，本篇的内容还是值得你去认真阅读和细细品鉴的。

蝶蛾与人类的关系

生物进化的研究表明，鳞翅目昆虫早在1.8亿年前就在地球上诞生了，真可谓是人类的“老前辈”。千百年来，蝶蛾与人类有着共存共荣的密切关系，和人类的日常生活息息相关，特别在生态学、遗传学、生理学、仿生学、农学等自然科学领域，以及戏剧、诗歌、绘画和美术设计等人文科学领域都是人们研究和利用的重要资源。

生态关系

自然界的蝶蛾对空气质量和水质要求苛刻，是生物多样性研究中引人注目的类群之一。当今世界各国已将鳞翅目昆虫作为人类宜居环境的指示性生物，一座有蝶蛾繁衍生息的城市，一定是生态环境良好的城市，其生态价值不言而喻。

经济关系

家蚕、柞蚕、蓖麻蚕、天蚕等昆虫所产的蚕丝是丝绸产品的基本原料。

蚕蛹在我国是有名的营养品，豆天蛾、甘薯天蛾、芝麻木天蛾、葡萄天蛾、桃天蛾、沙枣尺蠖、木尺蠖、松毛虫、蓑蛾、刺蛾、樟蚕、茶蚕、家蚕、柞蚕、红铃虫、玉米螟、竹螟等都是营养丰富的食品，被广泛食用。

冬虫夏草是名贵的中药，由虫草菌寄生于蝙蝠蛾等鳞翅目幼虫体内而形成，具有补肺益肾、止咳化痰的功效。金凤蝶幼虫（茴香虫）以酒醉死，焙干研成粉可治胃病、疝气等。黄刺蛾（茧蛹）可治小儿惊厥、癫痫、口腔溃疡等病。高粱条螟幼虫入药治便血、痔疮等。

蝶蛾和蜂一样，是重要的授粉昆虫，给人类带来了巨大的经济效益。

蝶蛾是农林害虫中种类最多的，对农林植物以及粮食、药材、干果、皮毛等储存物品为害甚大，造成巨大的经济损失，最有名的害虫有菜粉蝶、稻苞虫、稻螟虫、粘虫、玉米螟、棉铃虫、苹果蠹蛾、松毛虫等。

科研关系

蝴蝶鳞片防热和保温的科学原理已运用到了人造地球卫星上，在航天领域发挥了巨大作用。人们利用光谱分析仪专门研究蝶翅色谱规律，运用于服装设计行业，也有人通过研究蝶翅表面细微结构与颜色线条变化的原理研制出了钱币防伪的最新印刷技术。随着科学的发展，蝶蛾的仿生学将会得到更广泛的应用。

文化关系

庄周梦蝶、梁祝化蝶等美丽的传说脍炙人口、家喻户晓，成为我国非物质文化遗产的重要组成部分。在我国古诗词中有关咏蝶的就达 5 000 多首，李商隐的“庄生晓梦迷蝴蝶，望帝春心托杜鹃”，李白的“八月蝴蝶黄，双飞西园草”，杜甫的“穿花蛱蝶深深见，点水蜻蜓款款飞”等都是不朽佳作，流传至今。唐代的“滕派蝶画”技法精妙，历经 1 000 多年仍未失传，宋代绘画作品《晴春蝶戏图》中的蝴蝶栩栩如生、惟妙惟肖。蝴蝶形象还广泛用于邮票、风筝、剪纸、陶瓷、景泰蓝等工艺中，装点着人们美好的生活。

商业关系

由于蝶蛾的美丽多姿，蝶蛾标本一直成为昆虫爱好者和博物馆竞相收藏的对象，近年来蝶蛾工艺品的交易买卖非常活跃，蝴蝶生态园建设方兴未艾，俨然成为旅游市场的新宠。据资料显示，我国台湾地区 1976 年的蝶类出口总额就高达 3 000 万美元之多，可见其商业价值巨大。

上海市浦东新区青少年活动中心虫趣馆

综上所述，鳞翅目昆虫与人类的生活密不可分，只有掌握了它们的种类、分布与习性，我们才能充分地保护它们，并利用它们有益的一面，防控它们有害的一面，尽可能化害为利，为人类造福。

蝶蛾的生物学特性

外形构成

蝶蛾的成虫由头、胸、腹 3 部分组成，头部有 1 对触角、1 对复眼和 1 个虹吸式口器，是感觉中心；胸部由前、中、后 3 节组成，各生 1 对足，中后胸各生有 1 对翅，是运动中心；腹部由 10 节组成，是生殖中心。

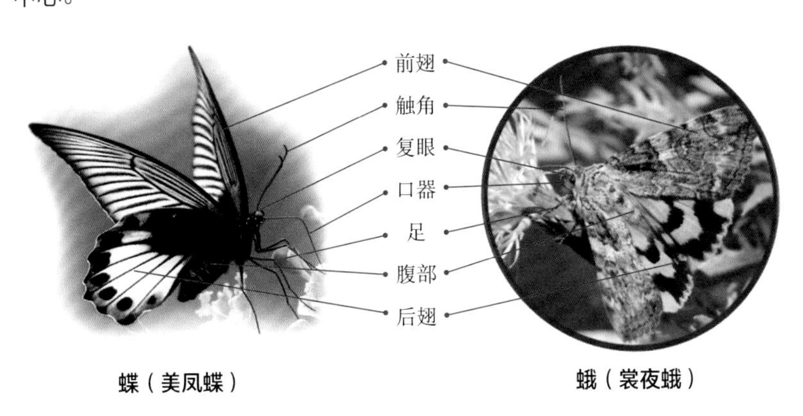

蝶（美凤蝶）　　蛾（裳夜蛾）

蝴蝶的头部（红珠凤蝶）

体色

当你捉到一只蝴蝶或蛾时，手上会很容易沾到一些细细的粉末，那就是构成蝶蛾娇艳斑斓“外衣”的主要成分——鳞片。鳞片是细胞的衍生物，即由特化的真皮细胞延伸后突出至表皮层外形成的。

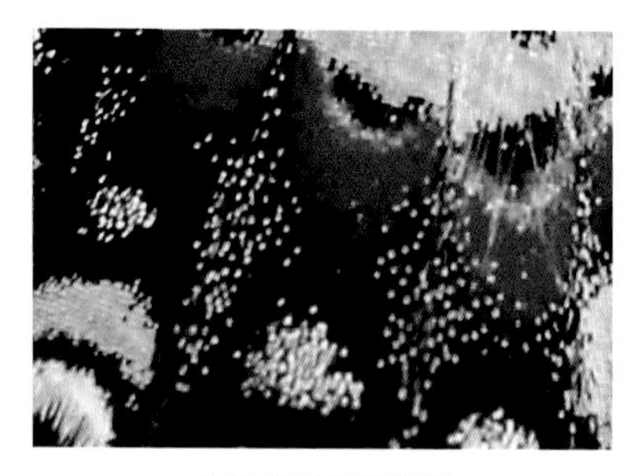

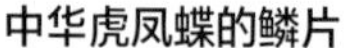

中华虎凤蝶的鳞片

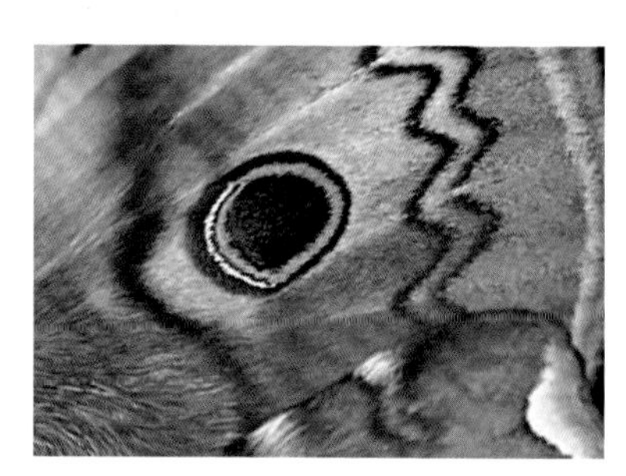

银杏珠天蚕蛾的鳞片

经科学研究证实，蝶蛾绚丽多彩的原因有 3 种：一是鳞片本身含有无数微小的色素颗粒，由此形成各种颜色（即色素色，也称化学色），当不同波长的光和色素颗粒起化学变化时，色素色就会褪淡或消失（如虎斑蝶、绿尾天蚕蛾等大部分蝶蛾）；二是鳞片表面的细微构造所引起的反射和干扰而产生的光泽（即结构色，也称物理色），在不同的投射角度和不同光源下，可产生不同的金属光泽和变幻色（如大蓝闪蝶、光明女神蝶等）；三是鳞片兼有化学色和物理色（即混合色，也称理化色），两种色源相互交织在一起而产生细微变色的翅面（如大紫蛱蝶、紫闪蛱蝶等）。

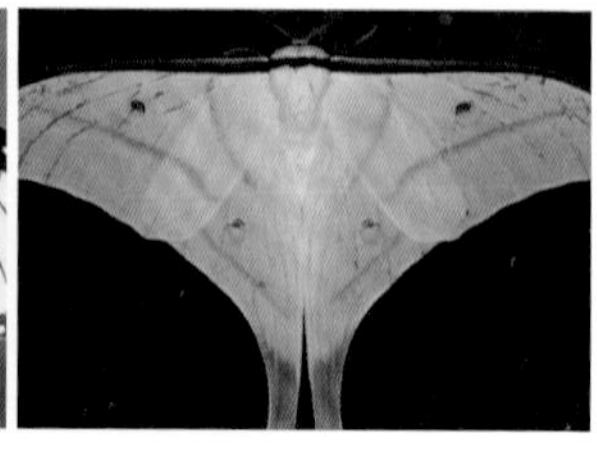

虎斑蝶和绿尾天蚕蛾的色素色鳞片

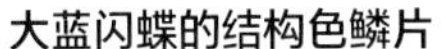

大蓝闪蝶的结构色鳞片

大紫蛱蝶的混合色鳞片

那么，蝶蛾的鳞片又是怎么排列的呢？看看经高倍显微镜放大后的菜粉蝶、巴黎翠凤蝶、绿豹蛱蝶的鳞片，可见其形状多样，大多数呈覆瓦状排列，松紧不一。如选取不同的蝶蛾进行观察，更多奇特的鳞片会让你大开眼界。

放大后的蝴蝶鳞片结构

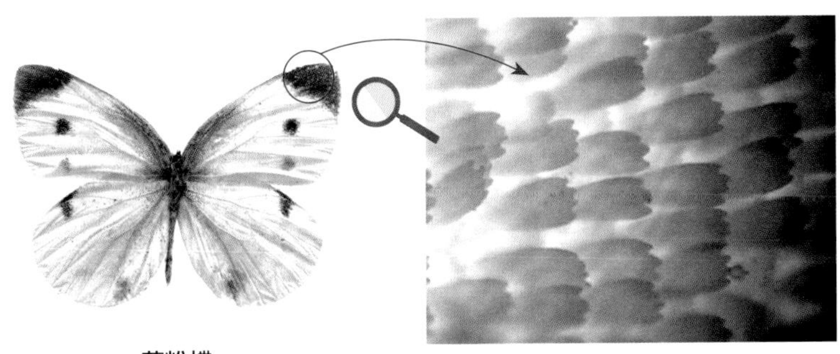

菜粉蝶

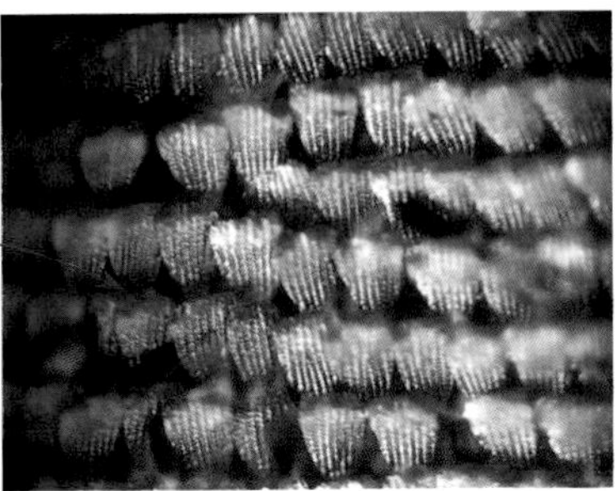

巴黎翠凤蝶

绿豹蛱蝶

蝶蛾背腹面鳞片构成都是有差异的，有的比较相似（如凤蝶、斑蝶、斑蛾等），有的差异比较明显（如蛱蝶、闪蝶、夜蛾等）。

背腹面差异较小的蝶蛾

（背面） （腹面）

斜纹绿凤蝶

（背面） （腹面）

圆翅钩粉蝶

（背面）　（腹面）

虎斑蝶

（背面）　（腹面）

华庆锦斑蛾

背腹面差异较大的蝶蛾

（背面）　（腹面）

大蓝闪蝶

（背面）　（腹面）

黄裳眼蛱蝶

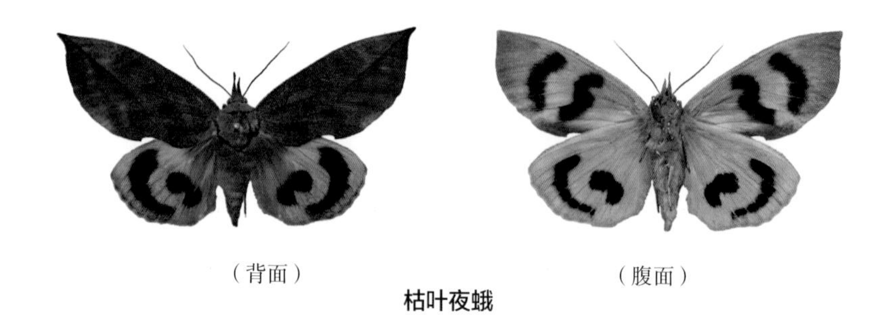

（背面）　　（腹面）

枯叶夜蛾

生活史

在野外，我们不难发现飞翔的蝶蛾，但有多少人会想到这些美丽的成虫是由令人生厌的毛毛虫变来的呢？蝶蛾的一生是由“丑小鸭”蜕变为“白天鹅”的奇妙过程，如你目睹，必然会感叹大自然的伟大。在整个生命过程中，蝶蛾在外形、生活习性和内部结构等方面要发生一系列显著变化，这种现象称为“变态”。它们的一生要经过卵、幼虫（毛毛虫）、蛹、成虫 4 个阶段，是完全变态的典型。我们用“生活史”来描述蝶蛾充满变化的一生。

红珠凤蝶的一生

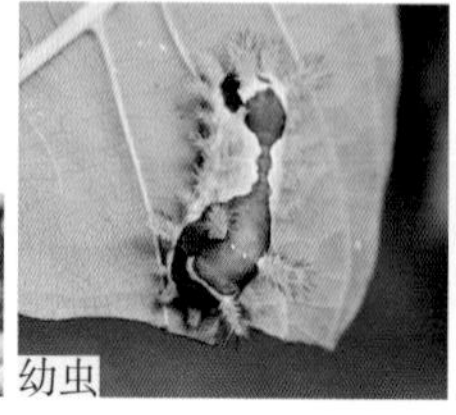

黄刺蛾的一生

生活习性

• 取食

蝶蛾成虫没有舌头，也许你很难想象，它们的味觉器官竟然长在“脚”上。它们的前足一碰到花粉或汁液，就能判断是否可食，喙（虹吸式口器）就会立即展开。下图是虎斑蝶吸蜜的过程，请注意喙的变化。

前足感知味觉

伸长口器

口器插入花蕊

吮吸花蜜

虎斑蝶吸蜜的过程

蝶蛾成虫大多数是吮吸花蜜的，但由于种类不同，摄食对象也大不相同，并且绝大部分为专食性。例如，有些蝴蝶嗜食发酵的烂果或蛀树渗出的汁液（如箭环蝶、大紫蛱蝶、白带螯蛱蝶、蒙链荫眼蝶等），有些蝴蝶嗜食鸟兽的汗液或粪便（如红眼蝶、二尾蛱蝶、纤粉蝶等），有些蝴蝶嗜食泥潭水（如燕凤蝶），这说明蝶类总体食性是很广泛的。一些日行性蛾与蝶一样也喜食花蜜。

吸食花蜜的白斑翅野螟

吸食花蜜的咖啡透翅天蛾

喜食烂水果的箭环蝶

喜食池塘水的绿带燕凤蝶

喜食鸟粪的纤粉蝶

喜食汗液的红眼蝶

喜食树汁的大紫蛱蝶

喜食粪便的二尾蛱蝶

- **飞行**

蝶蛾成虫的活动主要依靠飞翔。从慢动作看，蝶蛾飞行时前后翅是同时振动的，当翅膀上举时，后翅前缘靠向前翅，与前翅重合（蛾类靠前后翅之间的翅僵相连），这样前后翅就会压出翅膀之间的空气而推动前进。不同种类的蝶蛾，其翅形、翅质和大小是有差异

美凤蝶

的，从而形成了各种飞行状态，有直线平直前进、快如飞鸟的（如蛱蝶、天蛾）；有曲线波浪式前进的（如眼蝶、尺蛾）；有凌空不动如蜂鸟的（如燕凤蝶、长喙天蛾）；有忽东忽西、捉摸不定的（如灰蝶）；也有慢如轻烟、滑翔飞行的（如丝带凤蝶）。

丝带凤蝶

长喙天蛾

- **栖息**

蝴蝶是昼出活动的昆虫，到了傍晚选择安静和隐蔽的场所栖息。大多数蝶类喜欢栖息在植物的枝叶下或树干上，有些则喜欢栖息在悬崖峭壁上面。大多数蝶类是单独栖息的，但是也有些种类（例如多种斑蝶）则喜欢群聚在一起栖息。

蛾类与蝴蝶相反，除少数日行性蛾类外，白天的蛾大多数栖息于树干上、叶子底下或倒挂在树枝下，隐蔽性远胜于蝴蝶。

栖息在叶片下的散纹盛蛱蝶

栖息在树干上的蒙链荫眼蝶

栖息在叶片下的焦边尺蛾

栖息在树干上的竹箩舟蛾

栖息在树枝下的球须刺蛾

栖息在岩壁上的朴喙蝶

群息在树枝上的各种斑蝶
（陈敢清摄）

- **交尾**

蝶蛾的交尾方式是尾部相接、头朝向两端，有直立式、倒挂式、下垂式。如遇惊扰，则雌蝶主动飞起，而雄蝶则安静地倒悬在下方，任其拖带着飞逃。

酢浆灰蝶

宽边黄粉蝶

玉带凤蝶

苎麻珍蝶

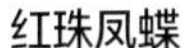

红珠凤蝶

中华麝凤蝶

黄连木尺蛾

金盅尺蛾

伊贝鹿蛾

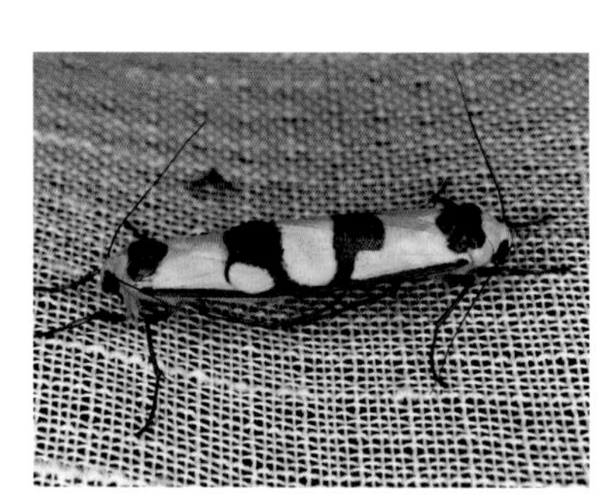
闪光苔蛾

- **产卵**

卵是蝶蛾生命的起点，不同蝶蛾产卵有各自适宜的场所。雌性一个夏季可产卵100～300枚，通常产在寄主植物叶片、枝梢、芽的反面，有些种类的蝶蛾将卵产于特定的部位，且其所产的卵有特殊的排列方式。

丝带凤蝶产卵

苎麻珍蝶卵（聚产）

中华虎凤蝶卵（聚产）

玉带凤蝶卵（散产）

东北栎枯叶蛾产卵

虎斑蝶卵（散产）

天敌

在蝶蛾的一生中，每一个阶段都可能遭遇天敌的侵害。蝶蛾的天敌有蜘蛛、寄生蜂、螳螂、蝗蛉、老鼠等。

翠胸黄蟌捕食甜菜野螟

蝗蛉捕食毒蛾

遭蜘蛛捕食的蝶类

防身术

蝶蛾这些脆弱而美丽的生灵为了躲避天敌，必须采取独特的防御本领，才得以在漫长的物种进化过程中生存下来。

蝶蛾善于模仿某种自然的物象来躲避捕食者，科学家把这种现象称为“拟态”。枯叶蛱蝶便是昆虫家族的经典之作，它的栖息姿态是头端向下、尾部朝天，常双翅合拢，静止在无叶的树干上，从侧面看，它合拢后的双翅不仅在外形和色彩上酷似枯叶，甚至连脉络和斑点都与枯叶别无二致，模仿得惟妙惟肖。相比蝶类，蛾类的拟态能力则更强，如美舟蛾，凭借其形如卷叶的超高拟态本领而隐匿起来，而白条夜蛾、粉尺蛾、丁香天蛾和尾夜蛾停息时通过模拟石块、树皮和树枝来迷惑天敌。

紫斑蝶被抓后，其腹端翻出 1 对排攘腺散发臭味，借以自卫；凤蝶幼虫受惊时翻出臭角，散发臭气，以驱赶敌害；有些斑蝶的蛹具有金属光泽，在阳光下反射出刺眼的光，使天敌眼花缭乱。

枯叶蛱蝶

美舟蛾

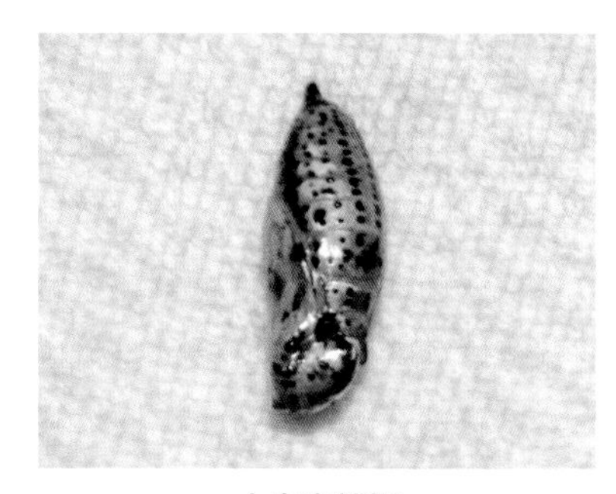

大帛斑蝶蛹

粉尺蛾

异型紫斑蝶

柑橘凤蝶幼虫

蝶与蛾的区别

夏日的夜晚，在路灯下经常能见到一类昆虫，人们常把它们误认为蝴蝶，其实它们是鳞翅目昆虫的另一大类——蛾类。因此，那些飞舞的精灵不一定就是蝴蝶。那么，蝶与蛾该怎么区分？

触角的区别

蝶的触角　　蛾的触角

翅型与腹部的区别

蝶的翅型与腹部

蛾的翅型与腹部

停息时翅位的区别

蝶翅竖于背上或平展　　蛾翅呈包裹状、屋脊状或平展状

活动时间的区别

蝶大多白天活动

蛾大多晚上活动

蝶蛾分布

蝶蛾的分布，一方面依赖于地理环境，另一方面依赖于对生态环境和寄主植物的要求。世界各地，从平原、盆地至高山雪地，从寒带到热带，从赤道到北极圈，都有蝶蛾的踪迹。公园花坛、丘陵林带、城市湿地、山地溪谷、自然湿地、草原草甸都是蝶蛾生存栖息的理想生境。

公园花坛

丘陵林带

城市湿地

山地溪谷

自然湿地

草原草甸

采集、饲养和制作

要真实地了解蝶蛾的行为习性和生活奥秘，必须要经常深入自然，进行科学考察与探究。本篇将向你介绍蝶蛾标本的采集、人工饲养和科学展翅标本、工艺贴翅标本、工艺装饰作品制作等科考技能。这些技能的掌握对于今后蝶蛾自然笔记和课题研究大有帮助。

蝶蛾采集

准备采集工具

- **捕网**

捕网是采集蝶蛾标本的必备工具，由网圈、网袋和网柄 3 部分组成。

为便于途中携带和在不同环境下进行采集，捕网可由渔具市场上轻质、多节伸缩式的钓鱼抄网改装制作而成。根据采集者身高和体能选择合适的捕网。在采集时可根据蝴蝶活动状况和飞行高度灵活掌握网柄长度。

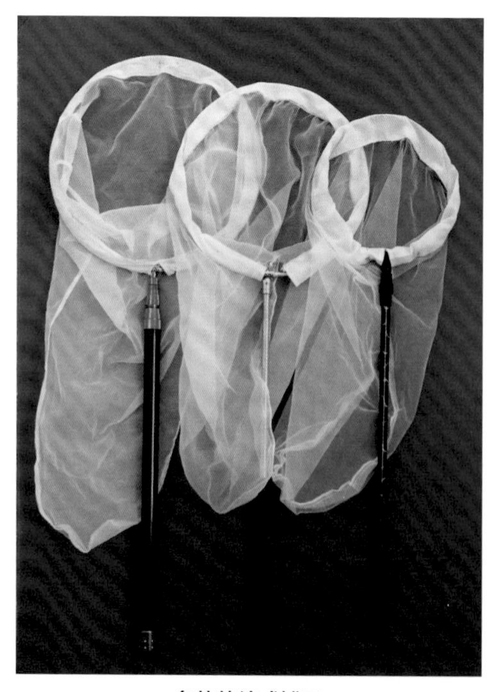

多款伸缩式捕网

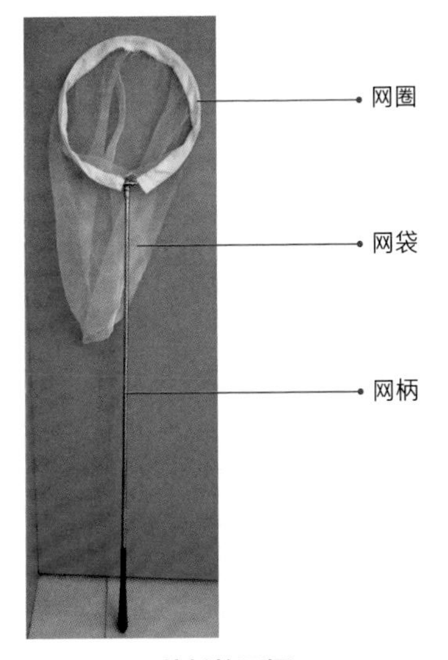

伸长的网柄

网圈

常见有直径 28 ~ 40 厘米规格不等的网圈。

网袋

需用透明又透气的白色尼龙纱制成，开口处缝制用于穿入网圈的布圈，网袋直径与网圈相同，网底呈“U”字形。

网柄

网柄均能伸缩（一般 2 ~ 6 节），如有的网柄有 6 节，但收缩后柄长仅 36 厘米。

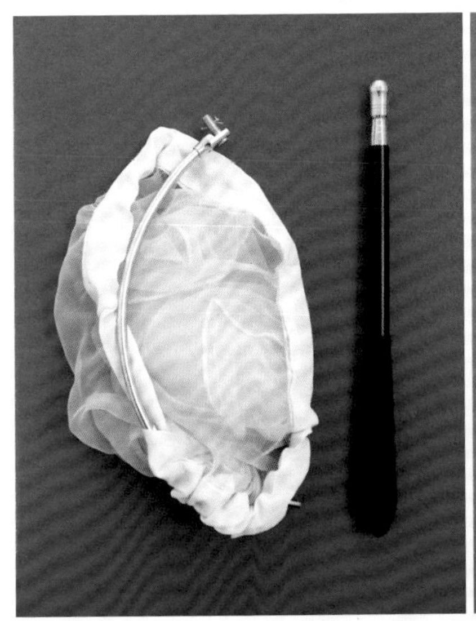

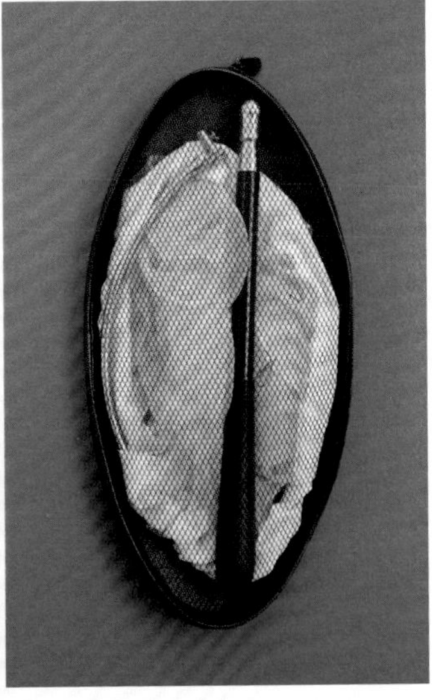

网杆可拆卸，网圈能折合，组合成套装

- **三角包**

选用优质、半透明的硫酸纸或光滑的白纸，裁成不同大小的长方形（20 厘米 ×14 厘米、14 厘米 ×10 厘米、10 厘米 ×7 厘米等规格），按以下方法折成三角包，采集时可依据蝶蛾个体的大小选用合适的三角包进行包装。

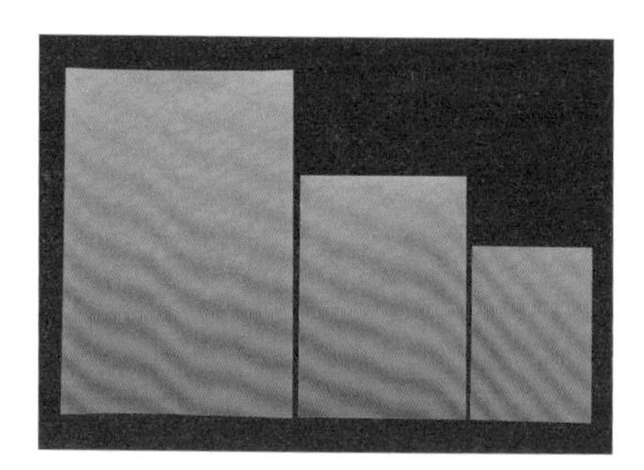

准备不同规格的硫酸纸

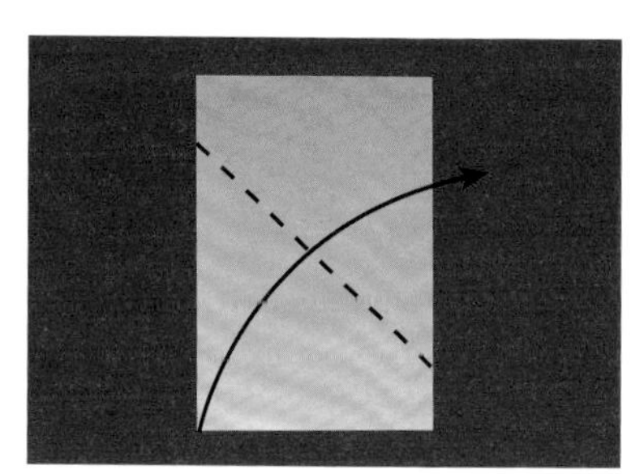

按线位上折

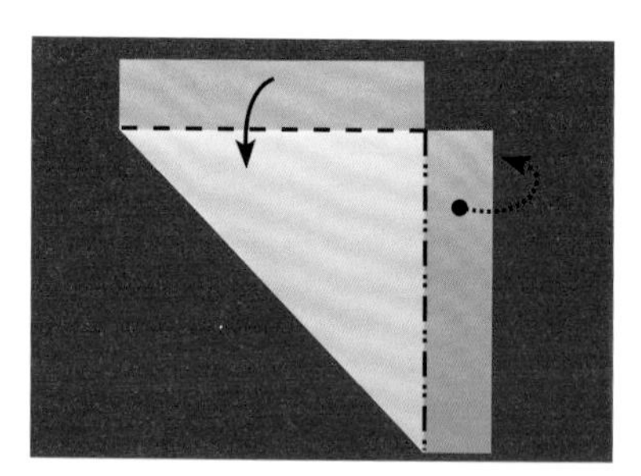

两边折向前后方

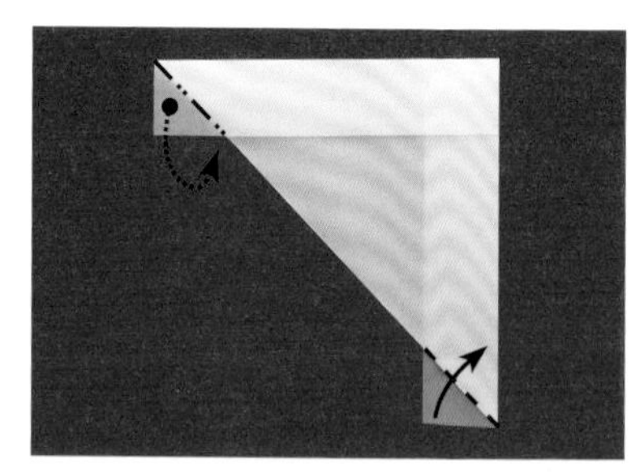

两角折向前后方

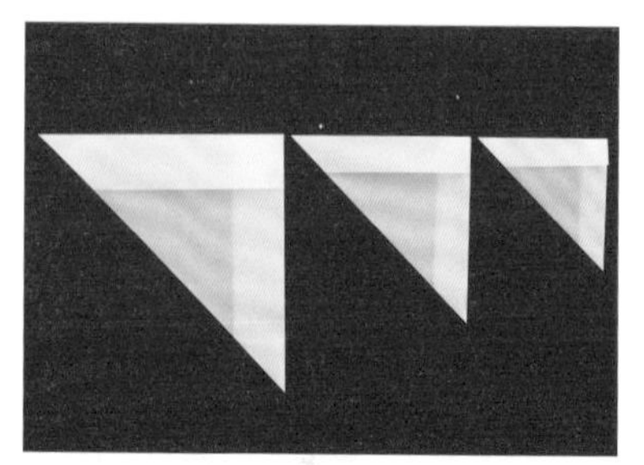

完成不同规格的三角包

视蝴蝶大小选用合适的三角包进行包装

- **储存盒**

为了在野外能轻松采集标本，建议自制一个用来存放三角包标本的便携式储存盒，使用时穿挂在腰带上，非常方便。可参照以下图版，用塑胶片或厚卡纸制成，外形呈直角三角形，两边长各为 11 厘米，一边可以开启，斜边长 17 厘米，厚度以 4 厘米较为合适。当储存盒内的三角包标本达到一定数量后，再将其置于一个硬质的塑料收纳盒存放。

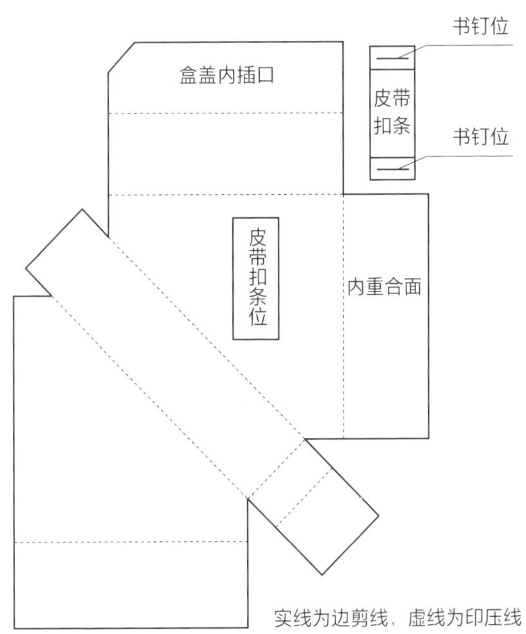

储存盒制作图版

储存盒

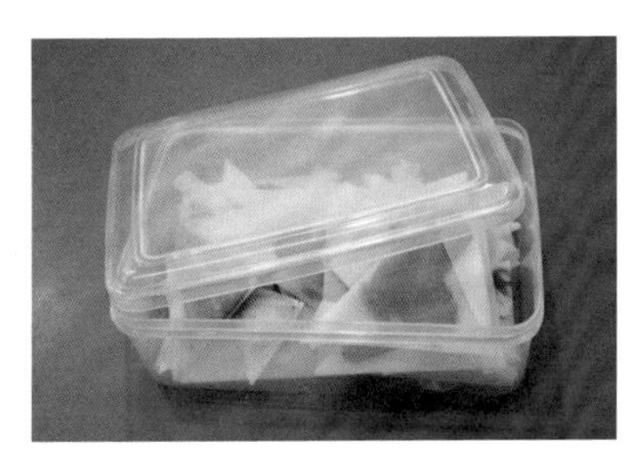

收纳盒

下面向你介绍用厚卡纸做的便携式储存盒。

工具材料：厚卡纸，剪刀，直尺，笔，订书机，双面胶，制作图版。

制作过程如下。

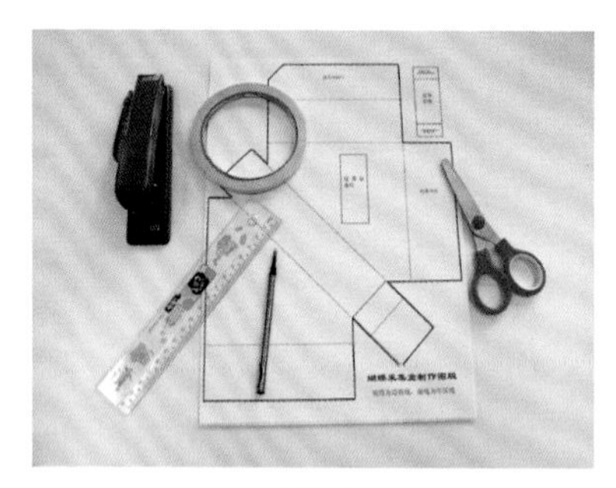

准备工具材料

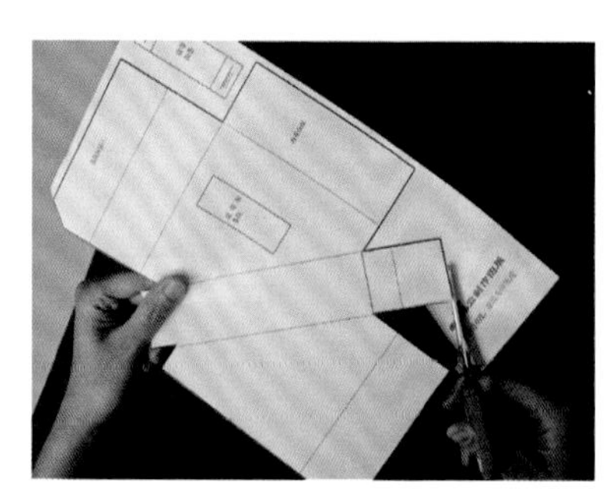

沿卡纸实线边缘剪开

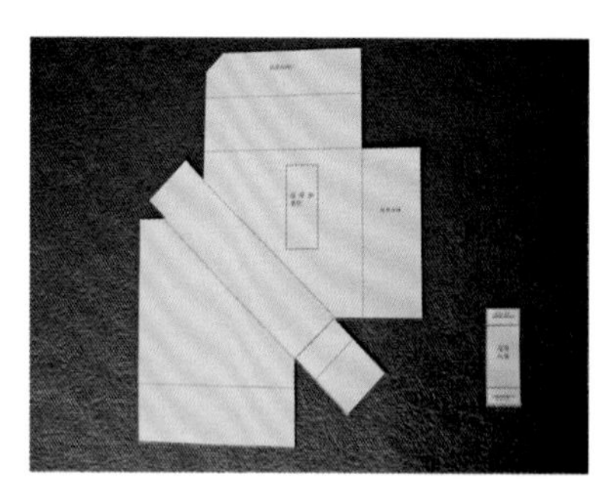

剪下的盒体和皮带扣条

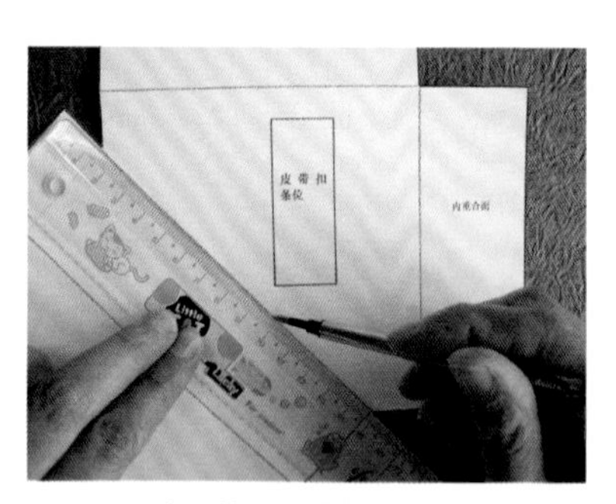

用废旧笔沿虚线划出印压线

将所有印压线外折

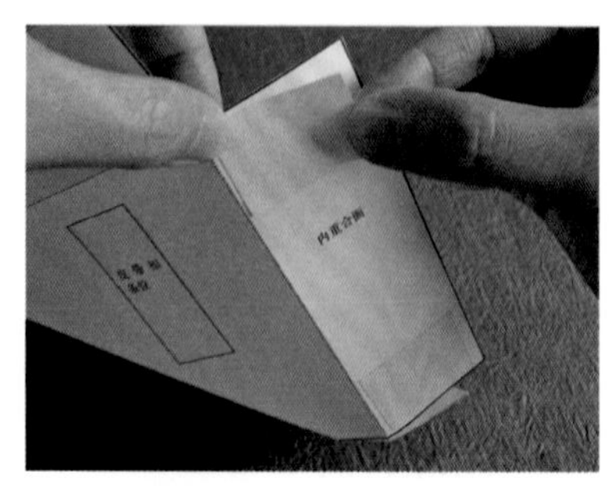

在内重合面上下贴上双面胶

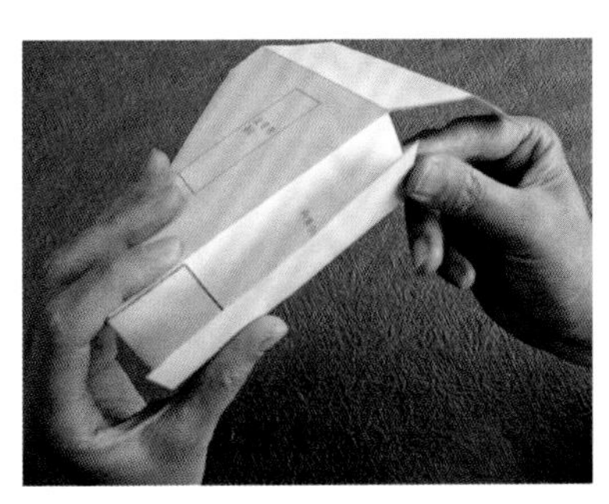
两层黏合

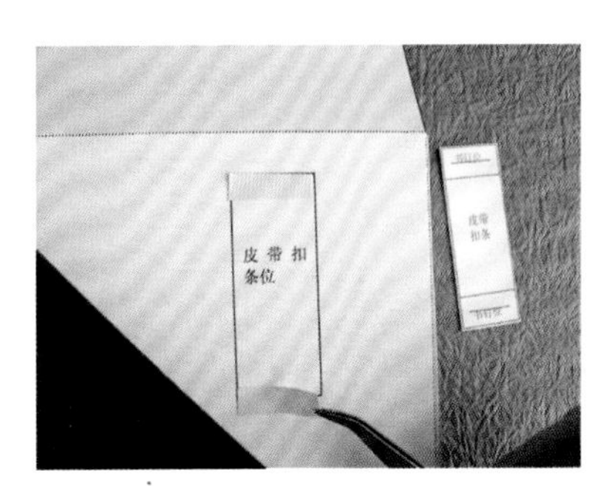

在皮带扣条位上下贴上双面胶

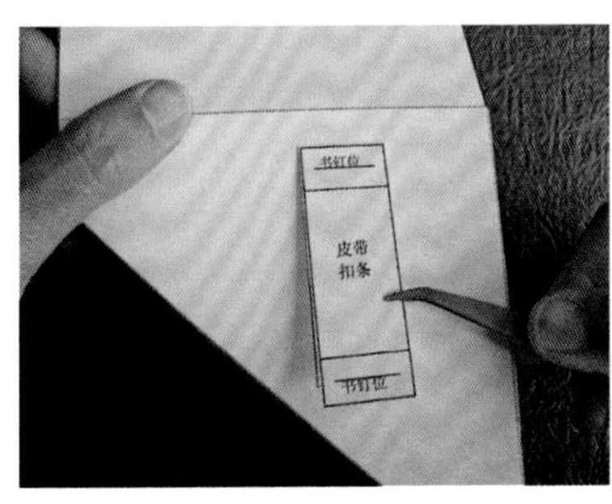

黏合皮带扣条

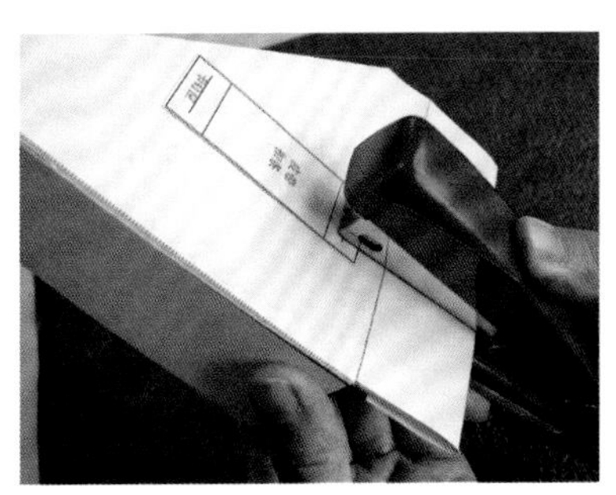
用订书机加固

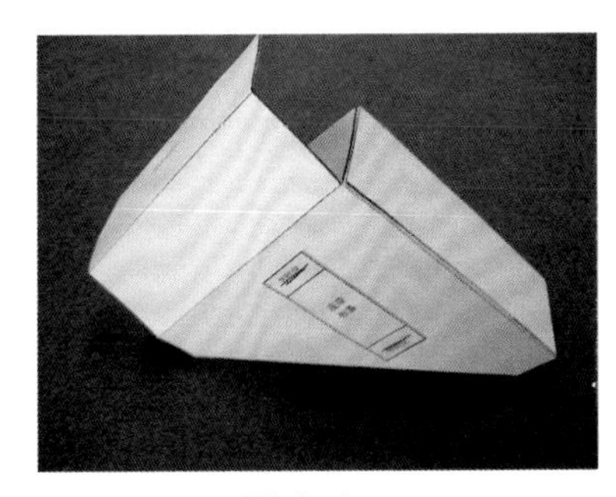
采集盒后面观

采集盒前面观

蝶类的采集

• 采集方法

采集蝴蝶除了要熟知蝴蝶的生境外，还需要掌握采集技巧，平

捕网捕捉

时需要反复训练，只要技巧运用得当，一定能够获得成功。

对空中飞舞的蝴蝶，可挥动捕网加以捕捉，注意控制捕网的速度和方向，尽量让蝴蝶从网口中央进入网袋，提高命中率。如蝴蝶迎面飞来可以将网口对准目标从容挥网；如蝴蝶向前飞去，则需快速追扑。当蝴蝶入网后，应当即将网袋的底部向上甩，或将网圈翻转180°，封住网口，切忌从网口向里张望或用手伸进网内抓捕，这样会让蝴蝶迅速从网口逃脱。

对停息的蝴蝶，必须慢慢靠近，要特别注意阳光下采集人的投影不要影响到蝴蝶，以免蝴蝶察觉。对访花吸蜜的可以从旁横扫掠取，应当注意植物上有无刺棘，防止把网钩破。如果蝴蝶停在地面，应将网口对准目标，自上而下快速罩下，紧接着马上拉起网底，等蝴蝶飞起后再将网口折转；不能贴地横扫，以避免将泥土扫入网中或网圈损坏蝶翅。对停在树干上的蝴蝶，应将网口慢慢靠近目标，先在蝴蝶后方敲击树干，使之惊动飞起，再迅速挥网兜捕。

蝴蝶进网后，可以隔网用拇指和食指捏住蝴蝶胸部，依蝴蝶大小施加不同的压力，使蝴蝶窒息，然后从网内取出（小型蝶类用镊子取出），再包入三角包中。

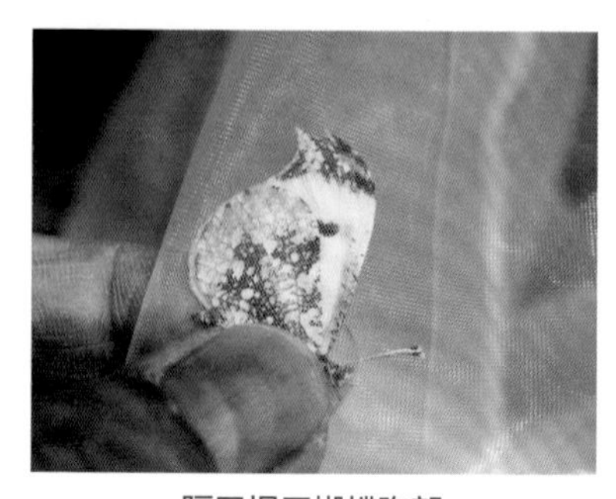
隔网捏压蝴蝶胸部

从网内取出蝴蝶

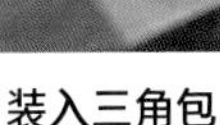

装入三角包

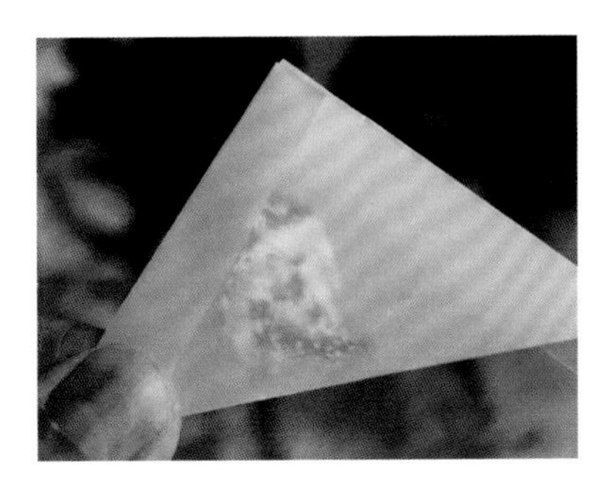

扣封三角包

- **采集地点**

多数蝴蝶喜欢吮吸植物花蜜，因此采集蝴蝶首选公园花圃、山地林区。此外，还有些种类喜欢吮吸树木伤口所流出的汁液，有些喜欢腐烂发酵的瓜果、动物的尿液，有些群集在路旁积水或溪边浅水处饮水，因此，在这些地方应特别留意蝴蝶的踪影。

也可根据蝴蝶的取食习性，在岩石或树干上涂抹蜂蜜，在地上布置腐烂瓜果、尿液，或制造一些树木的伤痕以引诱蝴蝶“自投罗网”。

- **采集时间**

在我国，一年中采集蝴蝶的时间是因地区而异的，在热带地区（如海南、广东、广西），一年四季都可采集；亚热带地区（如浙江、安徽）宜在 3～11 月采集；暖温带地区（如陕西、河南）宜在 4～10 月采集；中温带地区（如甘肃、新疆）宜在 5～9 月采集；寒温带地区（如内蒙古、黑龙江）宜在 6～8 月采集。

采集蝴蝶大多在晴天或多云风小的天气。一天中以早晨 9 时到下午 4 时为宜。弄蝶科和眼蝶科的蝴蝶则早晚活动较多，有时阴天也活动。有些环蝶、斑蝶和蛱蝶（如枯叶蛱蝶）白天非常活跃，很难捕捉，傍晚则群集在路旁或树丛寻觅合适的地方过夜，这时没有捕网也能徒手捉到。

- **采集后的处理**

每天采集结束后，应在每个装有蝴蝶的三角包上注明采集的日期、地点及采集人的姓名。如为山区，还应注明采集地的海拔高度、生境等有关信息。

为防止采集的标本霉变及腐烂，应及时进行烘干或阴干处理。烘干宜用恒温箱（50℃）或红外灯照射，不能在太阳光下暴晒，以免影响鳞片色泽。如放在室内阴干，还要防止老鼠、蟑螂和蚂蚁偷吃。干燥后的标本可装盒密封保存，盒内可放入樟脑或二氯化苯等驱虫剂，以防虫蛀。如发现轻微发霉或生虫，可用毛笔在标本上涂上酒精或二甲苯。

蛾类的采集

除少部分斑蛾、灯蛾和天蛾白天活动外，绝大部分蛾类都是晚间活动的。根据蛾类的趋光性原理，我们通常采用灯诱法记录和采集蛾类标本。

- **灯诱器具**

灯诱器具包括移动电源、电线、灯具、白布和支架等。

移动电源：蛾类灯诱实验除了利用市电供电外，还可以借助移动电源或车载电源进行供电。这样不仅能随意选地设点，而且能避开外界光源对于蛾类活动的干扰，效果往往比较理想。但因移动电源储电量有限，只能适合半夜时段。

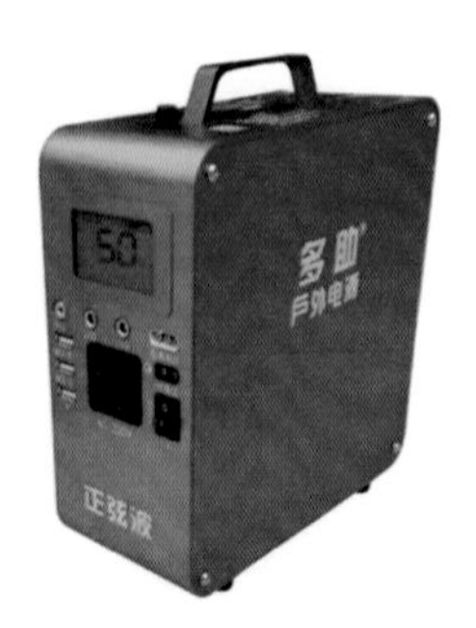

移动电源

电线：根据灯诱地点离电源的距离选择适当长度的电线（如 10 米、30 米、50 米等）。

电线与灯座

灯座与高压汞灯

灯具：选用自镇流的高压汞灯诱蛾效果较好。灯具市场上常规有250瓦和450瓦两种功率的高压汞灯灯具（根据灯诱距离而定）。最好配合防水的灯座使用。

白布：在灯具后方30～50厘米处放置白布，一是可以扩大散光面，便于在黑夜里更好地吸引远处的蛾；二是让到来的蛾及时停息。

支架：用来固定白布和灯具。在野外，支架的搭建可因地制宜，如在硬质地面，可采用三脚架搭建。还可借助廊宇、阳台、墙面等现成设施搭建，既可挡风又可防雨，是理想的灯诱点。

白布

支架

为使野外布灯更加快捷有效，近年上海野趣虫友会开发研制出了折叠式灯诱帐篷套装，因其收纳方便，摆放自如，拍摄记录和标本采集无死角，配合移动电源使用更加灵活，深受欢迎。

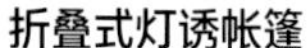
折叠式灯诱帐篷

设置防雨伞

盛夏时节的晚间，雷阵雨常猝不及防，如在无遮挡的户外露天灯诱，就得为灯具设置防雨伞，以免灯泡遇水爆裂，产生不必要的安全事故。

- **灯诱地点**

如要一次性采集足够多的蛾类，应尽量选择植被丰富的山林地区，灯诱装置应设在离山地向阳面 200～500 米的开阔地。

- **灯诱时间**

在我国，因各地经纬度不同，灯诱时间是有差异的。在华南、西南地区，除了 1～2 月，全年大多数时间可以灯诱；在华东、华中地区，每年 4～10 月适合灯诱；在华北、西北、东北地区，每年仅 6～8 月适合灯诱。一天中，晚上 8 时到凌晨 5 时均可灯诱。天气对灯诱结果的影响较大，无月亮、风小、闷热及雨后的天气最适合灯诱。

- **采集处理**

灯诱装置应尽量在天黑前搭建完成，天黑后亮灯。晚上 8 时后，见到汞灯光源的蛾会从各个方向飞来，围着灯泡转上几圈后，大多

海南霸王岭灯诱点

浙江清凉峰十门峡灯诱点

数会选择在白布上停下，有些会停在支架及周边的屋檐、墙面、植物枝叶上。蛾一旦停下，一般不会乱飞。

采集时，先找停稳的蛾，对于中大型的蛾类可直接用手捏住其胸部两侧，接着从腹部注入少许酒精使其昏迷，再装入三角包中。

对于小型蛾类，尽量使用镊子夹住其胸部两侧，再用手依蛾的大小施加不同的压力，使之窒息，最后装入三角包中。

蛾类采集后的标本保存方法与蝶类相同。

手捏蛾的胸部

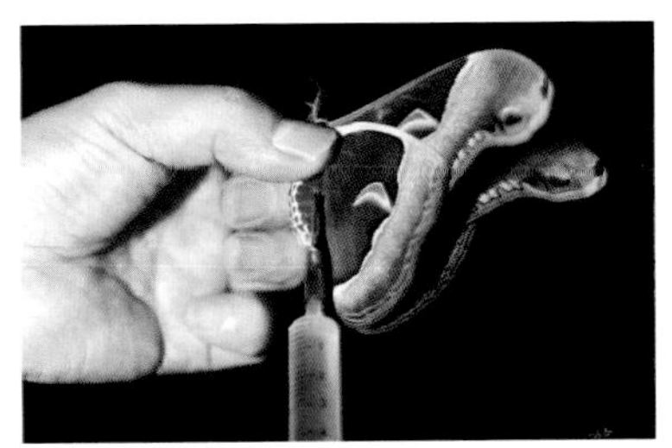

注入少许酒精

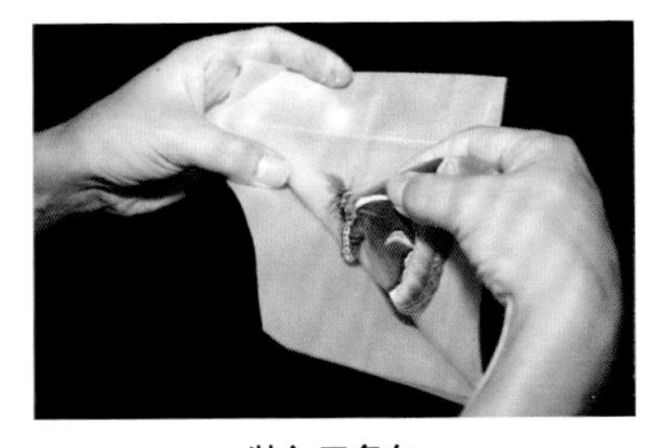

装入三角包

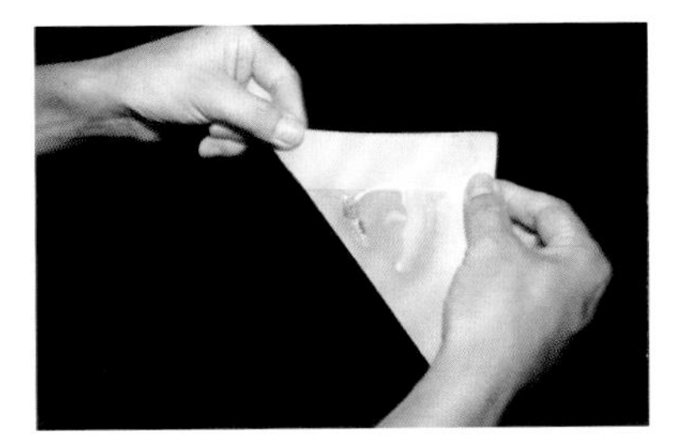

扣封三角包

蝶蛾饲养

饲养目的

饲养是探究蝶蛾最常用的一种方法，也是最基础的工作。通过饲养，可以直观地观察到蝶蛾一生的变化，更细致地了解它们的行为习性和生理现象。当前，随着蝶蛾观光、蝶蛾工艺行业的发展，蝶蛾的需要量大大增加，这直接带动了蝶蛾饲养技术的发展。通过人工控制环境条件饲养蝶蛾，能克服自然环境的不利影响（如天气、天敌），增加完美标本的数量，而且还能保护野外种群。

饲养要求

如果家中有个花园，就能通过种植各种花卉来吸引蝴蝶及日行性蛾类（如咖啡透翅天蛾、长喙天蛾等），因为花能产生大量的花蜜，从而招引蝶蛾成虫。也可以试着种植一些蝶蛾幼虫喜欢取食的植物。

花园

室内饲养需要的基本工具很简单。开始只需要一些不同大小的塑料盒、2～3个小型的饲养箱。然后，需要更大一些的笼子供蝶蛾成虫在里面飞行、交配。这些工具制作起来都不困难。简易的飞行笼可用一个大木箱改制，只要将边上的木板去掉，安上纱网即可。

塑料盆

饲养箱

饲养方法

卵可以通过刚捕捉到的雌成虫在笼中产卵获得。野外采集卵或幼虫虽然花时间，却是一件令人愉快的事情。要找到常见种的卵和幼虫通常都不会太费事，特别是当我们已知其寄主植物的时候。有些种类的幼虫有群集性，在一株植物上就能找到许多幼虫。

红珠凤蝶卵

苎麻珍蝶卵

幼虫可以放在透气的塑料盒中，但不要太挤。每天都要添加饲料（幼虫喜爱的寄主植物），并清除粪便。定期清理对减少疾病和感染很有好处。

幼虫生长很快，过一段时间就必须转移到较大的盒子内饲养。最好不要直接用手去捉幼虫，一龄、二龄的幼虫只能用细刷子进行转移。

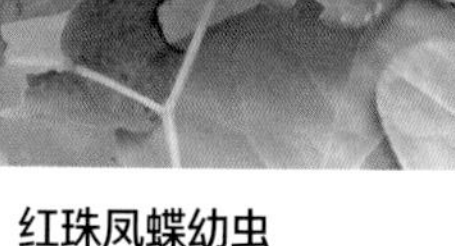
红珠凤蝶幼虫

苎麻珍蝶幼虫

当幼虫长到半大的时候，就应把它们放到有纱网的笼子中饲养。这时的幼虫食量很大，每天必须时常添加新鲜的饲料。当幼虫到老熟时即停止取食，开始化蛹。在化蛹之前，笼内应放几根小树枝，这样蛹可以挂在枝上。成虫羽化时也可以充分伸展它们的翅膀。

红珠凤蝶蛹

苎麻珍蝶蛹

为完成饲养周期，必须确保成虫交配和产卵。许多种类的蝴蝶在人工条件下不进行交配产卵，因而需要采取一定的辅助措施。用手轻捏雄蝶腹部两侧可使其抱器瓣打开并抱住雌蝶。需经过几次尝试才能达到交配状态。

红珠凤蝶成虫

苎麻珍蝶成虫

一些种类在交配前要有求婚仪式，需要较大的飞行空间。已在野外交配过的雌蝶可以直接放入一只小笼内，并放入鲜花或糖水液（滴在棉球上）以保证成虫取食的需要。如果蝴蝶直接将卵产在幼虫取食的植物上，则应提供新鲜的枝条，最好是在活体植物（如盆栽）外套纱罩。幼虫也可直接饲养在活体植物上，外面套上纱罩即可。一些种类可以通过加温、加湿而人为地提早羽化。在你有一定经验后就可以自己改进甚至自己设计出更好的饲养方案。

纱罩

最后，详细记录蝶蛾每天的取食时间、取食量、颜色变化、蜕皮次数、羽化时间及产卵量等。这不仅是有用的科学资料，也可帮助你避免重复所犯的错误。

饲养案例

案例 1

“抢救”红珠凤蝶

徐芷欣

2019 年 5 月 11 日，我和妈妈又去了浦东御桥路的地杰社区，看望我们的老朋友——红珠凤蝶。那里的绿化工人每隔一段时间就会把生长在灌木丛里的马兜铃作为杂草给拔除，而以马兜铃为寄主植物的红珠凤蝶也跟着遭殃。最近正是红珠凤蝶成虫的产卵高峰期，我们希望能在马兜铃被拔除之前，找到红珠凤蝶的卵或幼虫，进行人工饲养，从而保护它们，使它们能顺利羽化。

红珠凤蝶卵

很快，我们就在老地方找到了夹杂在灌木丛里的马兜铃，也很幸运地在几片叶片背面找到了 4 粒红珠凤蝶卵。我们将卵连同马兜铃枝叶一同带回，采集回家的大部分马兜铃枝叶放在拉边袋里冷藏保存，而有卵的枝条则插在小瓶里水培，然后连同小瓶放在饲养盒里面，平时盖着盖子，以免它们“走失”。

5 月 17 日，也就是 6 天后，第一条红珠凤蝶幼虫孵化了。刚孵化的一龄幼虫，长度约 1 毫米，棕黄色。幼虫先将它住过的小屋——卵壳吃掉，这是它们虫生的第一顿大餐。随后，它就开始大吃特吃马兜铃叶子了。小家伙每天不停地吃，身体也在迅速长大，出生才 4 天，体长就已经达到 5 ~ 6 毫米了，颜色比刚出生时深了一些，变成了棕红色，腰部有一圈白色。别看它浑身是“刺”，实际上那些“刺”都是肉棘，跟蛾类毛毛虫的“毒刺”不同，这些肉棘手触之后不会痛也不会痒，我想它们应该是模拟蛾类毛毛虫的“毒刺”，用来吓唬那些天敌的。我用手指轻轻碰它头部，它会立刻伸出一对橙色、带有异味的臭角以示警告。

6月3日，这只幼虫出生已经17天了，体长已经达到了5厘米。

6月5日，幼虫爬到了旁边一片比较硬实的叶子上不吃不动，个头也缩小到了3～4厘米的样子，尾部用丝固定在叶子上，六只足紧紧地吸在叶片上，动作就像一只“树袋熊”。按照我以往的饲养经验，它已进入了预蛹期，即将结蛹。

6月6日早上，我看见它已经褪掉了最后一次皮，顺利地结了蛹。刚结的蛹颜色比较红，就像一颗红玛瑙，质地也比较软，到了晚上我放学回家再看时，蛹的颜色就浅多了，也变得比较坚硬。红珠凤蝶用来固定蛹体的丝是黑色的，它的蛹跟其他凤蝶的蛹一样都是缢蛹，即尾部和胸部都有丝固定住。

我每天早上上学前，都会给蛹喷水以保湿。在我的精心照料之下，12天后红珠凤蝶终于羽化了，羽化非常成功，我开心极了。这是我第一次从卵到成虫完整地饲养红珠凤蝶，全面地观察一只红珠凤蝶的全生命过程。

随后的日子里，其他几只红珠凤蝶也都陆续成功羽化，所幸都没有被寄生。我们将红珠凤蝶放归大自然，希望它们尽快找到马兜铃，从而完成繁衍后代的任务。

案例 2

邂逅斐豹蛱蝶幼虫与养殖记

徐春红

2019 年 10 月 19 日，一个秋高气爽的周六午后，我背着相机，正沿着东方路张家浜桥下坡走着，左手边的草地上，一只飞得很低缓的雌性斐豹蛱蝶映入我的眼帘，它正时不时地将自己的腹部轻轻贴近草丛。我惊喜：它在产卵！

我悄悄地绕到离它不远处，轻轻扒拉它经过的草丛，没发现卵。而那只斐豹蛱蝶还是浑然忘我地作产卵状，样子令人痴迷，看了好一会儿，我回过神来继续寻找。不经意低头时看到了一条毛毛虫，4 ~ 5 厘米长，黑底，背上一条鲜艳醒目的橙色条纹，浑身都是橙色的刺。我有很强的直觉，认为它是斐豹蛱蝶的幼虫。果然，不久后热心虫友就证实了：这是一条接近末龄的斐豹蛱蝶幼虫。与此同时，我也在它的附近找到了它们的寄主植物——紫花地丁。带着幼虫和它的口粮，我一路欢喜地走回了家。

可能是处于末龄的关系，幼虫几乎不吃，也很少爬动，大多时间都“睡”在紫花地丁叶上，或挂在虫笼上。

10 月 21 日一早，我来到阳台，看见它已化蛹了，悬在网壁上。蛹体褐色，底端有十个浅黄色的突刺，迎着朝霞看起来特别瑰丽夺目和神圣，令人心生敬意。

随后的每一天，家里总是围绕着这只蛹产生许多的话题，诸如“哟，今天颜色好像变深点啦！”“看！它的突刺颜色变成金色了，放着光芒多好看啊！”“怎么这么久都没动静啊？不会被什么寄生吧？”……还有什么比一个生命的蜕变更值得期待呢？这样的等待真是温暖而美好。

10月31日，下班推门，孩子雀跃着：“妈妈快看！斐豹蛱蝶羽化了！是只雄性斐豹蛱蝶。”果然！只见它静静地停在网壁上，旁边是已经空了的蛹壳，虫笼底部还有一滴深红色的蛹便。我禁不住感叹：每一个生命的蜕变而出，需要经历多少不为人知的苦痛挣扎呢！孩子爱不释手，让它站在指尖喂糖水。“喝”完糖水的蝴蝶一副机灵好奇的样子，看着叫人忍俊不禁。

原本打算过两天我们带着蝴蝶去野外放飞，没想到11月2日晚上，这只蝶儿竟然“去世”了。它的蝶生竟然只有短短3天，令人扼腕！但是不管怎样，它来过这个世界，生命虽然短暂，旅程却依然美好，值得我们记住。这，应该也是它生命的意义所在吧！

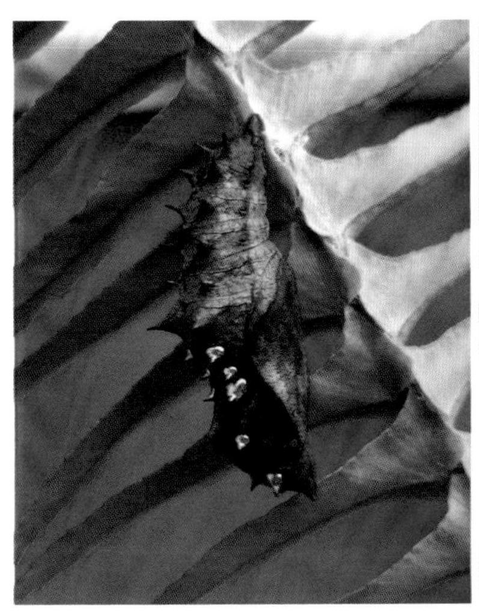

案例 3

绿尾天蚕蛾养成记

李 琳

2020 年中秋节，我们全家到康桥生态园游玩，在河边的柳树上偶遇了一条绿尾天蚕蛾的幼虫。它通体碧绿、憨头憨脑的样子很可爱，我就把它带回了家饲养，想看看最后能不能顺利地结蛹羽化。

这条幼虫体长约 6 厘米，看它的生长状况应该是 5 龄幼虫了，这个阶段的幼虫最主要的任务就是进食积蓄能量，为下阶段的化蛹做准备。我们采来了新鲜的柳叶，这位新来乍到的小客人果然不负众望，在为它准备的新窝里稍做迟疑后就埋头大吃起来。它从树叶的尖部开始吃，吃完一边再吃另外一边，最后连叶脉也不剩，吃得干净又利落。

就这样过了 12 天后，幼虫突然不肯进食，我想它可能要结茧了！果然，幼虫接下来的行动证实了我的猜想。只见幼虫先拉过一个树叶垫在身下，再拖过一个树叶按照自己身体的长度用具有黏性的丝固定成椭圆形，然后将树叶沿着周边围起来，直到把最上面的缺口封上，它才在里面定定心心地吐丝织茧。幼虫刚吐出的丝是透明的。大概花了一天的时间才完成结茧工作。刚结好的茧软软的，颜色发白，淡淡

地透出一丝浅黄，过了 3 ~ 4 天后茧捏起来才硬实了起来，颜色也没开始那样白了。现在这个小客人已经完成了幼虫阶段，进入了生命中的第三个阶段——蛹。

在结茧后的第 18 天晚上，正在写作业的我突然听到从客厅里传来“扑棱棱”的声音，暗想难道绿尾天蚕蛾羽化了吗？随即我激动地冲到客厅，果然，我看到了一个绿色的身影围着灯飞来飞去，是绿尾天蚕蛾成虫！果然，这个小客人成功羽化了！

绿尾天蚕蛾成虫有一对土黄色的羽状触角，6 条暗紫色的腿，肥胖的腹部呈纺锤形，和身体一样都披着一层细密的白毛。它最显眼的部位是粉绿色大翅膀，平铺在身体两侧，翅膀的最前端有一道和颈部连成直线的暗紫色条带；前翅和后翅上可见淡色翅脉，中间位置各有一个眼斑，眼斑的上边缘暗紫色、下边缘淡黄、中间透明；靠近翅膀外边缘处有一条深绿色的宽条纹，前翅靠近身体处还有条斜向下的淡色条纹；后翅长有一对长长的淡黄色尾突，飘逸地拖在身后。

绿尾天蚕蛾就像个绿色的仙子，翩翩起舞的样子丝毫不逊色于美丽的蝴蝶！

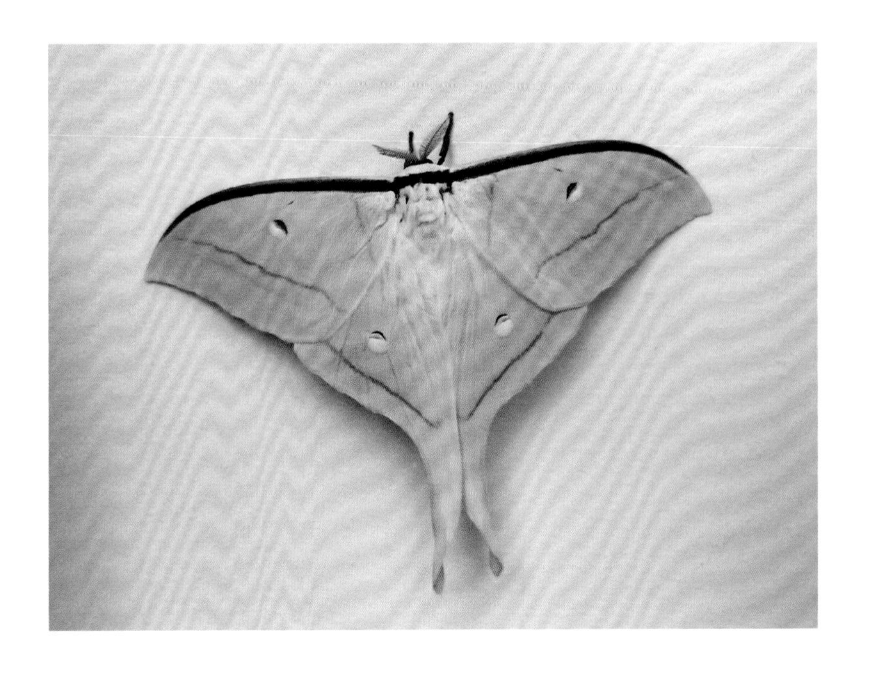

案例 4

初识线茸毒蛾幼虫和蛹茧

天　哥

爱好自然观察的人总有个怪习惯，走路的时候喜欢东张西望。某日，去保育区的路上，我眼角瞄到河边的柳树上有个不一般的小东西！走近一看，原来是一只黄灿灿的金毛狮王——线茸毒蛾幼虫。这条幼虫不仅外形长得特别，而且食谱也是特别广，桑叶、柳叶、桂花叶……不同科属的叶子都能吃得香。

对了，它还具有随着生活环境不同而改变毛色的本领，就像美发沙龙里的 Tony 老师一样，三天两头换发型和毛色。你看它这一身鲜艳的“毛发”，全然不懂得伪装，就知道它是不好惹的。

线茸毒蛾幼虫是一个有毒的家伙！它的头部背面有一个毒腺，每次蜕完皮，它都会把全身的长毛往毒腺上蹭，这样每一根毛刺都会涂上毒液。万一哪个缺心眼的想攻击它，那么细细的体毛就会先让你体验一下酸爽的感觉。

另外，除了有毒的毛刺以外，它的后背还有一块藏在褶里的黑色斑纹，在受惊或有天敌威胁时会突然显露出来，就像突然睁开的一只眼睛，瞪着天敌，从而把天敌给吓走。这也是它进行自我保护的一种方法。

强心脏如我，不但亲手把这条幼虫饲养到化蛹，而且还亲眼看着它拔了自己身上的长毛来做茧。

茧里的蛹长什么样？拆开看看！

打开饲养盒，幼虫做的茧贴在盒的内壁，有一层亮晶晶的膜，内里的茧是有夹层的。用手把膜撕开，外层是幼虫用体毛和丝织的一层外茧，里面的空间则没有丝、只有毛，毛刺一头连着外层，一头连着里层，就像搭脚手架一样，层层叠叠、安全牢固。

要是沉迷于金毛狮王精湛的技艺而恍了神，那就要中毒刺的招啦！你看，极细的刺毛扎进了手指的皮肤里，麻麻酸酸。可见即便是做成茧，脱离了虫体的刺毛，毒素也依然存在！

也许是扎到的刺毛不多，痛感并不是很强烈，所以忍着疼痛继续进行下去，拆最里面一层，看到了绿色的茧和清晰可见的气门，茧身上的毛也没有完全褪光，兴许是留着“腋毛”用来保温？

再之后，我又观察了几条线茸毒蛾幼虫的结茧过程，方法如出一辙，都是内里中空，外部扎实，也许就像我们穿的羽绒服一样，里面空气可以隔温保暖。毕竟越冬的蛹也要穿保暖衣呀！

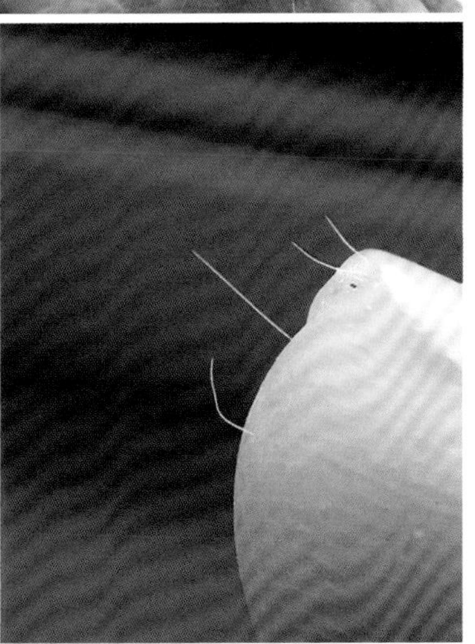

科学展翅标本

为更好地将蝶蛾资源用于科学鉴定、仿生研究、分类收藏和美学欣赏，我们一般要将采集后的蝶蛾制成科学展翅标本。

• 工具材料

电热水杯，镊子，展翅板（开槽），昆虫针（常用3～5号），大头针（0号），硫酸纸（裁成各种规格），三角包包装好的经干燥处理的完整蝶蛾（以斐豹蛱蝶、大燕蛾为例）。

• 制作方法和过程

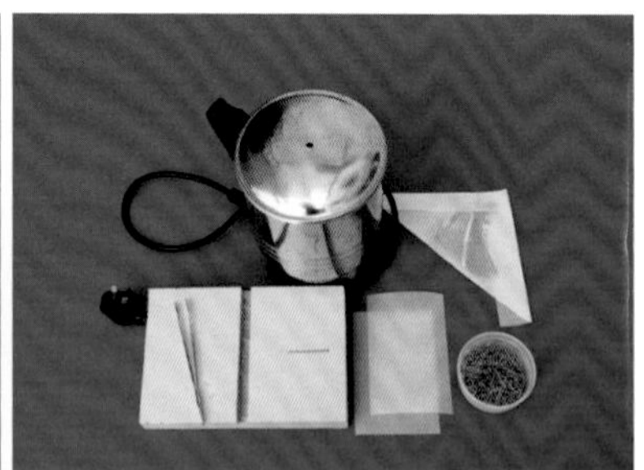

1. 准备工具和材料

2. 用镊子夹住蝶蛾四翅，将触角和身体浸入电热杯的开水中（使水面超过翅基）。浸泡时间一般在10～20秒。如蝶蛾为当天采集就可省去第2步、第3步

3. 用镊子撑开左右翅并下压，如四翅能展平自如，说明软化成功。如下压困难，还需继续浸泡

4. 根据蝶蛾身体大小分别选取 3 号、5 号昆虫针，从蝶蛾的中胸部垂直插入，针顶离身体留出 10 毫米

5. 将昆虫针垂直插入展翅板中央凹槽内，使翅基与板面保持在同一平面

6. 在左翅上方盖上硫酸纸，用镊子将前后翅拉到标准位
（前翅后缘与身体垂直，后翅前缘与前翅后缘在翅基部交叠 1/2 左右）

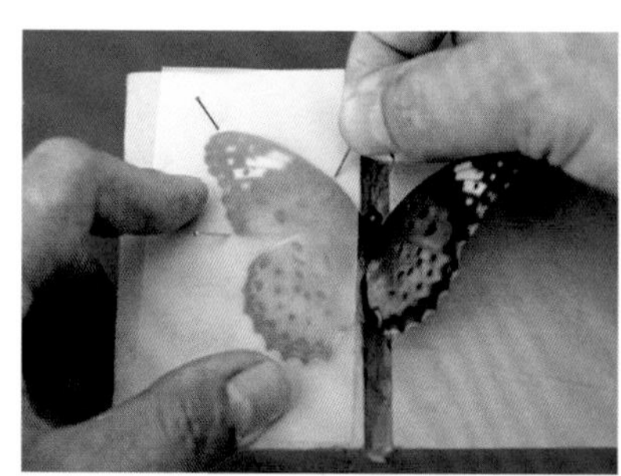

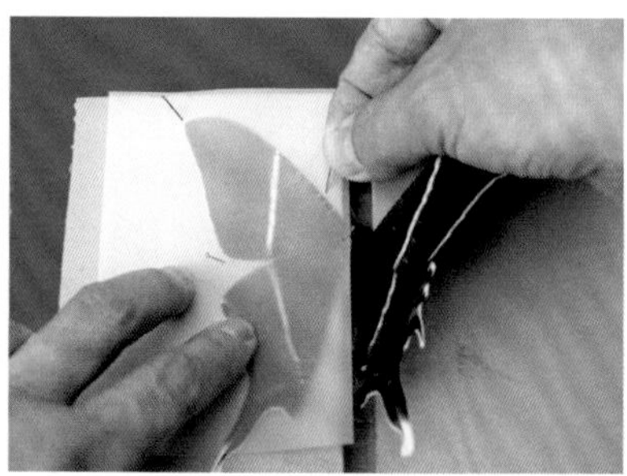

7. 左手固定硫酸纸，右手在前翅的后角、顶角和基角处
（离翅缘 1.0 毫米）分别插入大头针（向外斜插）

8. 在后翅的顶角、后角和基角处（离翅缘 1.0 毫米）分别插入大头针（向外斜插）

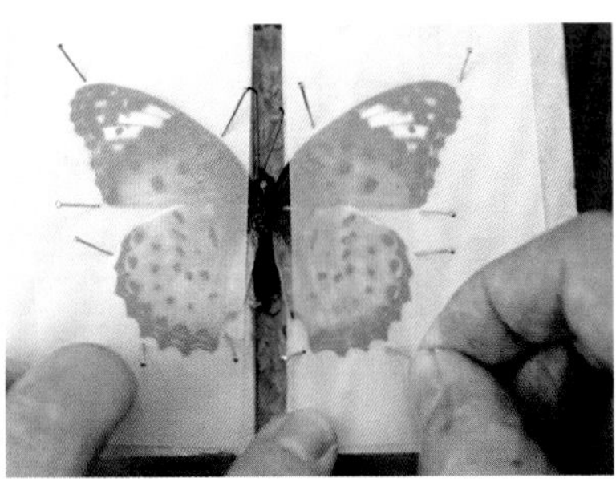
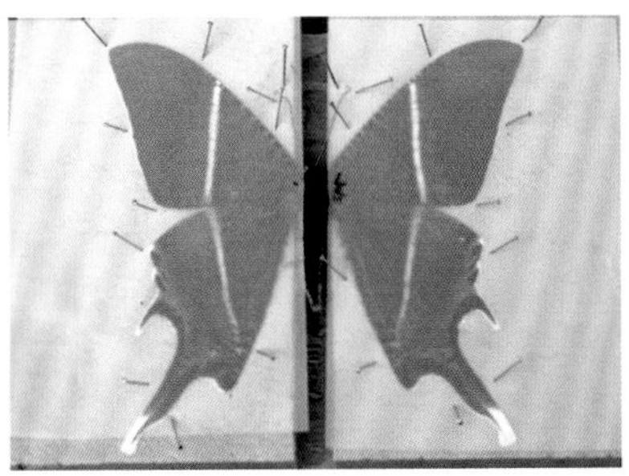

9. 按同样方法固定右翅，注意掌握好左右翅的对称性

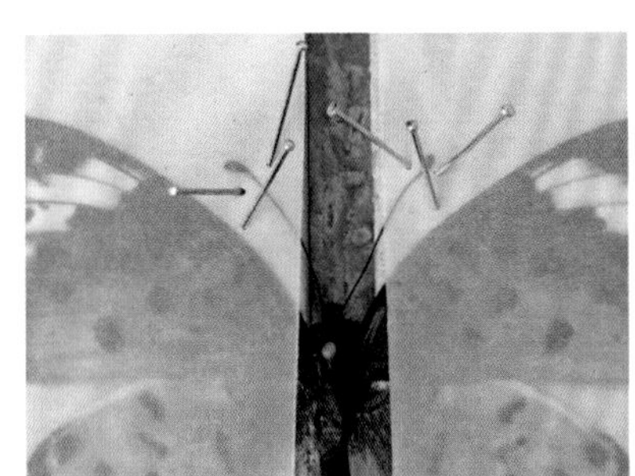
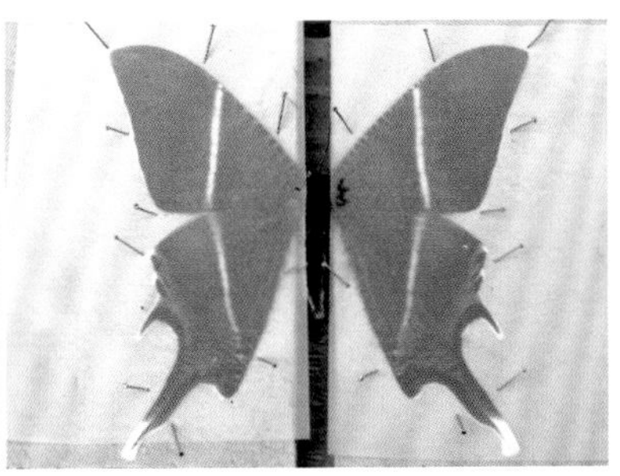

10. 再用大头针调整、固定触角位置，展翅完成

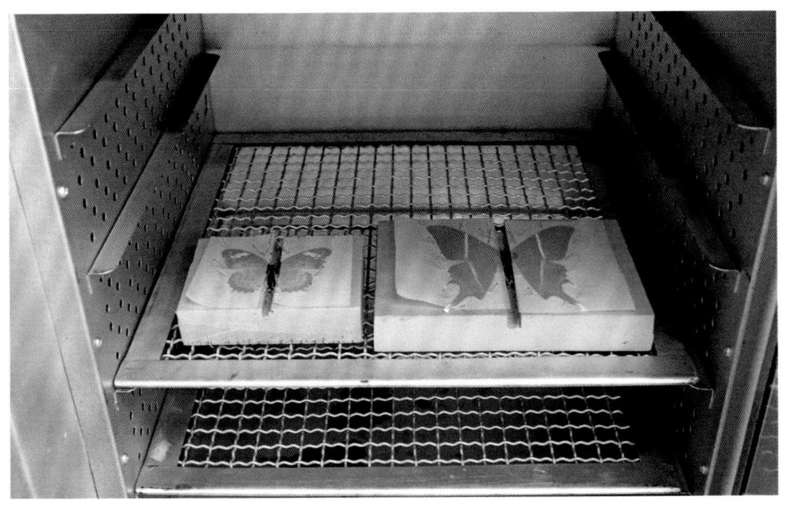

11. 放入恒温箱烘干（温控 50℃，3 天以上）

12. 从恒温箱中取出标本，小心拔掉大头针，揭去硫酸纸

13. 将标本移入昆虫盒，可按展示要求贴上名录标签等

东亚豆粉蝶（王紫慧）

斐豹蛱蝶（魏宇宸）

黄钩蛱蝶(严羽笑）

丝带凤蝶（严羽笑）

曲纹紫灰蝶（张宁）

二尾蛱蝶（张宁）

黄尖襟粉蝶（张宁）

苎麻珍蝶（许新博）

工艺贴翅标本

蝶蛾标本需要干燥和密封保存，如在野外采集到的蝶蛾标本未能及时烘干处理，在潮湿环境中极易腐坏变质，影响展翅标本的制作质量和保存时间。另外，已展翅的蝶蛾标本因保存方法不当（如标本盒密封性不好、环境湿度过大等），身体部分也容易受到虫蛀或发生霉变。还有，在整理制作标本过程中常会遇到触角掉落的现象。一旦遇到上述情况，我们可将蝶蛾四翅从身体上取下，利用塑封原理将其改制成既能长期保存又有观赏价值的工艺贴翅标本。下面介绍不干胶冷封法和过塑机热封法两种制作方法。

不干胶冷封法

- **工具材料**

镊子，剪刀，透明胶膜，透明片基，假体，触角（可用塑料丝代替），三角包包装好的蝶蛾四翅（以柑橘凤蝶为例）。

- **制作方法和过程**

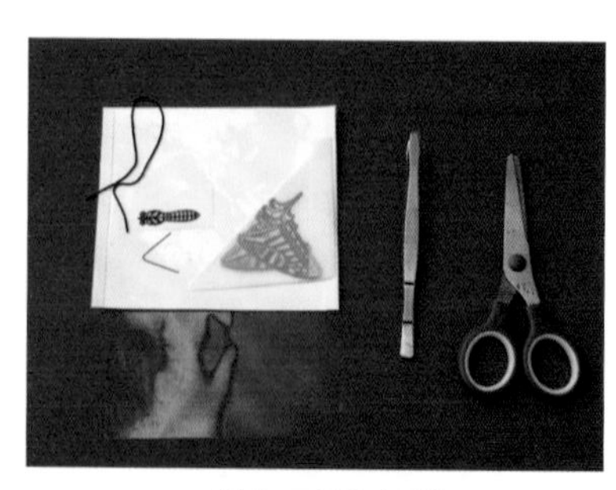

1. 准备工具和材料

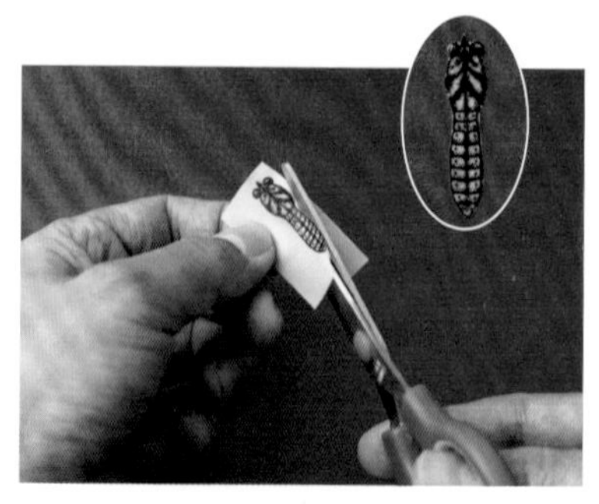

2. 用剪刀沿假体外缘剪下，备用

3. 用镊子揭去透明胶膜上的双面胶纸

4. 将透明胶膜反贴在桌面

5. 用镊子从三角包中取出柑橘凤蝶四翅

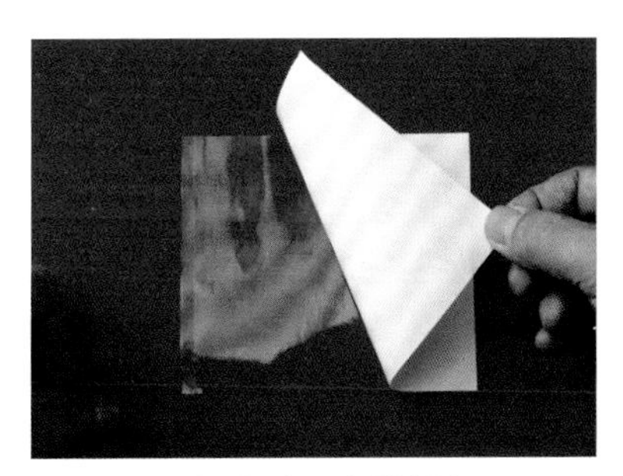

6. 揭去透明胶膜护纸

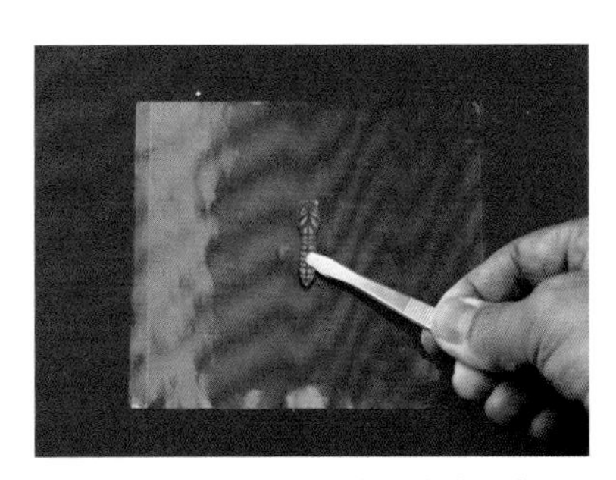

7. 用镊子将假体粘贴在胶膜中央

8. 将左前翅（腹面向上）基部连接在假体左中胸部，前翅后缘垂直于身体

9. 将右前翅基部连接在假体右中胸部

10. 将左后翅基部连接在假体左后胸部

11. 将右后翅基部连接在假体右后胸部

12. 将一对触角小心地连接到复眼和下唇须交角处，并呈“V”字形排列

13. 取片基对准胶膜小心盖上，用手推压，使之与胶膜完全黏合

14. 用剪刀沿蝶翅的外缘修去多余部分

15. 标本完成

16. 打孔，穿上丝带就成了书签

过塑机热封法

做过不干胶冷封法贴翅标本后，你会发现，在操作过程中一旦出现定位不准或翅位移动，蝶蛾鳞片极易沾满胶膜而造成污染。压片时还会出现内部空气排不尽的情况，影响标本的整体美观性。而采用过塑机热封法就能基本解决这些问题。

- **工具材料**

镊子，剪刀，夹子，塑封机，10 丝塑封膜，不干胶假体（含触角），三角包包装好的蝶蛾四翅（以宽带青凤蝶和华尾天蚕蛾为例），种名标签。

- **制作方法和过程**

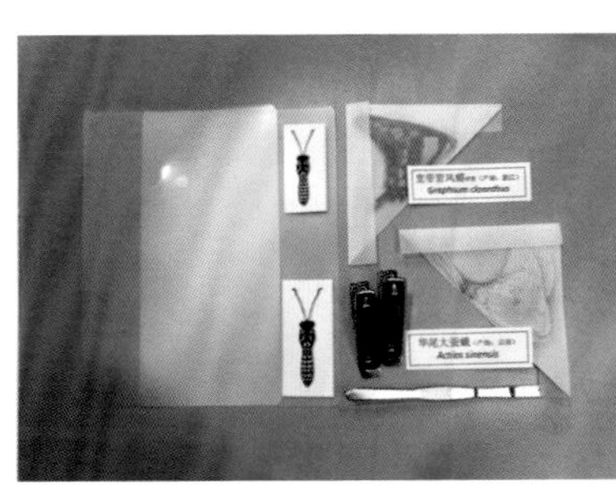

1. 准备工具和材料

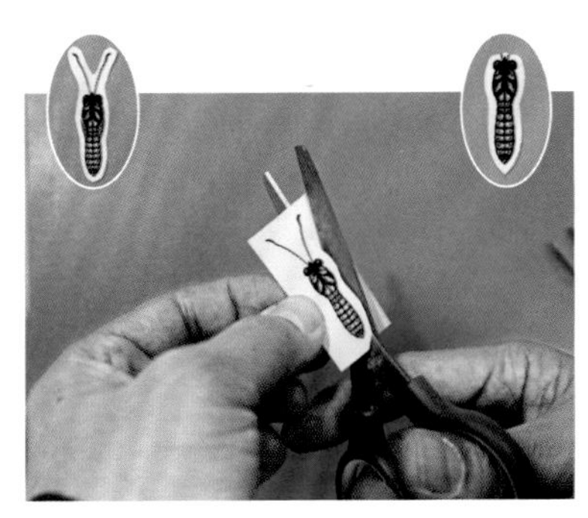

2. 沿假体外围剪下（蛾的假体不留触角部分），备用

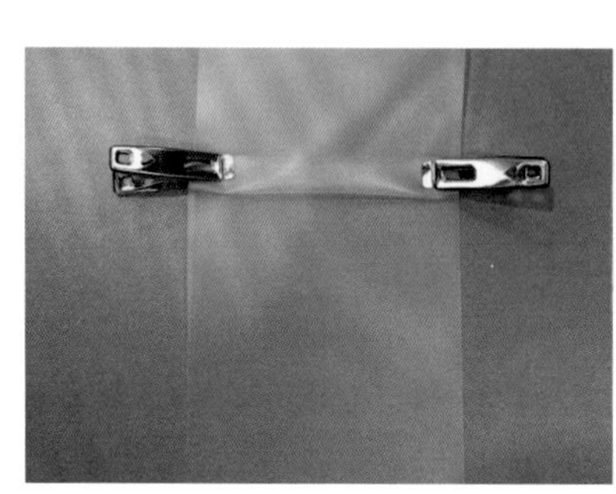
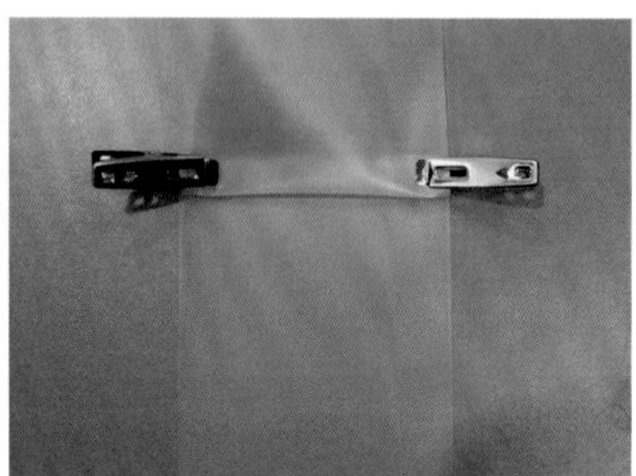

3. 打开双层塑封膜，用夹子固定上膜

4. 在底膜中上部摆放左右前翅（背面向上），两翅基部相距 5 毫米，并使前翅后缘连成一线

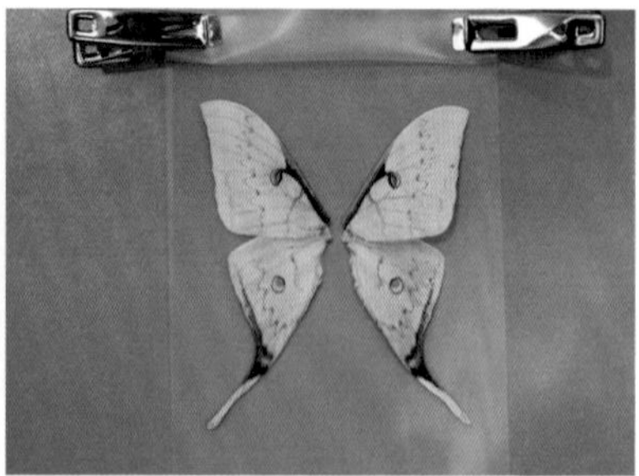

5. 再将左右后翅（背面向上）前缘插入前翅后缘下方，两翅基部相距 5 毫米，前后翅基部保持 4 毫米间距

6. 揭去假体不干胶护纸，将透明假体的中后胸部粘贴在前后翅基处，如翅位移动，可进行微调成型

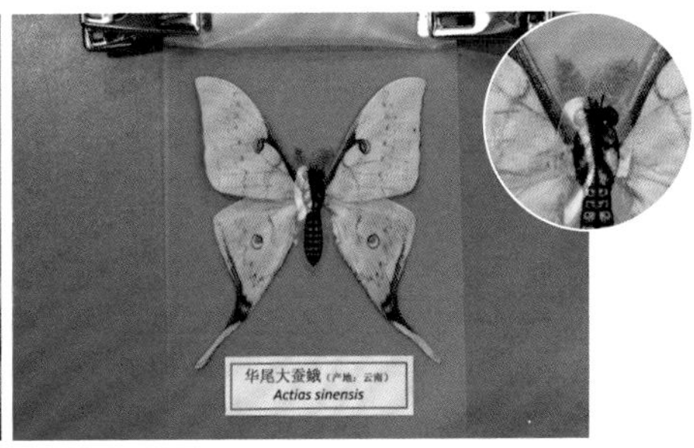

7. 在蝶蛾下方放上种名标签，蛾的假体头部胶膜处还需插入触角

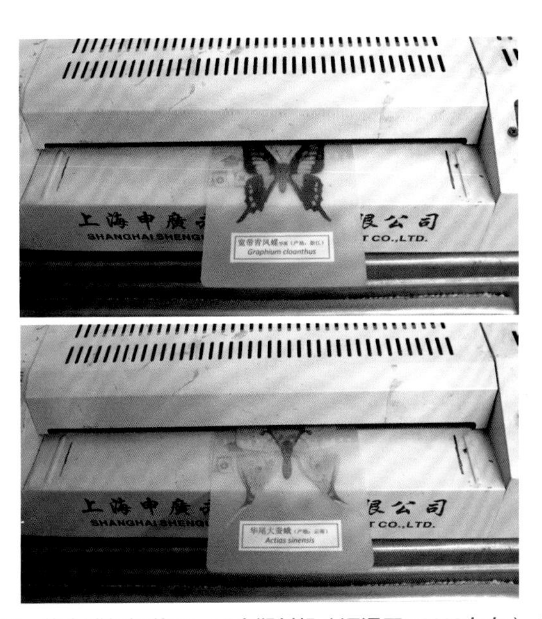

8. 除去夹子，将上膜轻轻盖下，开启塑封机（调温至 120℃左右），热封处理

9. 作品完成

10. 可制成成套的塑封标本册（按分类排列）

工艺装饰作品

如果你经常去野外采集蝶蛾，总会发现有一大部分标本因其中一两片翅面破损而不宜做成展翅标本和贴翅标本，在制作展翅标本过程中也常有掉翅或破翅的情况发生，如直接废弃有点可惜。不妨将同种蝶蛾的单面前后翅收集整理，根据蝶蛾的生态特点，经创意设计，做成具有装饰效果的工艺作品。

咏蝶书签

- **工具材料**

镊子，双面胶，笔，塑封机，咏蝶书签底卡（经电脑设计成大小号），塑封膜，三角包包装好的蝶翅（前翅和后翅各 1 片，以黑脉蛱蝶和大绢斑蝶为例）。

- **制作方法和过程**

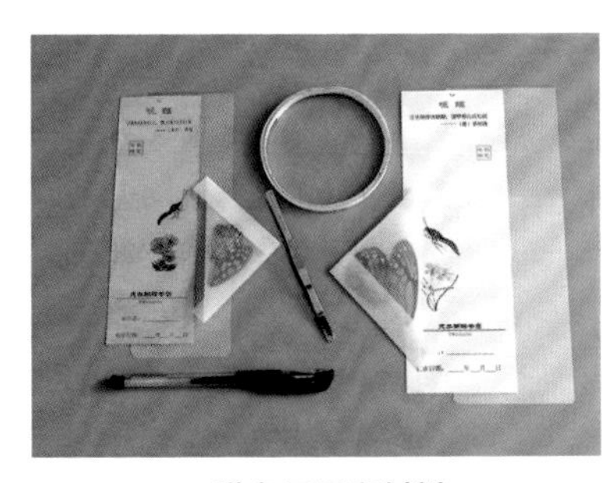

1. 准备工具和材料

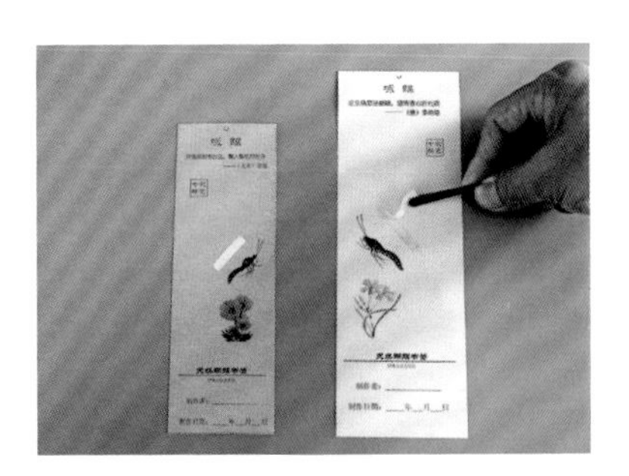

2. 在底卡底图上方贴上双面胶

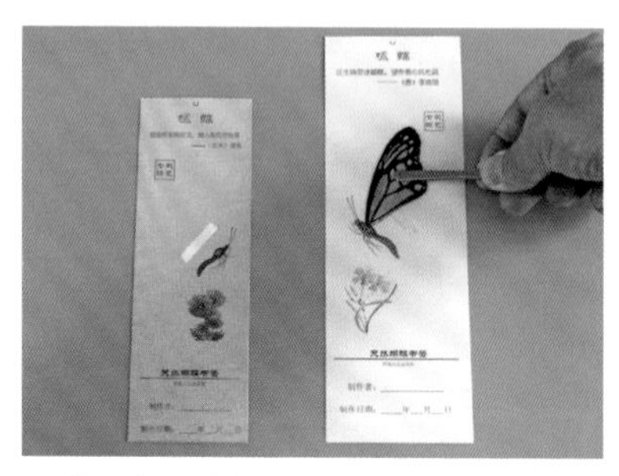

3. 选取大绢斑蝶翅，将前翅基部连接在假体中胸部，后翅基部连接在假体后胸部，用双面胶固定

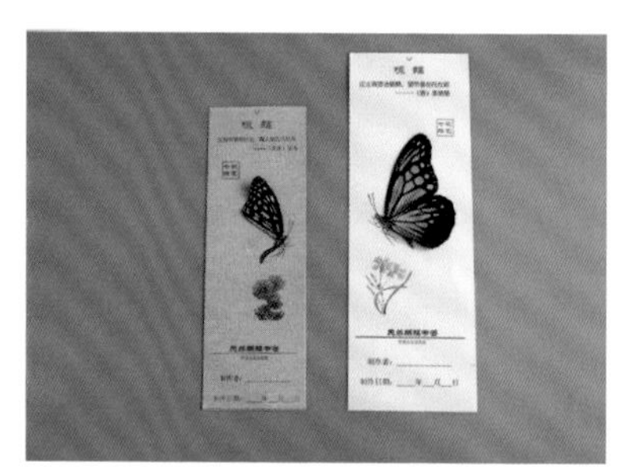

4. 同样方法，在小号底卡上完成黑脉蛱蝶前后翅与假体的连接

5. 在底卡上写上制作者姓名和时间

6. 整体夹入塑封膜内

7. 塑封机热封处理

8. 穿上丝带，作品完成

蝶舞生态卡

• 工具材料

镊子，塑封机，蝶舞生态卡底卡（经电脑设计），塑封膜，干花干草，三角包包装好的蝶翅（前翅和后翅各 1 片，以宽带凤蝶和虎斑蝶为例）。

• 制作方法和过程

1. 准备工具和材料

2. 在底卡左方摆放宽带凤蝶前翅

3. 在前翅下方叠放宽带凤蝶后翅

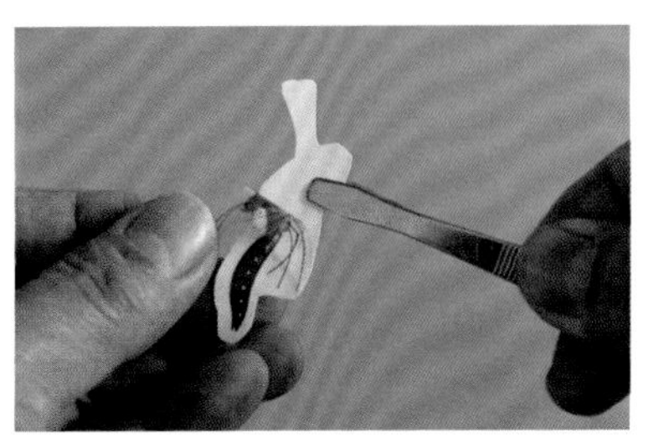

4. 揭去大号假体不干胶护纸

5. 用透明假体中后胸部
粘贴住前后翅基

6. 在底卡右上方摆放虎斑蝶前后翅

7. 用小号透明假体中后胸部
粘贴住前后翅基

8. 在底卡下方摆放干花干草

9. 整体夹入塑封膜内，进行塑封

10. 作品完成

11. 用同样方法可设计制作成叶脉书签

12. 用同样方法可设计制作成结艺挂件

生态摄影、自然笔记和博物画创作

为更全面地了解蝶蛾的自然信息、栖息环境和行为习性，在野外我们可以通过蝶蛾生态摄影、自然笔记和博物画创作的手法，对蝶蛾进行科学记录和艺术创作。尤其是自然笔记，随心而动，操作方便，对于蝶蛾探究行之有效，值得尝试。

蝶蛾生态摄影

准备拍摄器材

工欲善其事，必先利其器。野外拍摄蝶蛾应尽量配备一些专业的拍摄器材。

蝶蛾的体型较小（翅展一般为 5～15 厘米），普通照相机镜头的焦距太短，如果用于蝶蛾摄影，所拍摄的照片上蝶蛾图像太小，放大后也难以看清楚蝶蛾的形象。因此，最好有能够把蝶蛾图像拍摄得更大的、具有微距摄影功能或超长焦距镜头的照相机。一台能够更换镜头的专业照相机最为适合。蝶蛾又是善飞的动物，只要你一靠近，它很快就会受惊飞走，没有机会让你再慢慢地对准焦距，因此具备自动对焦功能的镜头和相机，可以让你把握更多的拍摄机会，无须因对焦慢而产生遗憾。

长焦拍摄

选择拍摄时间和地点

拍摄蝶蛾的时间和地点应根据它们的地理分布以及活动规律而定。

拍摄蝴蝶应选择晴天或多云风小的天气。一天中，从早晨 9 时到下午 4 时可拍摄到凤蝶、粉蝶、斑蝶、蛱蝶等种类，早晚或阴天可拍摄到弄蝶、眼蝶、环蝶等种类。拍摄蛾（除白天活动的）应选择夜间，在灯诱条件下进行。

确定拍摄对象

蝶蛾一生要经历卵、幼虫、蛹和成虫 4 个阶段，一般摄影者拍摄蝶蛾大多集中在成虫身上，往往会忽略其他 3 个阶段，其实它们对揭示蝶蛾生态奥秘有很大的科学研究价值。

掌握拍摄方法

- **慢慢靠近**

蝶蛾很容易受惊，尤其是蝶，稍有风吹草动它们就会飞走。当我们发现蝶蛾时，应当慢慢靠近它，千万不能太着急。动作不能太大，一定要慢慢移动，一点一点地靠近。

近摄

- **取景与构图**

当你已经靠近目标，举起相机对准蝶蛾后，注意镜头方向应当与蝶蛾的翅膀平面保持垂直。这样拍摄出来的照片才不会因景深太浅而一边清晰一边模糊。而在取景框中，蝶蛾的大小应占 1/5 ~ 1/3 的比例。然后，立刻考虑怎样进行构图。我们认为蝶蛾的头部前方和上方应当多保留一些空间，这样的构图有一种动态的平衡，看上去蝶蛾有往前活动的空间。

• **对焦及曝光设定**

当构图完成后，必须马上进行对焦。对好焦距、图像清晰时便应立刻按下快门。这一连串的动作都必须相当迅速，否则蝶蛾飞了就无法拍摄。而在此以前还应当根据当时的环境和光线设定好光圈和快门。这些都必须在实际拍摄中不断地摸索和积累经验。

翠蓝眼蛱蝶（陈泽海）

长尾天蚕蛾（杨泊宁）

核桃美舟蛾（王瑞阳）

直纹稻弄蝶（徐灵芝）

玉带凤蝶（李昀泽）

如果使用自动对焦的镜头和自动曝光的相机，就可以省去许多工作，大大缩短拍摄的时间，令拍摄更易成功，有机会拍摄更多的蝶蛾照片。

二尾蛱蝶（张宁）

群蝶（李荣芳）

蝶蛾自然笔记

去野外参加蝶蛾调查活动，你是否有过这样的遗憾：有时偶遇心仪的蝶蛾，但因来不及拍照或者照片效果不佳而错过了一个完整的记录。自然界中任何一种蝶蛾，都有它特有的生存环境和生活习性，如果你想记录不同种类的蝶蛾的形态特征以及它们的生存策略，不妨用自然笔记的方式来开展蝶蛾探究，这样不仅能弥补遗憾也能收获更多的乐趣。

何为自然笔记

自然笔记是起源于欧美国家的一种观察、记录自然的方式，它的特征可以归纳为：以图画、文字为主要形式；有规律的，类似于日记性质的；对身边的大自然进行科学、真实、客观的记录。自然笔记可以反映作者对自然最真实、最直接的“观察”，所呈现的形式自由、活泼，近年来深受昆虫爱好者的喜爱和推崇。

蝶蛾自然笔记的意义

自然笔记的核心就是“观察”。观察是人类认识世界、洞悉自然、获取科学知识、探索生命奥秘的必要途径，也是一种重要的研究方法。通过蝶蛾自然笔记的创作，能让参与者在观察的过程中，获得对蝶蛾的感性认识，从中发现和欣赏蝶蛾的形态之美和生命之美。

随着相机、手机的普及，拍摄记录蝶蛾变得非常方便，但自然笔记有相机、手机无法替代的功能。相对于照片的瞬间记录，在自然笔记绘画的过程中需要观察者更加集中精力注视被观察的对象，这样就能够获得更多的有关动态的细节，特别是被观察对象与周围空间的生态关系等。在观察中，随看、随记、随画，这才是符合科学探究的记录方法，也是自然笔记创作的乐趣所在。

蝶蛾自然笔记的要素

完整的蝶蛾自然笔记有以下 7 个要素构成：作品题目、图画、文字、时间、地点、天气、记录人。

作品题目：题目是对蝶蛾自然笔记内容的概括，但不必出现“自然笔记”四个字，如“*** 蝶（蛾）的长成记”“*** 蝶（蛾）的一生”。

图画：图画是对蝶蛾自然现象的形象化呈现。图画中的蝶蛾应当尽量真实客观，不应夸大、夸张、抽象。因蝶蛾个体差异较大，图画中须有被记录对象的尺寸数据，没有尺可以借助手指、笔、树叶等进行估测。对于蝶蛾的细节部分（成虫触角、喙，幼虫口器、足，等等）可以应用“放大图”来展示。

文字：充分运用探寻、拍摄、采集、饲养、制作等方法对蝶蛾进行多角度的探究，从而获得大量的观察内容，用于文字描述和表达自我感悟。

时间、地点、天气、记录人：这些信息一定要准确和真实。其中“地点”需要尽可能具体，而不能只写小区、公园、绿地、山坡等泛指的地点，如果在野外没有具体的名称也可以用 GPS 定位信息来代替。“天气”对于蝶蛾的生活息息相关，需要写明当天阴晴雨雪、气温、风力等。

除了上述 7 个要素外，图文排版也很重要，排版需要尽可能做到美观，科学性和艺术性兼备。

怎样做蝶蛾自然笔记

- **所需的工具**

根据观察对象的不同，一般可以准备速写本、绘图工具（铅笔、水笔、彩色铅笔或水彩笔等）、照相机、临时昆虫观察盒（瓶）、放大镜、蝶蛾图鉴等。到野外创作的话，也要根据不同的环境和季节准备合适野外的装备。

- **创作方法和步骤**

现场蝶蛾探究自然笔记：适用于短时段的创作。

一是寻找一块有蝶蛾出没的场地（野地、公园、绿地、校园、小区等均可），仔细观察你身边都有哪些蝶蛾（包括卵、幼虫、蛹、成虫）。

二是在速写本的一角写上当天的日期、天气、温度以及地点。

三是确定在画纸中心位置画上蝶蛾主体和相关生境（花、叶等）。

四是快速把观察到的对象画下来（当对象静态时），为保持画面内容，可以选择好的角度先用相机拍摄下来（参照照片更能画出蝶蛾的细节部分）。

五是画好后，对照图鉴进行鉴别。

六是用简练的语句将你观察到的对象描述下来。

至此，一篇完整的现场蝶蛾探究自然笔记就基本完成了。

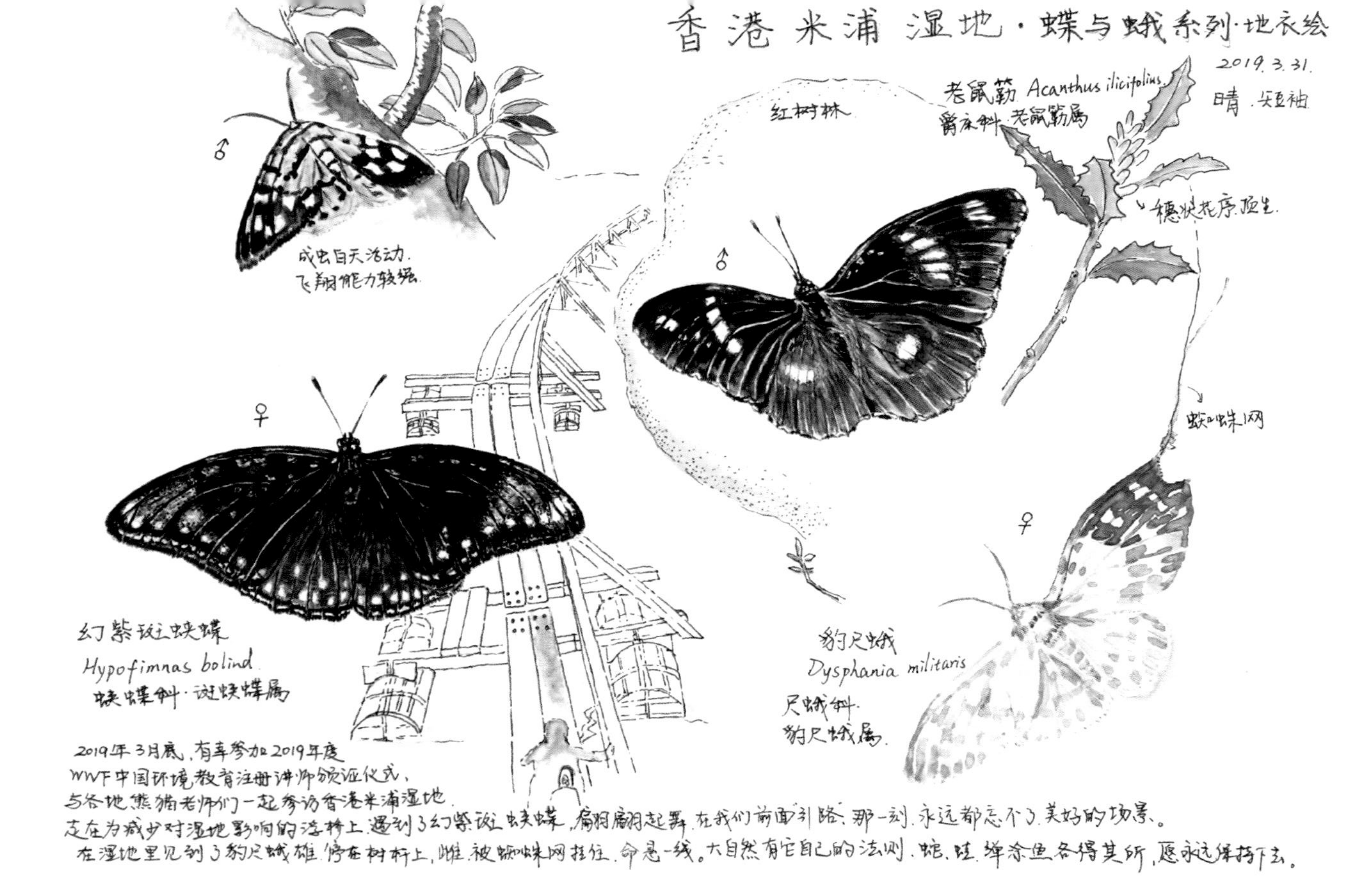

香港米浦湿地 · 蝶与蛾系列（地衣）

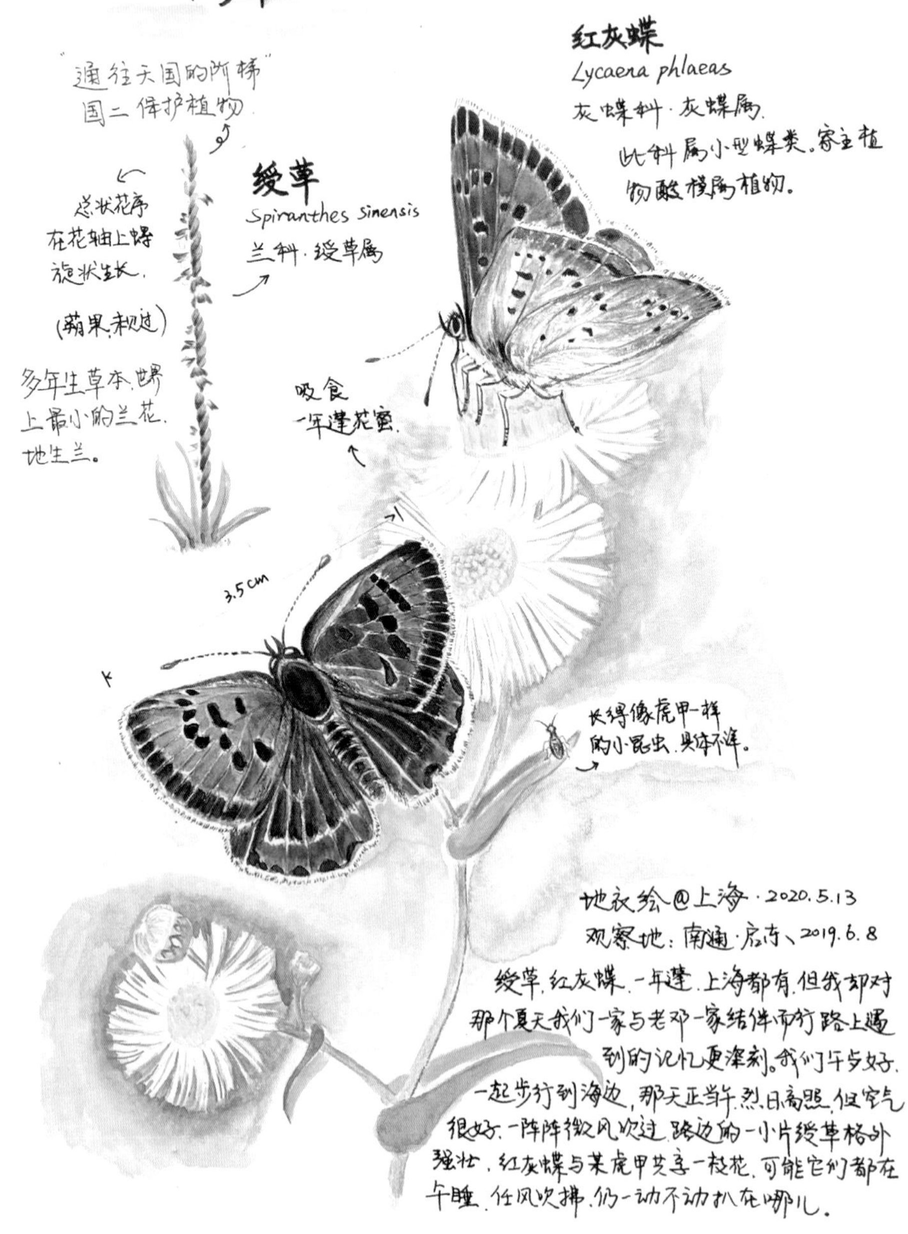
《徒步中遇见的美好》
红灰蝶
Lycaena phlaeas
灰蝶科·灰蝶属
此科属小型蝶类。寄主植物酸模属植物。
"通往天国的阶梯"
国二保护植物
总状花序
在花轴上螺
旋状生长。
(蒴果,未见过)
多年生草本,世界上最小的兰花,地生兰。
绶草
Spiranthes sinensis
兰科·绶草属
吸食
一年蓬花蜜
3.5 cm
长得像虎甲一样的小昆虫,具体不详。
地衣绘@上海·2020.5.13
观察地:南通·启东、2019.6.8
绶草、红灰蝶、一年蓬、上海都有,但我却对那个夏天我们一家与老邓一家结伴徒行路上遇到的记忆更深刻。我们午歺好,一起步行到海边,那天正当午,烈日高照,但空气很好,一阵阵微风吹过,路边的一小片绶草格外强壮,红灰蝶与某虎甲共享一枝花,可能它们都在午睡,任风吹拂,仍一动不动扒在哪儿。

徒步中遇见的美好(地衣)

花丛中的精灵

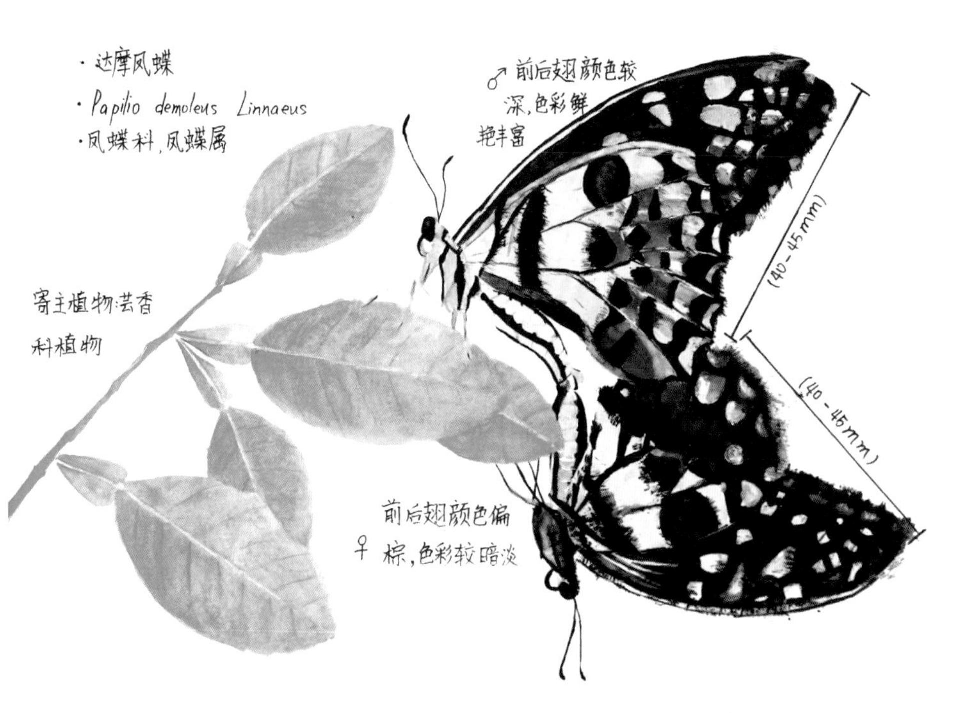

观察时间：2019年7月3日
观察地点：泰国
天气状况：晴 25°C-31°C
记录人：王令齐

这个夏天我跟随张老师科考队去泰国考查。那天一大早，我们就迫不及待的想去了解泰国的蝶类资源，在一棵绿意盎然的树里面，发现一对美丽的蝴蝶在交尾，原来是达摩凤蝶，让我非常惊喜。

达摩凤蝶在泰国较常见，但在上海并没有是因为达摩凤蝶喜湿热，上海冬天寒冷，不能繁殖过冬。它们给我一个大大的惊喜，让我爱上了这次美好的科考之旅。

花丛中的精灵（王令齐，12 岁）

长周期蝶蛾探究自然笔记：大部分的生物在不同的生命阶段其形态会有不同，蝶蛾也是如此，所以长周期蝶蛾探究自然笔记更能展示蝶蛾探究的成果。长周期蝶蛾探究自然笔记的创作方法基本同现场蝶蛾探究自然笔记一样，把之前观察记录到的蝶蛾各个生长发育阶段（或者是部分阶段，或者是不同环境下的蝶蛾的差异等）合并在一张画纸上排版来进行自然笔记创作，就完成了长周期蝶蛾探究自然笔记。

丝 带 凤 蝶
Sericinus montelus Grey
凤蝶科丝带凤蝶属
5.4 多云 27/17°C
五一回天津的收获：在马兜铃茎上发现了一串丝带凤蝶的卵。
卵圆润光滑
5.31 多云 25/18°C
今天，我养的第一只蝴蝶终于羽化成功啦，是只雌蝶。翅面乳黄色散不规则黑斑，长长的尾突如同飘带，宛如仙子般美丽。
5.25 阴 29/22°C
预蛹两天后，成功化蛹啦！蛹壳的颜色犹如枯叶，头部有一块颜色较深。
2厘米
♀
第一次见到丝带凤蝶，我就被它那优美的姿态深深吸引，十分的喜欢。丝带凤蝶是我国非常珍贵的蝶种，也是国际收藏家的首选蝶种，据说十几年前上海也有很多，现在却很难观察到了。
5.21 晴 28/19°C
经过每天喂食马兜铃叶子，幼虫以肉眼可见的速度迅速长大，肉棘也逐渐变红。
观察时间：2019年5月
记录时间：2020年4月
观察地点：上海家中
记录人：王紫慧（10岁）

丝带凤蝶（王紫慧，10 岁）

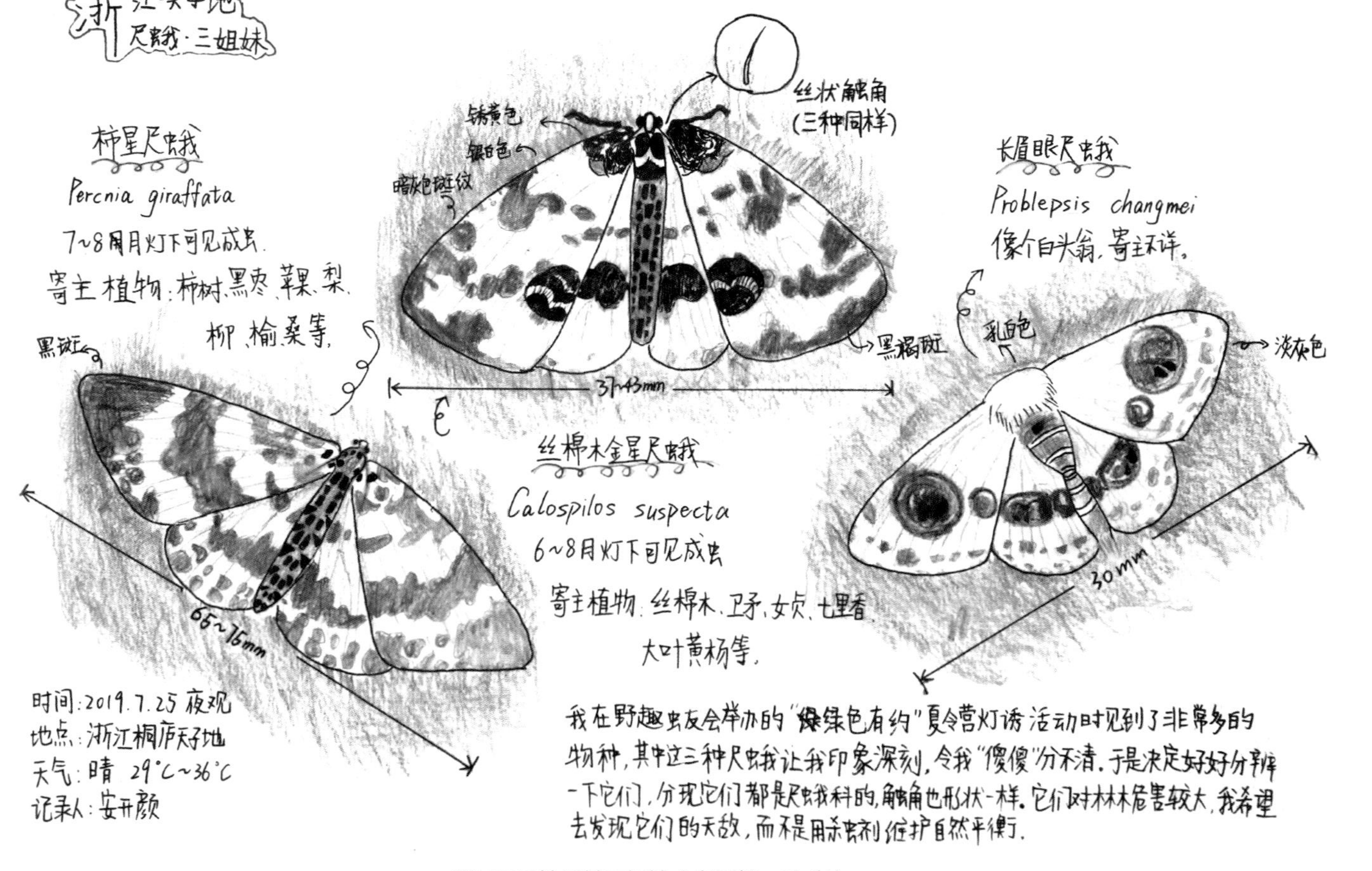

浙江·天子地
尺蛾·三姐妹
柿星尺蛾
Percnia giraffata
7~8月月灯下可见成虫
寄主植物：柿树、黑枣、苹果、梨、
柳、榆、桑等，
黑斑
65~76mm
锈黄色
银白色
暗灰色斑纹
丝状触角
(三种同样)
黑褐斑
37~43mm
丝棉木金星尺蛾
Calospilos suspecta
6~8月灯下可见成虫
寄主植物：丝棉木、卫矛、女贞、七里香、
大叶黄杨等，
长眉眼尺蛾
Problepsis changmei
像个白头翁，寄主不详。
乳白色
淡灰色
30mm
时间：2019.7.25 夜观
地点：浙江桐庐天子地
天气：晴 29°C~36°C
记录人：安开颜
我在野趣虫友会举办的"绿色有约"夏令营灯诱活动时见到了非常多的物种，其中这三种尺蛾让我印象深刻，令我"傻傻"分不清。于是决定好好分辨一下它们，发现它们都是尺蛾科的，触角也形状一样。它们对林木危害较大，我希望去发现它们的天敌，而不是用杀虫剂维护自然平衡。

浙江天子地尺蛾三姐妹（安开颜，13 岁）

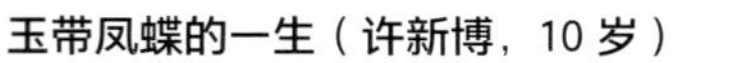

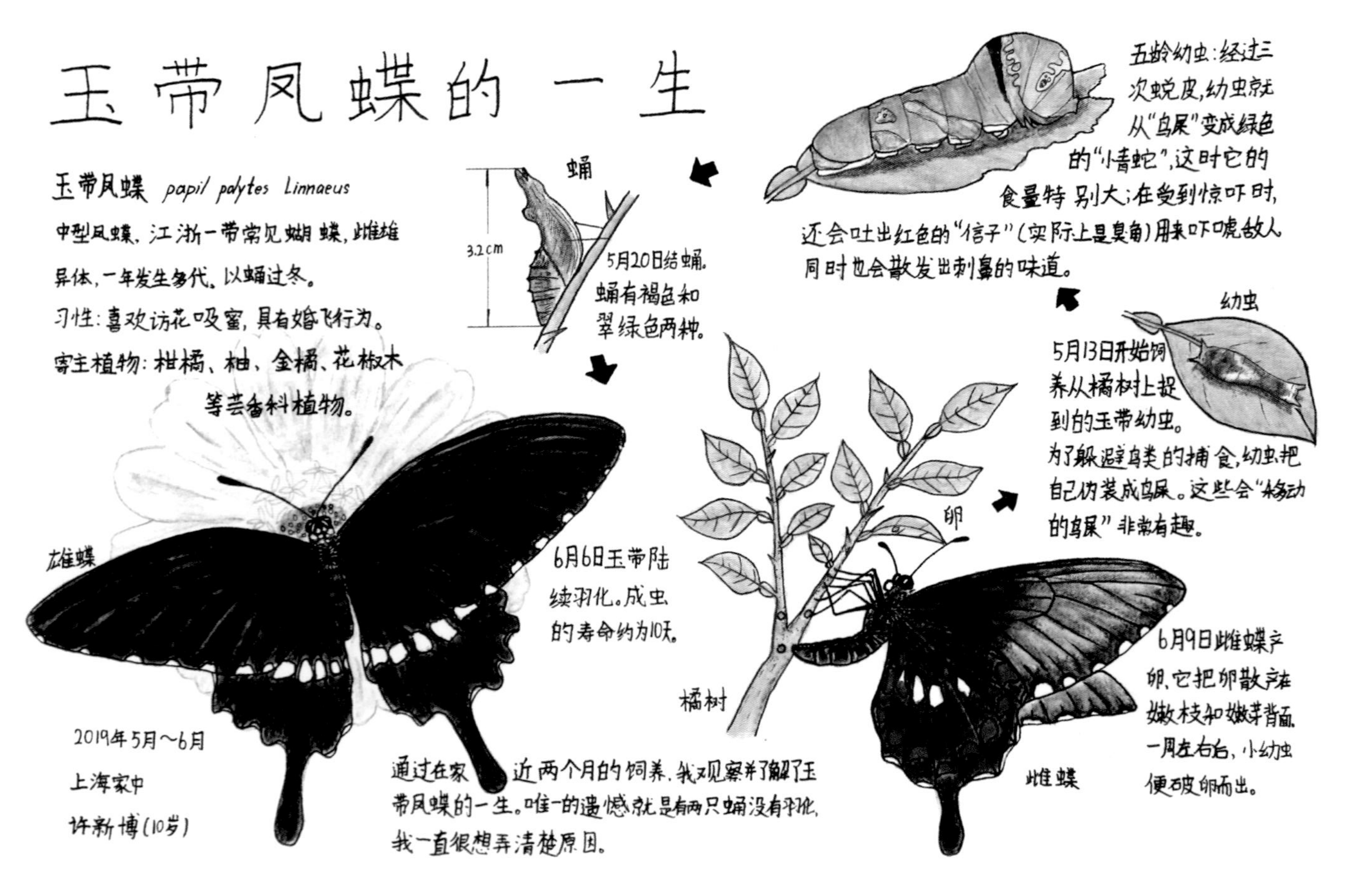

玉带凤蝶的一生
玉带凤蝶 papil polytes Linnaeus
中型凤蝶、江浙一带常见蝴蝶，雌雄异体，一年发生多代。以蛹过冬。
习性：喜欢访花吸蜜，具有婚飞行为。
寄主植物：柑橘、柚、金橘、花椒木等芸香料植物。
蛹
3.2cm
5月20日结蛹。蛹有褐色和翠绿色两种。
五龄幼虫：经过三次蜕皮，幼虫就从“鸟屎”变成绿色的“小青蛇”，这时它的食量特别大；在受到惊吓时，还会吐出红色的“信子”（实际上是臭角）用来吓唬敌人，同时也会散发出刺鼻的味道。
幼虫
5月13日开始饲养从橘树上捉到的玉带幼虫。
为了躲避鸟类的捕食，幼虫把自己伪装成鸟屎。这些会“移动的鸟屎”非常有趣。
卵
橘树
雄蝶
6月6日玉带陆续羽化。成虫的寿命约为10天。
6月9日雌蝶产卵，它把卵散产在嫩枝和嫩芽背面。一周左右后，小幼虫便破卵而出。
雌蝶
2019年5月～6月
上海家中
许新博(10岁)
通过在家近两个月的饲养，我观察并了解了玉带凤蝶的一生。唯一的遗憾就是有两只蛹没有羽化，我一直很想弄清楚原因。

玉带凤蝶的一生（许新博，10 岁）

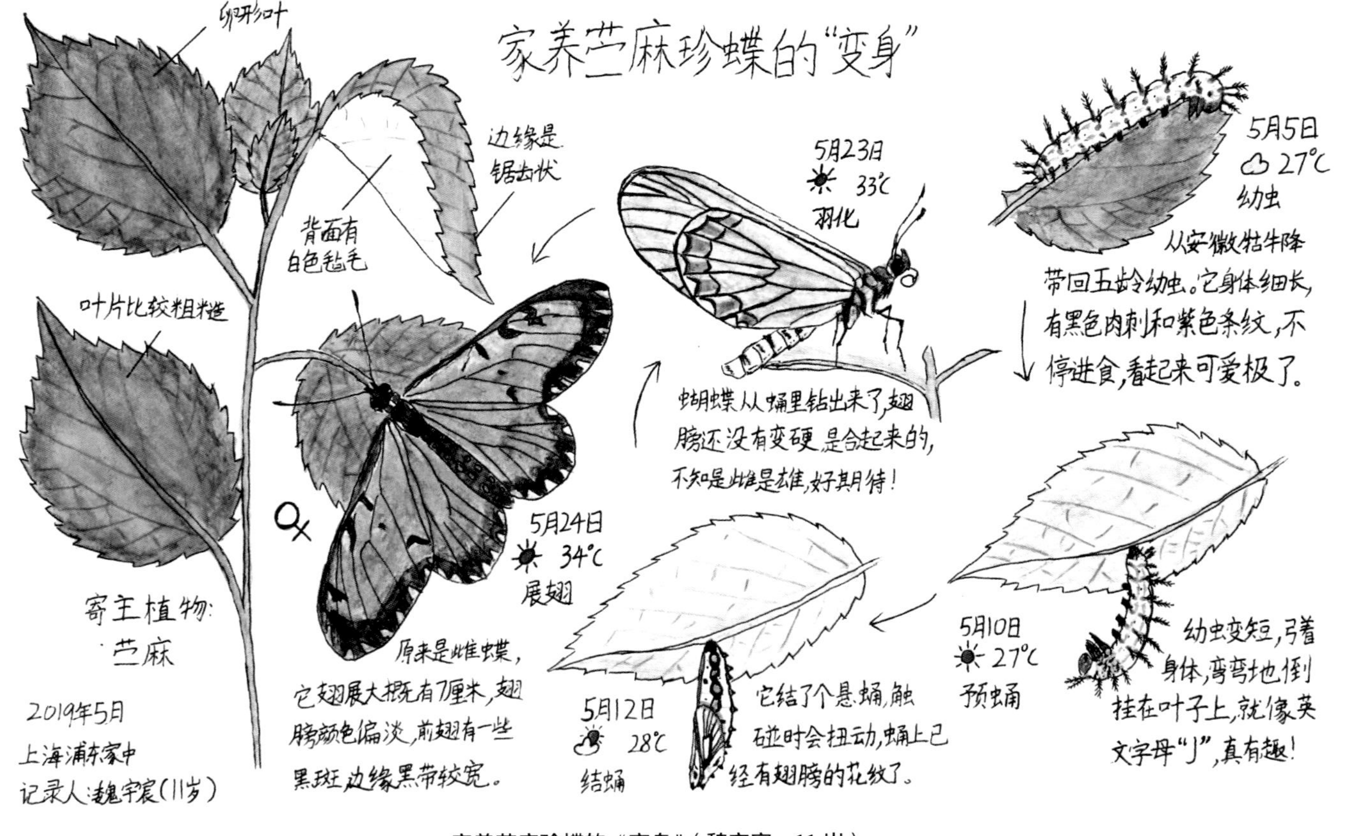

家养苎麻珍蝶的"变身"
卵形叶
边缘是锯齿状
背面有白色毡毛
叶片比较粗糙
寄主植物：苎麻
2019年5月
上海浦东家中
记录人：魏宇宸(11岁)
5月5日 27℃ 幼虫
从安徽牯牛降带回五龄幼虫。它身体细长，有黑色肉刺和紫色条纹，不停进食，看起来可爱极了。
5月10日 27℃ 预蛹
幼虫变短，弓着身体，弯弯地倒挂在叶子上，就像英文字母"J"，真有趣！
5月12日 28℃ 结蛹
它结了个悬蛹，触碰时会扭动，蛹上已经有翅膀的花纹了。
5月23日 33℃ 羽化
蝴蝶从蛹里钻出来了，翅膀还没有变硬，是合起来的，不知是雌是雄，好期待！
5月24日 34℃ 展翅
♀
原来是雌蝶，它翅展大概有7厘米，翅膀颜色偏淡，前翅有一些黑斑，边缘黑带较宽。

家养苎麻珍蝶的"变身"（魏宇宸，11 岁）

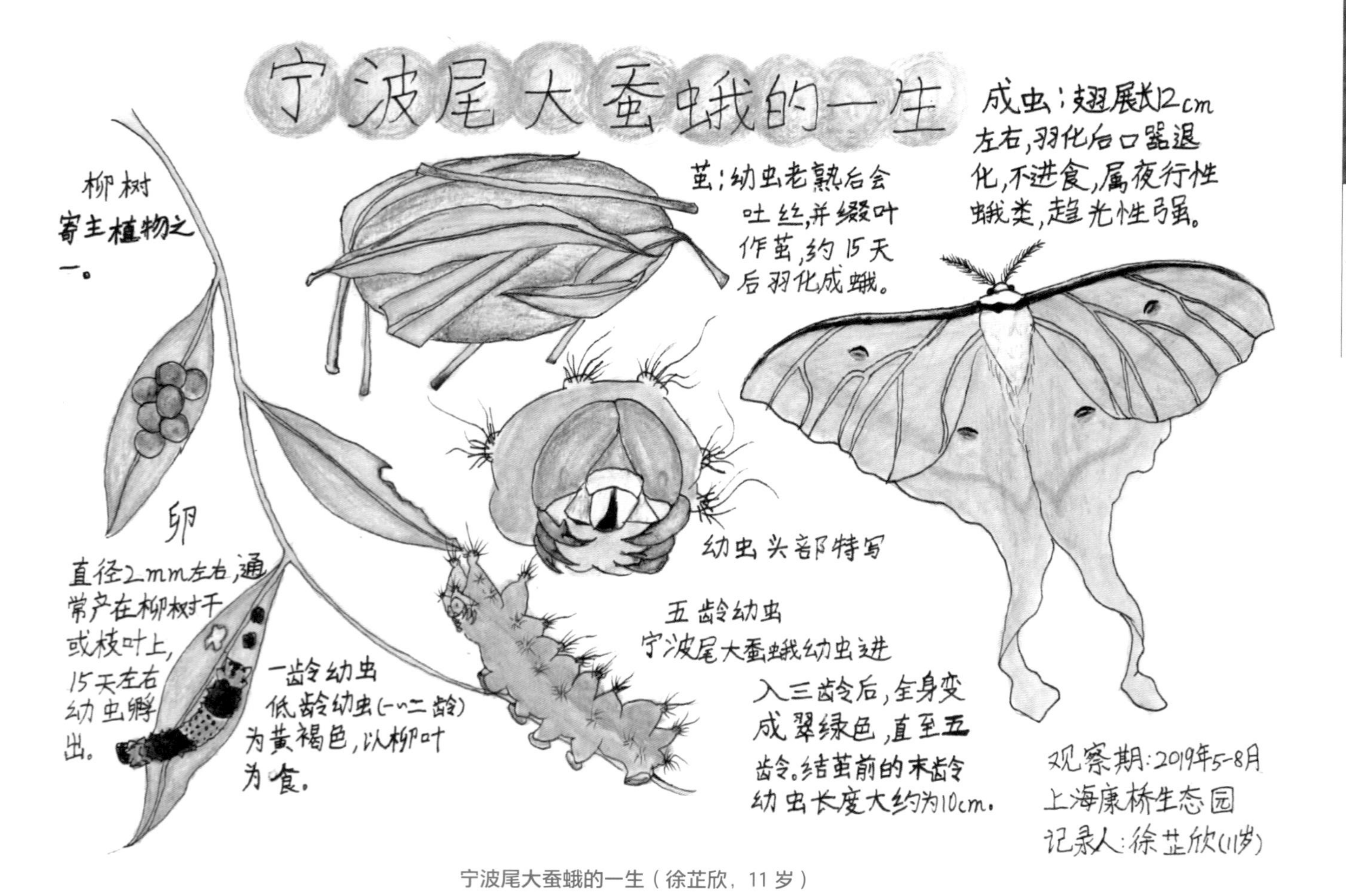

宁波尾大蚕蛾的一生
成虫：翅展长12cm左右，羽化后口器退化，不进食，属夜行性蛾类，趋光性强。
茧：幼虫老熟后会吐丝，并缀叶作茧，约15天后羽化成蛾。
柳树
寄主植物之一。
幼虫头部特写
卵
直径2mm左右，通常产在柳树干或枝叶上，15天左右幼虫孵出。
五龄幼虫
宁波尾大蚕蛾幼虫进入三龄后，全身变成翠绿色，直至五龄。结茧前的末龄幼虫长度大约为10cm。
一龄幼虫
低龄幼虫（一、二龄）为黄褐色，以柳叶为食。
观察期：2019年5-8月
上海康桥生态园
记录人：徐芷欣（11岁）

宁波尾大蚕蛾的一生（徐芷欣，11 岁）

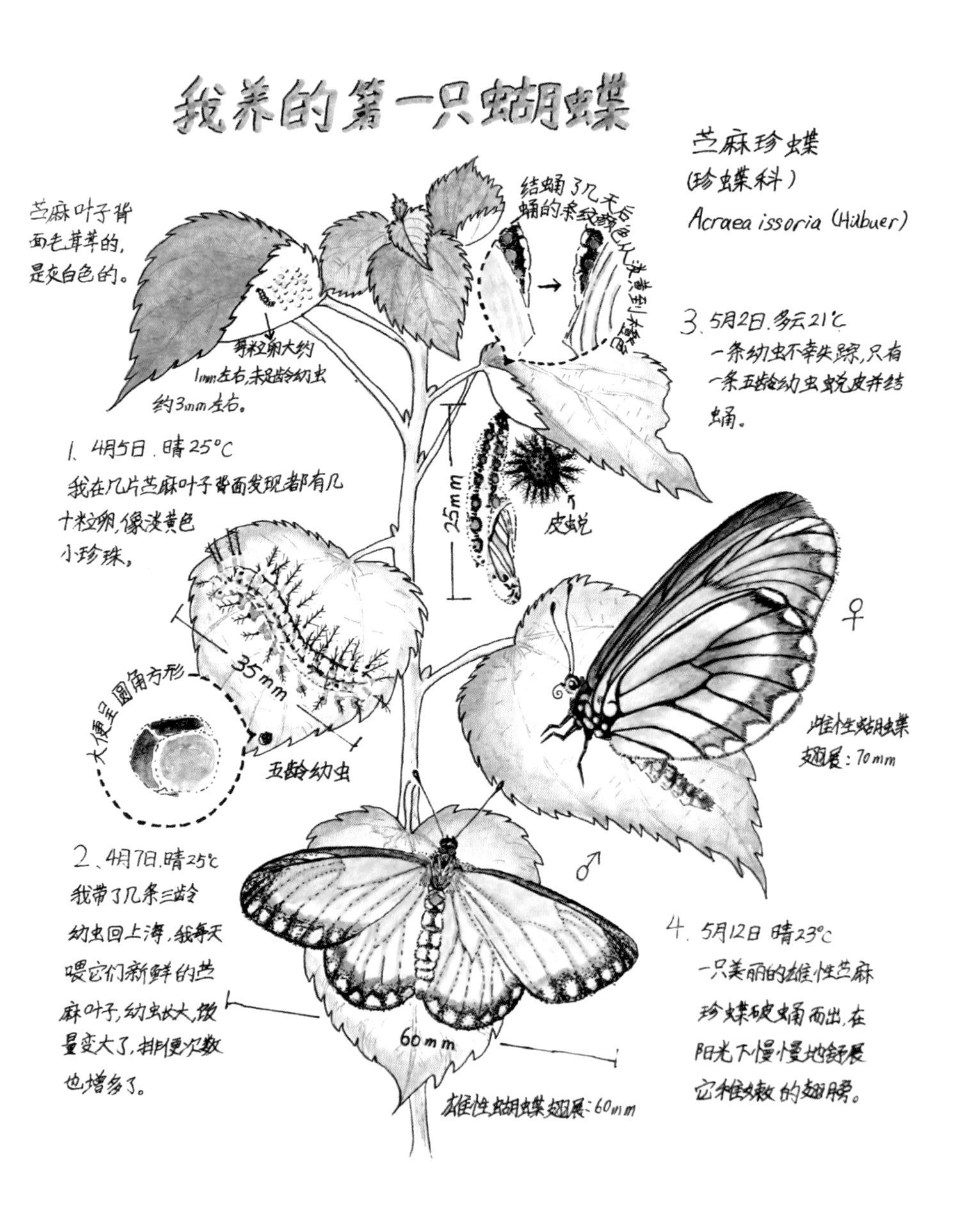

我养的第一只蝴蝶
苎麻珍蝶
(珍蝶科)
Acraea issoria (Hübuer)
苎麻叶子背面毛茸茸的，是灰白色的。
每粒卵大约1mm左右，末龄幼虫约3mm左右。
结蛹了几天后蛹的条纹颜色从浅黄到橙色
3. 5月2日.多云21℃
一条幼虫不幸失踪，只有一条五龄幼虫蜕皮并结蛹。
1、4月5日.晴25°C
我在几片苎麻叶子背面发现都有几十粒卵，像浅黄色小珍珠。
25mm
皮蜕
35mm
大便呈圆角方形
五龄幼虫
♀
雌性蝴蝶
翅展：70mm
2、4月7日.晴25℃
我带了几条三龄幼虫回上海，我每天喂它们新鲜的苎麻叶子，幼虫长大，饭量变大了，排便次数也增多了。
♂
60mm
4. 5月12日 晴23°C
一只美丽的雄性苎麻珍蝶破蛹而出，在阳光下慢慢地舒展它稚嫩的翅膀。
雄性蝴蝶翅展：60mm
从浙江带回来的幼虫在养殖过程中，
我每天都带着好奇的心观察着它们变化。
而它们结蛹羽化更让我激动。
上海.家中观察
2020年5月记录
叶羽琳（10岁）

我养的第一只蝴蝶（叶羽琳，10 岁）

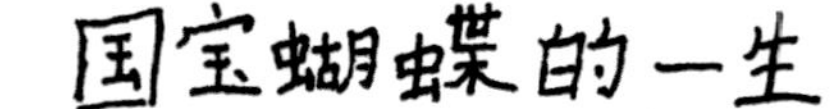

国宝蝴蝶的一生
2019年3月17日,我在南京老
山发现了一对中华虎凤
蝶,它们正在交尾中,
趴在树枝上一动
也不动。
几天之后,雌性中华虎凤
蝶陆续产下了一百多颗卵。
4月初的时候,
一龄幼虫
孵化了。
幼虫在杜衡叶
片背面齐头并进地啃
食,夜晚挤在一起休息。
幼虫越长越大,于
是它们开始了第一次
蜕皮,之后它们就
是二龄幼虫了。
幼虫还在慢慢
长大,现在一片叶子已经挤
不下几只幼虫了,它们已经变成了深黑色。
5月上旬,经
过5次蜕皮的
老熟幼虫开始
陆续化蛹。中华
虎凤蝶以蛹的方式
过冬,蛹期长达约10
个月,第二年惊蛰节气
时开始羽化了。
观察时间:2019年~2020年
观察地点:南京老山
天气状况:晴天
记录人:陈泽海

国宝蝴蝶的一生（陈泽海，10岁）

相约红珠凤蝶
①2019年6月21日 多云
放学路上我惊喜地发现小区的马兜铃上面居然有红珠凤蝶的卵。
(卵呈圆球形，直径约1毫米)
⑤2019年8月2日 多云
蛹成功羽化，变成美丽的红珠凤蝶，翩翩起舞，好看极了。
(体红色，翅黑色，展翅8厘米)
马兜铃是红珠凤蝶的寄主，是多年生缠绕性草本植物，其根、茎、果实都称马兜铃，喜光、适应性强，有毒。
②2019年6月26日 多云
早上起床激动地看到幼虫已咬破卵壳出来了，吃掉卵壳后已经在吃嫩叶了。
(幼虫黄褐色，体长约3毫米)
③2019年7月12日 大雨
四龄幼虫每天需要吃掉4—6片嫩叶。每次换叶时总伸出臭角来吓唬我。
(幼虫红褐色，体长约2厘米)
④2019年7月19日 小雨
早晨发现幼虫爬到饲养盒边上吐了二根丝把自己挂起来，结蛹成功了。
(蛹呈淡红褐色，长约2.5厘米)
观察日期：2019年6月~8月
观察地点：上海家中
记录人：史佳灵
(11岁)

相约红珠凤蝶（史佳灵，11岁）

蝶蛾博物画

什么是博物画

博物画是以自然万物（植物、动物、地质地貌、生态系统、宇宙天体等）为主体对象，通过绘画的方式来展示其外在体形体貌、形态构造及空间关联的外部特征，从而进行科学表达和艺术欣赏的一种创作。博物画向人们充分展现了大自然丰富奇异的多样性，反映了人们对自然世界的细心观察和深度理解。博物画涉及题材广阔，应用领域广泛，兼具科学性和艺术性，具有很好的大众推广性。

蝶蛾博物画的类别

蝶蛾（成虫）因翅面平展、覆盖鳞翅、体态多变、习性各异、与栖息环境关联密切，非常适合充当博物画创作的题材。按表现对象的不同，我们大致可将蝶蛾博物画划分为形态类博物画和生态类博物画两类。

蝶蛾形态类博物画即以观察自然蝶蛾的外形体色、身体造型为基本手段，再结合蝶蛾标本为临摹参考对象，进行科学描绘。这类作品讲究工笔写实与科学仿真，常被用于图书插图、挂图、邮票设计、物种鉴定和形态学研究等方面。我国宋代李安忠的《晴春蝶戏图》团扇、苏格兰威廉·贾丁的《自然图书馆》中所描绘的蝶蛾都堪称形态类博物画的经典之作，历经多个世纪而长存不衰。下图为单一蝴蝶标本临摹的博物画和多蝶组合的博物画作品。

斐豹蛱蝶（张宁）

斑星弄蝶（张宁）

大绢斑蝶（张宁）

蝴蝶与寄主植物（张玲玲）

中华虎凤蝶（张玲玲）

蝶蛾生态类博物画则是通过野外综合观察蝶蛾的栖息环境、蜜源植物、停飞姿态、取食状态等多方面信息，以拍摄照片为画面素材加以实景描绘。此类作品除了注重蝶蛾形态的描绘外，还需关注到与之相关的画面内容和整体的画面“美感”。蝶蛾生态类博物画常用于自然教育、图书出版和艺术展览，近年来深受昆虫与美术爱好者的青睐。

褐脉白锦斑蛾（张宁）

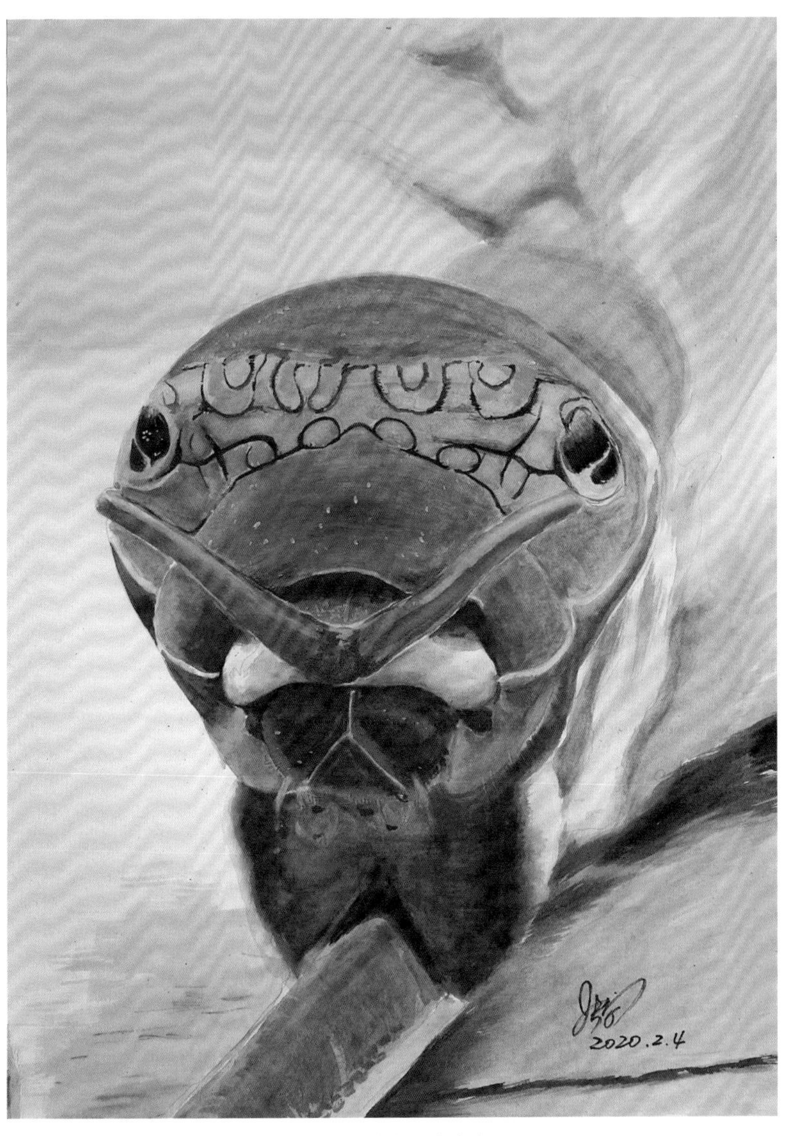

美凤蝶幼虫（张宁）

斐豹蛱蝶（张宁）

创作蝶蛾博物画的注意要点

一是作画前需要了解蝶蛾的形态、习性、生境、分布、分类等生物学知识，尤其要掌握不同蝶蛾触角、复眼、喙、足、翅脉、鳞毛等细微结构的特点。可以经常去野外观察、记录、拍摄蝶蛾，掌握第一手资料。

二是因蝶蛾（成虫）擅于飞翔，警觉性强，一般较难靠近，导致我们在野外缺乏对实物进行直接写生的条件，一般是先拍摄照片后进行仿绘。因此，平时多去野外拍摄蝶蛾影像素材很重要（详见“蝶蛾生态摄影”）。

三是挑选适合博物画创作的对象及画面。形态类博物画宜选翅面新鲜、制作精良的蝶蛾标本为参考，生态类博物画一般以中大型的蝶蛾的生态照片为参考，画面背景虚化，主体清晰（尤其是复眼），翅面尽可能处于同一焦平面（如下图）。

背景虚化，主体清晰

四是相比于蝶类，蛾类的物种多样性更为丰富，尤其是蛾类的停息、拟态、生活史更是变幻莫测，随着灯诱调查记录的深入，值得我们通过博物画去认知、展示它们的神秘。在创作蛾类博物画前可以进行素描速写训练。

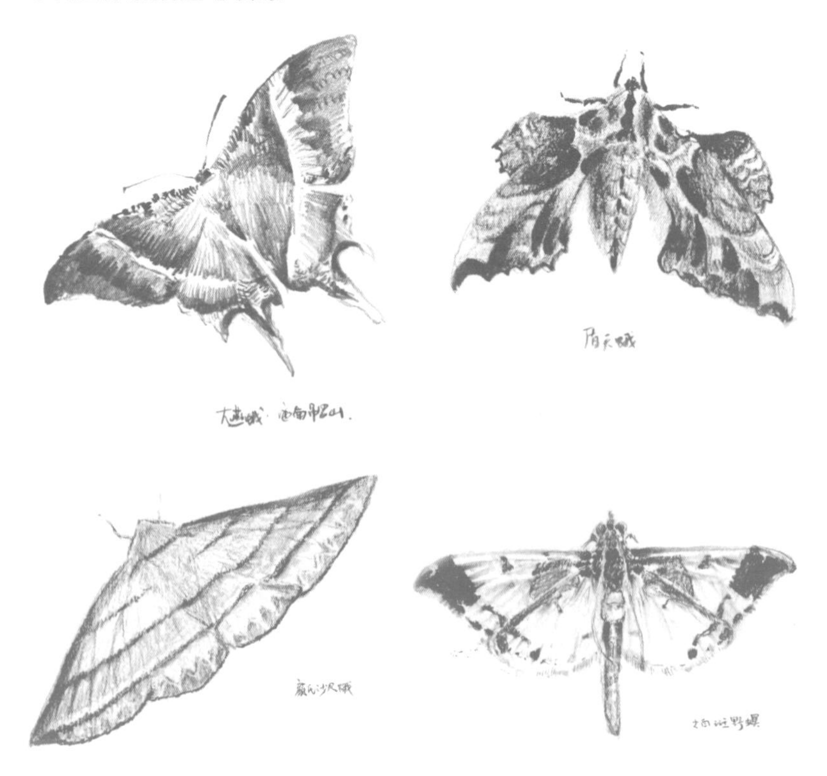

蛾类速写（任燕婉）

五是选定对象后，为表现蝶蛾色泽和体态的完好，作画前，先要对蝶蛾的“真相”进行解析。因为你所选定的蝶蛾并不是它们羽化后的最佳体态，采集的标本时常遇老化破损（加上制作过程中的人为损坏和遭霉变虫蛀等）。另外，在野外拍摄蝶蛾时因光线不足、对焦不准或快门抖动会导致画面“失真”。因此，手上拥有几本分类系统完备的蝶蛾工具图书（标本及生态照片）很有必要。如下图中“宽铃钩蛾”原照中后翅破损和鳞片不全，“柳紫闪蛱蝶”的触角和左前翅偏位，而通过对照它们的标本和生态照片，经绘画“创作”便可以达到“修补复原”的效果。

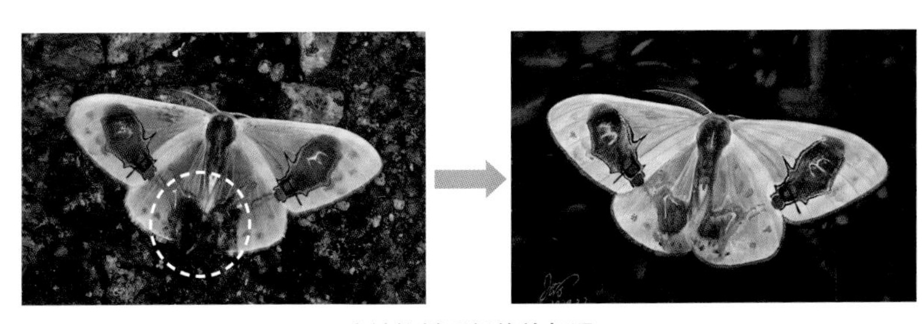

宽铃钩蛾后翅修补复原

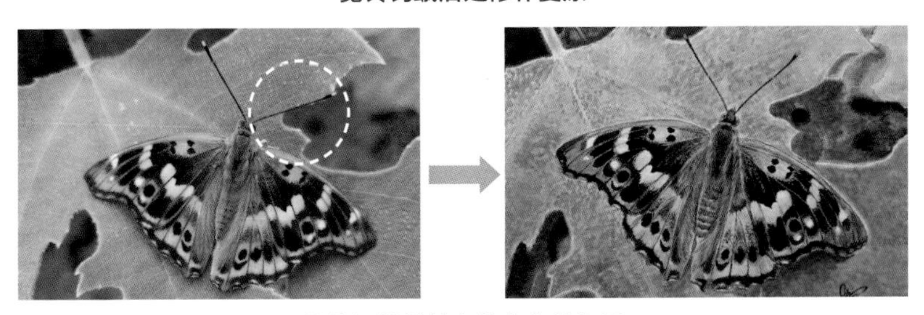

柳紫闪蛱蝶触角偏位修补复原

画例分析

- **选图打草稿**

为使画面结构精准，可采用“米字线”在画面和画纸上定位画稿（以达摩凤蝶、虎斑蝶为例）。

- **绘画过程**

作品鉴赏

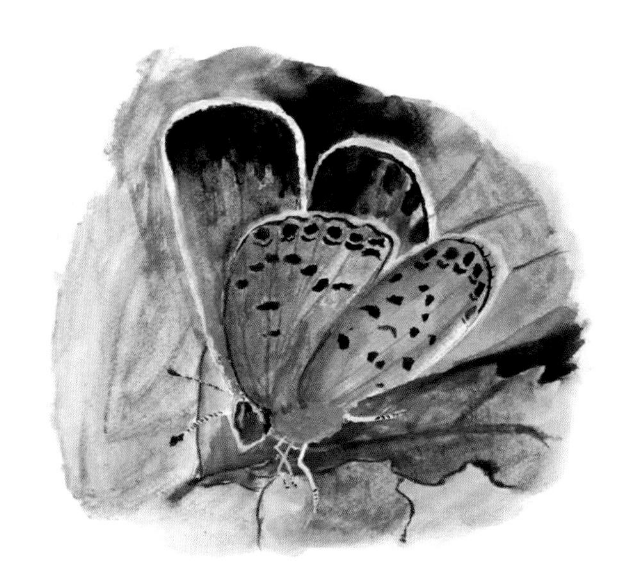

酢浆灰蝶（王涵一，10 岁）

丝带凤蝶（顾函羽，10 岁）

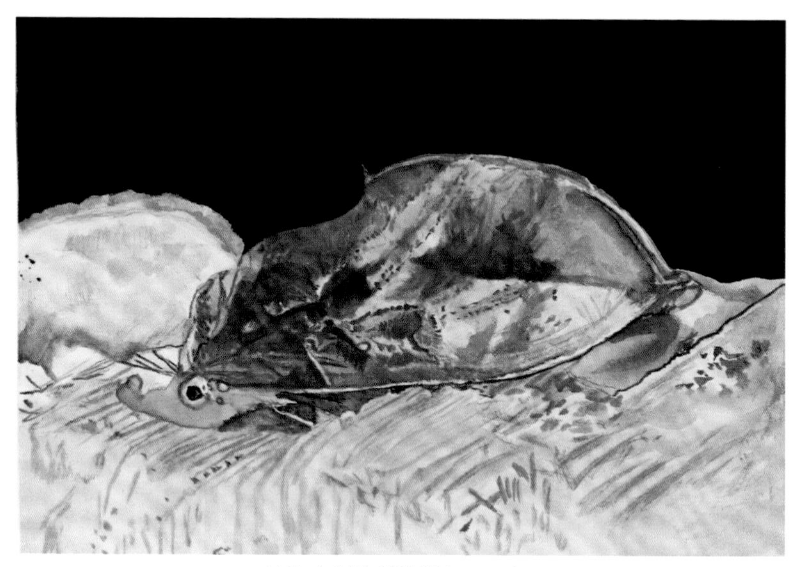

枯艳叶夜蛾（谢盛楠，12 岁）

葡萄天蛾（夏宜阳，13 岁）

鹤顶粉蝶（钟玲娜）

报喜斑粉蝶（钟玲娜）

著蕊尾舟蛾(韩冠莹)

茜草白腰天蛾(蒋偲佳)

彩页袖蝶（毛海燕）

白带钢纹蛱蝶（匡霞）

白斑妩灰蝶（陶菁）

玉带凤蝶（宋晓芹）

青斑蝶（毕海虹）

衣斯袖蝶（朱丽勤）

蓝角粉蝶（吴蓉芬）

枯叶蛱蝶（秦娜）

红翅长标弄蝶（党艳）

怪舟蛾（刘恒慧）

营员证

主题实践活动与科考纪实

利用暑期及节假日举办以蝶蛾科考为特色的实践活动，能让参与者在亲近昆虫、探索自然的过程中，能够学到生态、环境及生命保育的有关知识，培养和锻炼野外实践的综合能力。本篇按参加对象、活动时长、基地资源、达成目标等要素，向您介绍开展普及型体验式活动、主题性夏令营活动和专业性科考类活动的要点。同时，本篇还列举了野趣虫友会会员的科考纪实。

主题实践活动

普及型体验式活动

适宜在城市范围内举办，为期 1 天。参加对象为小学低段年级及幼儿园学生（亲子型），每年 4 ~ 10 月可举办多期，每期参与人数从数十人到上百人不等，地点可选科技馆、自然博物馆、公园、植物园、动物园、昆虫馆、郊野公园等具有蝶蛾教育资源的场所。活动内容包括观看蝶蛾科普影片、参观蝶蛾标本馆、制作简单的蝴蝶工艺品、举行蝶蛾科普知识竞赛、户外标本采集等。因营地的接待条件较成熟、选择余地大、前期准备工作简便、活动经费开支较少，最易举办推广。学校可结合春秋游、暑期社会考察活动等组织开展，也适合一般的亲子家庭。

参观虫趣馆

参观上海昆虫博物馆

主题性夏令营活动

本活动适宜在城市周边地区举办，参加对象为小学中高段年级及以上的蝶蛾爱好者，适合暑假期间举办，每期 2 ~ 5 天为宜，每期人数为 80 ~ 100 人，可举办多期。营地可设在离城市 300 ~ 500 千米、汽车可直达的自然保护区或山地景区（如浙江清凉峰、浙西大峡谷、东天目山、龙门秘境、天子地、乌岩岭、龙王山，江苏洞庭西山、南山竹海、宝华山，安徽九华山、牯牛降，福建武夷山，江西三清山，等等）。活动内容有听取蝶蛾专题讲座、野外观察蝶蛾生态、采集制作蝶蛾标本、撰写蝶蛾考察报告等。举办此类夏令营有利于增强营员对大自然的热爱和崇敬，培养和提高营员野外科考的兴趣和技能。主题性夏令营需做好前期的宣传、动员工作，配备必要的活动器具和昆虫专业辅导力量。此类夏令营活动以组织经验丰富的校外机构实施为宜。

营员采集

营员合影

下面就以由浦东新区青少年活动中心、浦东新区生物学会、《中学科技》杂志社联合主办的以“相约自然·与虫共舞”为主题的“绿色有约”夏令营活动为例，从组织工作的角度阐述主题性夏令营举办的方法和流程。

营员制作

- **建立营部（3月）**

由活动策划者召集有夏令营实践经验和有蝶蛾等昆虫专业知识的教师及学生志愿者共同组建“绿色有约”夏令营营部。营部由领队、指导老师、营长、协调人员和活动顾问等组成，按如下职能分工。

领队：全面负责夏令营工作，包括前期筹备（活动策划、方案制订、宣传招生、人员培训、器材准备）、活动实施、活动总结等。

指导老师：参与前期筹备，负责分队、分组、分室、营员报到、集队整队、住宿餐饮安排、器材收发、采制活动指导、生活指导、安全保卫、医务保健、活动评比等营务工作。

营长：担任考察队长、车长。协助领队和指导老师做好以上营务工作，策划主持开营式、智能大比拼、欢乐才艺秀、结营式等仪式活动。

协调人员：负责报名收费、注册编营、办理保险、财务结算，协调安排车辆、餐饮、住宿、营地等工作。

活动顾问：可聘请昆虫专家担任。

- **策划筹备（4月）**

营部对活动进行策划，包括确定营地、设计线路、落实食宿、安排车辆、踩点考察、制订计划、组织培训、经费预算等。

- **编制《营员手册》（5月）**

为使营员熟知夏令营的行程和内容，让营员在行前做好充分准备，营部需编制出《营员手册》，《营员手册》包含活动行程、营期安排、营员须知、采制指导、蝶蛾鉴赏、优秀营员评选标准、营员日记等内容。

- **营员招生与行前准备（5～6月）**

在本地区学校中招募营员，准备物品，如营旗、营帽、营服、营员证、采集工具、灯诱设备、药品等。

- **营期实施（7月）**

营员报到、开营式、参观标本馆、蝴蝶采集、蛾类灯诱、标本制作、结营式、表彰优秀营员等。

- **活动总结（8月）**

夏令营活动结束后，整理标本，制作活动版面，举办成果展，进行营员考察报告交流、小论文选登、标本展示。邀请新闻媒体做相关报道。

从 2001 年起，“绿色有约”夏令营活动已成功举办了 20 届，共有 9 000 多名营员参加，一大批蝶蛾爱好者从中涌现，已产生了很好的教育效应和社会影响。

专业性科考类活动

适宜在国内外蝶蛾产地举办，参加对象是有一定基础的初中以上蝶蛾爱好者及生物教师，于每年 7 ~ 8 月（国内）或 1 ~ 2 月（国外）举办，每期 6 ~ 10 天为宜，人数为 10 ~ 30 人。营地可选择蝶蛾资源丰富的国家级自然保护区或森林公园（如云南高黎贡山，海南尖峰岭、五指山，广东南岭、荷包岛，广西大瑶山，河南鸡公山，湖北武当山，四川青城山，青海祁连山，陕西太白山，吉林长白山，内蒙古大兴安岭，黑龙江五营国家森林公园，等等）。国家级自然保护区往往建有自然博物馆或昆虫标本陈列室，对营员了解当地的自然生态、蝶蛾资源非常必要，因而选择营地时应当考虑。如有条件，可组队赴南美洲亚马孙、东南亚加里曼丹岛（婆罗洲）、非洲刚果等热带雨林昆虫产区深度考察。活动内容有调查记录蝶蛾种类、分布，采集制作蝶蛾标本，撰写蝶蛾小论文或专题考察报告，举办考察成果展等。举办此类专业性科考类活动对扩大营员的知识面、全面提升野外科考能力、发现和培养昆虫学人才有着独特的意义。因开展时间较长、地点偏远，组织工作难度比较大，前期准备工作量也比较大，投入的人力和物力也相对较大。前期应制定详细的行程计划和科考方案，宜由昆虫专业机构和旅行社联合组织，需配备昆虫学专业指导教师、专家顾问、生态摄影师和医务人员。

科考纪实案例

案例 1

兴安岭寻蝶记

张　宁

又到了“蝶行中国”科考之旅启动的时间，原定目的地是云南怒江高黎贡山，但从云南的蝶友那里打听到，2015 年 8 月怒江流域还处于雨季，其气候条件和交通等因素不利于蝴蝶科考，于是果断放弃。也巧，远在黑龙江佳木斯大学的蝶友罗老师来电说，他刚从大兴安岭漠河地区采蝶回来，收获不小，可为我们提供一些蝴蝶考察信息。早听说东北高寒地区一年中蝶类的发生季非常短暂，仅有 6、7、8 三个月，那里的蝶类以粉蝶、灰蝶、眼蝶最有特色，想必对我的蝴蝶收藏是一个很好的补充。于是不再犹豫，决定去东北兴安岭！

今年的科考活动多了 3 名学生队员：戚致远，华东康桥国际学校初二学生，从小爱好蝴蝶，擅长蝴蝶标本的采集与制作，曾涉足海南、广东、云南等蝴蝶产地，是上海小有名气的蝴蝶迷；杨行健，上海市进才实验中学初一学生，酷爱户外运动，是昆虫夏令营活动的老营员，在野外练就了一套洞察蝴蝶生境的本领；黄申祥，上海市实验学校初二学生，善于蝴蝶的养殖和虫态研究，曾在马来西亚热带雨林深度考察蝴蝶多样性。2015 年 3 月三人还一同跟随我去宝华山进行过中华虎凤蝶的生境调查和保育研究。

8 月 9 日，“蝶行中国”科考之旅一行 16 人搭乘上海飞往哈尔滨的航班，开始了为期 13 天的兴安岭寻蝶之旅：从哈尔滨包车一路向西，沿绥满高速经齐齐哈尔到内蒙古海拉尔，再沿 201 省道往北经额尔古纳到室韦，向东穿越莫尔道嘎林区到根河，往北经满归进入黑龙江漠河抵北极村，沿 209 省道向东经十八站、呼玛到黑河，往南沿吉黑高速到五大连池，向东沿前嫩高速到伊春，最后沿鹤哈高速回哈尔滨，前后穿越了大小兴安岭腹地，总行程 4 100 千米。额尔古纳湿地、北极村、五营国家森林公园是本次寻蝶之旅的“重头戏”，也是这次“南北蝶类资源差异调查”课题预设的重点区域。

额尔古纳湿地——巧遇红珠绢蝶

额尔古纳，位于呼伦贝尔大草原北端，是内蒙古自治区纬度最高的县级市，离城区仅 3 千米的额尔古纳湿地海拔 700 米，物种丰富，野生维管植物有 67 科 227 属 404 种，有兴安落叶松、樟子松、白桦、黑桦、山杨等多种树木，是中国目前保持原始状态最完好、面积最大的湿地，被誉为“亚洲第一湿地”。8 月的额尔古纳，波斯菊、紫菀、鼠曲草、翠雀、飞廉花盛开山间，完善的湿地生态为蝴蝶提供了良好生存环境。8 月 11 日中午，烈日高照，为探寻蝴蝶的身影，我们宁愿放弃代步的景区观光车，沿着 5 千米长的景区公路徒步向额尔古纳湿地观景台前进。穿过一片白桦林，步入山坡草甸，在栈道山坡两旁顿见菜粉蝶和云粉蝶集群追逐飞舞；钩粉蝶在阳光透射下微微扇动双翅，风姿绰约；突角小粉蝶则一头扎进花蕊中尽情吸蜜，全然不顾我们这些外来者的“闯入”；而豆粉蝶则抓住茅草秆避光休息。2 个多小时，已观察到粉蝶 10 多种。在我们下山的途中，只听到戚致远边跑边大叫起来：“红珠绢蝶！”话音刚落，一只刚羽化不久的红珠绢蝶瞬间摄入了他的镜头。眼前的这只红珠绢蝶，身体外密被鳞毛，翅薄呈半透明，后翅的红色斑艳丽夺目。绢蝶，仅见于我国高海拔或高纬度地区，成虫发生期极短，是蝴蝶收藏爱好者的钟爱。去年笔者在青海阿尼玛卿雪山海拔

4 700 米处曾记录拍摄到红珠绢蝶的生境，而这次我们在内蒙古大兴安岭西北麓的额尔古纳湿地竟然再次遇上了红珠绢蝶，真是有缘啊！

北极村——灰蝶的乐园

北极村，位于大兴安岭山脉北麓的七星山脚下，是中国地理最北的行政村，民风淳朴，静谧清新，乡土气息浓郁，植被和生态环境保存完好，烟波浩渺的黑龙江从村边流过，对岸是俄罗斯阿穆尔州的伊格那思依诺村。8 月 15 日，雨后的北极村天空逐渐放晴，气温 23℃，微风，是摄蝶和采蝶难得的好天气。听罗老师介绍，北极村的灰蝶种类丰富，每年不断有新记录种发现。午后，我们来到位于村北“中国北极点”附近的大草地，开始寻觅期待已久的灰蝶。灰蝶，最小型的蝶类，喜爱在阳光下活动，翅正面常呈红、橙、蓝、绿、紫、翠、古铜等颜色，颜色纯正而有光泽，非常适合生态拍摄，多数灰蝶种类的分布都具有很强的地域性，对周围环境的变化敏感，常被作为生态环境监测的一项重要指标。因灰蝶翅面轻薄、鳞片细小，采集后极易破损，不易保存和制作标本，因此野外采集时要特别注意挥网的力度。步入野花星星点点的草地中央，各种灰蝶自由活跃地窜来窜去，蓝灰蝶选择在苜蓿、紫云英等豆科植物上停息，身体不停地打转，舞姿优美；不远处，一只雌性的红珠灰蝶正静卧在隐蔽的场所产卵；体型稍大的艳灰蝶展开它亮丽闪光的翠绿前翅吸引着异性的到来。一个下午，琉璃灰蝶、红灰蝶、貉灰蝶、多眼灰蝶、大斑霾灰蝶等都进入了我们的视线。

五营国家森林公园——眼蝶和蛱蝶齐登场

五营国家森林公园位于黑龙江小兴安岭中腹部，是“中国林都”伊春的主要旅游区，古树参天，林海茫茫，森林覆盖率高达 82.2%，美丽的原始红松林自然景观享誉海内外。在这里，蝴蝶多样性相当明显，尤以眼蝶和蛱蝶为优势。眼蝶，多属小型至中型的蝶种，常以灰褐、黑褐色为基调，翅上常有较醒目的外横列眼状斑或圆斑，喜林缘或林间阴暗处活动。蛱蝶，是蝶类中种类最多的一科，属小型至中型的蝶种，色彩丰富，形态各异，花纹复杂，身体健壮，飞行迅速，行动敏捷。8 月

19日，依然是一个好天，上午8时我们刚进入五营国家森林公园，便看到路边松林旁的眼蝶异常活跃，轮番上演精彩“好戏”：一只暗红眼蝶迎面而来，盘旋了几圈，停在了杨行健的食指尖，居然还吸起了他手上的汗液；没过多久，一只不知从哪儿冒出的宁眼蝶友好地“亲吻”了黄申祥的脸，我的镜头当然不会错过这些送上门的“模特儿”了。下午，在一片飞廉花田里，我们见到了最艳丽的孔雀蛱蝶，它可是兴安岭地区的“花仙子”，翅表橙色，上、下翅各有一个大眼纹，异常醒目。但孔雀蛱蝶是鸟类最爱吃的一种美味，为对付鸟类，它们先一动不动地装死，然后把带有眼状斑纹的翅膀突然展开，把捕食鸟吓退，保住自己的性命。在五营国家森林公园里，最常见的蝴蝶是绿豹蛱蝶、朱蛱蝶和珍蛱蝶，它们总是三三两两笨拙地扬动翅膀，在灌木林中追逐嬉戏。幸运的是，在快离开五营国家森林公园时还见到了兴安岭地区最大的蝶种——绿带翠凤蝶，在阳光下飞行时其后翅鲜艳的金绿色鳞片熠熠生辉，非常优美。

案例2

荷包岛观蝶

张　宁

一个总面积仅13平方千米的海岛却拥有164种蝴蝶，难得一见的国家重点保护动物——金裳凤蝶在这里却司空见惯，每年12月起成千上万的斑蝶在这里集聚过冬……这里并不是闻名遐迩的台湾“蝴蝶谷”，而是位于广东省珠海市西南黄茅海与太平洋交界的荷包岛。最先发现这个蝴蝶天堂并将它介绍给世人的是广东省昆虫学会昆虫摄影专业工作组组长、号称“珠海蝶痴”的陈敢清，摄影专业的他从1999年至今，一直用镜头记录荷包岛的蝴蝶“家族”，《大自然的舞姬——珠海蝴蝶诗文摄影集》即是他扎根海岛15载的倾心之作。出于笔者20多年有志于中国蝴蝶资源考察研究，2010年6月的一天，我有幸跟随陈敢清老师第

一次踏上了荷包岛，开启了我的荷包岛观蝶之旅。

从珠海高栏港乘船半小时即可登上荷包岛码头，再转乘岛内巴士，10 多分钟便抵达大南湾天然海滨浴场。放眼望去，足有 5 千米的“十里银滩”在蓝天的映衬下蜿蜒天际，大南山茂密的亚热带原始次生丛林层层叠叠，山间野花盛开、野藤蔓爬、野果斗艳，山泉小溪漫布，这样的生态环境无愧是蝴蝶理想的繁殖栖息之地。还没等我欣赏够大南湾的美景，一只巴掌大的雌性金裳凤蝶便扑面而来，转眼飞向海芒果花上吸蜜去了，阳光穿透它的翅膀，洒下金色的光芒，耀眼炫目。抬头仔细一看，一棵七八米高的海芒果树上竟有 20 多只金裳凤蝶扑动四翅在忙碌吸蜜，如集体聚餐一般热闹非凡；而在不远处，几只螯蛱蝶和凤尾蛱蝶正尽兴吸食掉落在地上的野菠萝果汁，即便我们靠近拍摄“骚扰”，它们也全然不顾。

陈老师说，在荷包岛要见到更多的蝴蝶还得去“蝴蝶谷”。踩着柔软细腻的银白色沙滩前行半个小时，一条小路将我们引进了大南湾和大树湾之间南北走向的神秘“蝴蝶谷”。刚进“蝴蝶谷”，以红、黄、白为主色的迁粉蝶、橙粉蝶、报喜斑粉蝶就不停在路边穿梭“迎客”，蓝色的小灰蝶则贴着地面跳跃前行“引路”。穿过一片遮天蔽日的灌木林，来

到了半山间的一个向阳开阔地，不经意间，视野中的蝴蝶便多了起来，只见数以百计的蝴蝶在绿色的“舞台”上轮番出场，表演着有形无声的舞蹈：玉斑凤蝶、玉带凤蝶、统帅青凤蝶在灌木深处相伴追随缠绵；幻紫斑蛱蝶停在树梢上微微张闭着闪紫光的翅膀，姿态曼妙；巴黎翠凤蝶和鹤顶粉蝶挥动大翅，时而停息片刻，时而快速掠过；“蝶王”金裳凤蝶在最高处盘旋飞舞……继续前行，溪边灌木林间，可见灰褐色的串珠环蝶和暮眼蝶集群在地面吸食腐叶，中环蛱蝶则在泉边岩石上专注吸水。爬到“蝴蝶谷”的终点，野菊花开满山脊，随处可见青斑蝶、虎斑蝶、拟旖斑蝶、蓝点紫斑蝶在阳光下倒挂吸蜜或追逐嬉戏，好一派蝴蝶乐园的美景。

陈老师介绍说：“荷包岛上已发现野生蝴蝶 9 科 91 属 164 种，有 60 多种中国名贵观赏蝴蝶，占全中国 60% 以上，无论蝴蝶品种、数量，与台湾‘蝴蝶谷’相比都毫不逊色。”

出乎意料的是，蝴蝶谷最“可观”的季节竟然不是夏天，而是冬天。每年 12 月起，珠海地区以及更广阔的珠三角地区的幻紫斑蝶、蓝点紫斑蝶、青斑蝶等飞越了波涛汹涌的大海来到这里。和其他蝴蝶不同，这些越冬蝴蝶能够抵御荷包岛冬季 5℃左右的低温。在寒冷的季节里，它们会为自己寻找一处避风的山谷，然后一动不动地趴在树枝上“熬”过整个冬天。气温下降时，它们会紧紧收拢翅膀，让自身的活动和消耗减到最少。而在太阳高照时，它们的翅膀又会稍微张开，身上的鳞片也会自动平铺在体表，以充分享受日光、汲取能量，停驻在枝头数月之久的美丽“叶子”，会扑扇着翅膀，翩翩起飞。2006 年，由陈敢清拍摄的荷包岛千蝶越冬奇观作品《花非花》获全国昆虫摄影大赛二等奖，发表于

《人与自然》杂志，震撼了全国昆虫界。

从此，每年我都会从上海飞抵珠海，登上这座美丽的蝴蝶岛，去寻蝶、观蝶、摄蝶、研蝶。与蝶共舞，不亦乐乎。

案例 3

牯牛降科考有感

魏宇宸

2019 年 5 月 1 日至 4 日，在被称为“华东最后的原始森林”的安徽石台牯牛降，我完成了第一次昆虫科考之旅，印象非常深刻。

第一天，当我们刚进入景区不久，头顶时不时有蝴蝶一掠而过。在一棵开着白花并有植物缠绕的树冠上，就能看到好多忙着吸花蜜的凤蝶，有穹翠凤蝶、碧凤蝶、蓝凤蝶、青凤蝶等。通过不断的观察，我摸索出了经验：山林的凤蝶、粉蝶好像更喜欢在阳光明媚的开阔地活动，只要有蜜源植物，凤蝶、粉蝶自然就会来吸蜜；而眼蝶、弄蝶则喜欢在林间或林缘活动；有些蛱蝶更青睐溪流石滩。下山途中我采集到了在溪边石块上休息的二尾蛱蝶，还真是兴奋了一阵子。

在牯牛降双龙谷，我还有幸发现了琉璃蛱蝶的蛹，它悬挂在枝条上，开始我还担心它是否会掉下来，后来经过仔细观察，发现蛹的末端和枝条粘连得非常结实。看它一动不动，我不知道它是不是还活着，于是试着用手去碰了碰它，结果它竟然左右摆动起来，而且幅度

还挺大。蛹居然也会跳舞，太神奇了！

这个季节，在牯牛降能见到最多的蝴蝶就是苎麻珍蝶了，橘黄色的身影不时飘到眼前。在路边的苎麻上我居然还发现了苎麻珍蝶幼虫，我打算采几条带回家去饲养，好好观察，看它羽化，有可能还可以完成一幅自然笔记作品呢！

经过几天的考察，我观察到的蝴蝶还有红珠凤蝶、稻眉眼蝶、白斑眼蝶、蒙链荫眼蝶、矍眼蝶、二尾蛱蝶、素饰蛱蝶、玉杵带蛱蝶、中环蛱蝶、朴喙蝶、波蚬蝶、大紫琉璃灰蝶等。第三天在村子里，虫友妈妈还发现了罕见的冷灰蝶。

白天是蝴蝶的世界，而夜晚则是蛾子的舞台。到了晚上九点，当我看到用于灯诱的白布上密密麻麻地布满了乌闪网苔蛾时，确实吃了一惊。蛾子种类实在太丰富啦，有葡萄天蛾、金星尺蛾、人面蛾、灯蛾等，甚至还看到了长尾大蚕蛾、枯叶蛾，还有很多我叫不出名字的蛾。由于灯下的蛾子异常活跃，我凑近看时甚至有几只个头小的还飞进了我嘴里，看来以后灯诱时需要武装一下才行。

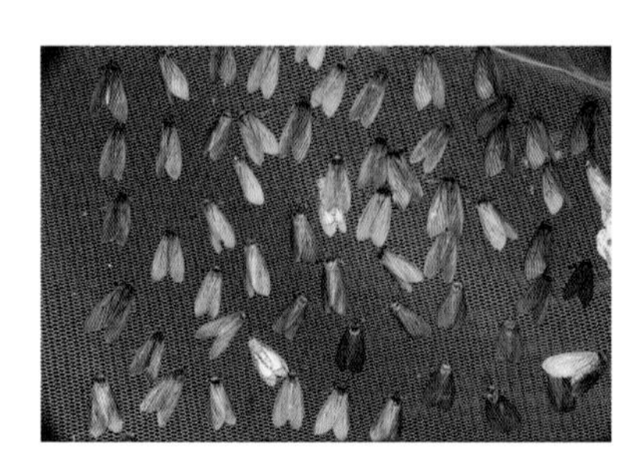

大自然是最好的老师！牯牛降之行真是不虚此行！

案例 4

凤凰古城寻蝶记

刘喆宇　刘丰宁　刘　超

凤凰古城位于湖南省湘西土家族苗族自治州的西南部，总面积约10平方千米。城区四周地形以低山、高丘为主，兼有岗地及部分河谷平地，海拔在500米以下，属于亚热带季风湿润性气候。沱江贯穿古城，而在古城的南侧有南华山国家森林公园，公园里有丰富的动植物资源。

10月初的凤凰古城，天气还有些炎热。作为蝴蝶爱好者，我们父子决定以南华山国家森林公园为目的地，徒步行进，寻访蝴蝶。

怀揣未知的寻访期待，早上十点，我们准备妥当后就迫不及待地从酒店出发了。出酒店，右手一转就可看到美丽的沱江，此处的江面并不宽，在50米左右，可能是枯水期的原因，沱江水面平静。刚走到岸边，还没登上石墩，我们就有发现，在岸边的柳树下，一处茂盛的水草上飞舞着两只蝴蝶——黄钩蛱蝶和斐豹蛱蝶。穿过沱江，到达南岸，转上047县道，沿着县道往南直走就可以到达南华山森林公园了。县道两边是连绵的山丘，在路边坐落着数处楼房，灰尘随着穿行的汽车四处飞扬。转过一道弯，一只漂亮的玉斑凤蝶从我们头顶飞过，顺着玉斑凤蝶飞舞的轨迹，我们看到马路对面一处茂密的植物群落上出现了更多的蝶影。原来这是一丛沿着路边生长的醉鱼草，虽然已是10月，醉鱼草叶片已有些变黄，但花儿却在连绵盛开，紫色的小花聚成一簇簇花团。这

些醉鱼草花似乎充满着不可抗拒的魅力，吸引蝴蝶们从公路两侧的山林间飞来造访。数量众多的柑橘凤蝶和虎斑蝶随处可见，它们或是独自醉情于花朵间采食，或是互相上下缠飞，追逐嬉戏。在 3 个小时的观察时间里，我们记录到了柑橘凤蝶、玉带凤蝶、青凤蝶、美凤蝶、玉斑凤蝶、美眼蛱蝶、黄钩蛱蝶、斐豹蛱蝶、幻紫斑蛱蝶、小环蛱蝶、虎斑蝶、菜粉蝶、东亚豆粉蝶，同时我们还发现了日行性蜂鸟蛾也在醉鱼草花间忙碌地采着花蜜。

凤凰古城是一个历史文化名城，周边自然生态环境保持良好，特别是南华山国家森林公园植物资源丰富，据查植物种类多达 300 多种。即使是进入 10 月，凤凰古城周边的蝴蝶活动还是非常活跃，并且数量和种类都不少。

案例 5

离岛和斑珍蝶

许新博

2019 年 2 月我们告别了寒冷的上海，跟随着野趣虫友科考营的脚步来到了位于南半球的印度尼西亚巴厘岛西部国家公园，准备开启一次期待已久的寻蝶之旅。

2 月 13 日，晴天，气温 35℃。我们乘着快艇到达了目的地——离岛。这是一座人迹罕至的小岛，不被外界打扰，除了日常巡视的护林员，常住“居民”更多的是小鸟和昆虫。

在小岛腹地的一个缓坡上，我被一只只橘褐色的蝴蝶吸引住了，它们体态娇小，在低矮的花草间翩翩飞舞。我不禁停下来静静地观察：这些小精灵们的形态和苎麻珍蝶很相似，不过更加纤细些。后来通过查文献知道原来它的中文名叫作斑珍蝶，在我国海南岛也有分布。斑珍蝶的长相非常漂亮，前后翅呈橘褐色，并散落着黑色的斑点；在翅膀的外缘都镶有一圈精致的黑边，前翅的黑边很细巧，后翅的黑边很宽而且还点缀了一圈淡褐色的圆点。同时，斑珍蝶黑色的头部和胸部处都散落着白色的小点点，更加可爱的是它居然还长着亮黄色的喙，再加上一对棒槌状触角，就像一位正在吃香蕉的花间仙子。

我忍不住去惊扰了一下停息中的斑珍蝶，它立即显出很不高兴的样子，扇了扇翅膀，以忽高忽低的姿态悠闲地飞走了，样子有些憨态可掬。斑珍蝶的从容不迫其实是飞行能力弱的一种表现，这也和它自身结构有关：翅膀小而单薄，翅基不够发达，胸腹部纤弱。这些都很大程度上限制了斑珍蝶飞行时的高度、速度和灵活性。当然它的笨拙也有可能是缺少人类的惊扰……

虽然之后的旅程我们获得了很丰富的考察成果，但我却只对离岛和岛上的斑珍蝶留下了深刻的印象。因为在后面几天的旅途中我在其他地方再也没有发现过斑珍蝶的踪迹。

为什么除了离岛有斑珍蝶分布，在其他岛屿就不能看到它们呢？按理说，在巴厘岛这块地方，到处都有蝴蝶的寄主植物和蜜源植物，所以我猜想是不是飞行能力较弱的斑珍蝶更容易受到人类活动的影响？如果真是这样，那么我们又该如何去保护斑珍蝶呢？

案例 6

泰国清迈素贴山蝶蛾科考记

郝译晨

素贴山，位于泰国清迈市西郊，经度与我国云南保山相近，纬度与我国海南尖峰岭相近，海拔 1 667 米，具有东南亚热带雨林气候特点，生态环境优美，自然风光秀丽，为泰北著名的避暑胜地。2019 年 7 月，我作为野趣虫友科考营的一员来到素贴山，对这里的蝶蛾多样性进行调查研究。

素贴山真是蝶蛾的天堂。白天我们在营部老师的带领下，兵分几路，穿梭于素贴山热带丛林、乡村小道，顶烈日战高温，短短的四天，我们观察记录到了金裳凤蝶、达摩凤蝶、玉带凤蝶、燕凤蝶、报喜斑粉蝶、鹤顶粉蝶、青粉蝶、绢斑蝶、翠袖锯眼蝶、小豹律蛱蝶、蛇眼蛱蝶、幻紫斑蛱蝶、枯叶蛱蝶、珍灰蝶等 70 多种形态各异、姿态万千的热带蝶类，真是美不胜收，令人兴奋不已。

晚上的灯诱活动令我大开眼界，我们入住的民宿四面环山，并且四周都很宽阔，特别有利于蛾类灯诱，450 瓦高压汞灯能把四面八方的蛾子吸引过来。张老师分别在我们住的民宿五楼顶楼和底楼设了两个灯诱点进行比较。尽管是在同一个地方，但由于高度不一样，差异也很大。顶楼的灯诱点蛾类种类繁多，我见识到了鬼脸天蛾、芒果天蛾、葡萄天蛾、鹰翅天蛾、背线天蛾、闭目天蛾、白腰天蛾、斜绿天蛾、斜线天蛾等 23 种天蛾以及各种尺蛾、灯蛾、夜蛾、舟蛾、枯叶蛾，等等。相比之下，底楼灯诱点的蛾类却很少，并且出现了一个奇怪的现象，被灯光吸引来的一些蛾类被树上的白蚁群捕获，成了它们的囊中之物。

这次除了采集、拍摄、制作、灯诱活动以外，我也第一次开始尝试做小课题研究。回来后，我将这次素贴山灯诱来的天蛾种类进行了鉴定整理，撰写完成了《泰国清迈与我国海南岛天蛾科物种对比研究报告》，获得第 35 届上海市青少年科技创新大赛二等奖，真可谓收获满满。

课题研究

蝶蛾是一个没有被人类完全认识的生物类群，蕴含了巨大的自然、仿生、人文和艺术等价值，因此有必要对此开展相关的课题研究。本篇从蝶蛾选题、确定研究方法、撰写小论文和小课题参考等方面对怎样开展蝶蛾课题研究做介绍，并选用了历年在上海市青少年科技创新大赛和青少年生态文明探究小论文评选活动中获奖的蝶蛾研究课题论文作为案例。

怎样开展蝶蛾课题研究

选择课题

选择研究课题要遵循“实用性”“可行性”和“创造性”原则。实用性就是选择的课题要在生产、生活或科学上有一定的实用价值，即研究成果有可能进行移植应用和推广服务。可行性就是选择的课题要从自然现状和实际生活出发，要从我们掌握的蝶蛾知识基础、现有的实验条件和经费条件来确定课题，经过努力可以达到目标。创造性就是选择的课题有新的设想，在已有研究的基础和方法上有所创新，而不是简单地重复别人已经做过的研究。蝶蛾研究选择课题时宜“小”而“巧”，切忌“大”而“全”。

确定研究方法

课题确定后，就要选用恰当的研究方法来完成课题。蝶蛾研究方法主要有调查法、观察法和实验法 3 种。

- **调查法**

在一个时期内记录某一地区的蝶蛾在种类、数量、发生时间及与植物环境等相关性方面的数据，从而分析其生物多样性特点与世代发生的规律。如下文中案例 1“上海蝶类资源区域分布研究”、案例 2“上海康桥生态园蝶类资源调查（初探）”、案例 3“上海市浦东 S20 环城绿带蛾类资源调查分析”，这些调查结果有可能被当地相关部门采纳，发挥出一定的社会效益和经济效益。这种研究方法一般不需要复杂的仪器和设备，学校和个人都可以进行，但调查人需要对蝶蛾的鉴定有扎实的功底，并且要坚持每周一次的频次，以一年为调查周期。蝶蛾调查可选用以下“调查表”进行记录。

蝶蛾调查记录表（记录人：　　　）

一、日期：____年____月____日（周____），____：____~____：____

二、形式：教学（　）/ 参营（　）/ 自发（　）

二、天气：晴天（　）/ 多云（　）/ 阴天（　）/ 雨天（　）；当时气温____℃；相对湿度____%；风力____级；体感______

三、地标：____________________；海拔高度______米；邻近____

四、区域：山地（　）/ 公园（　）/ 农田（　）苗圃（　）/ 郊外（　）/ 小区（　）/ 学校（　）；优势植物______________________

五、记录

序号	种名	科目	虫态（卵、幼虫、蛹、成虫）	生境（寄主 / 蜜源、乔木林 / 灌木林 / 草地 / 河池）	发生量（偶见、少见、多见）	记录方式（采集、拍摄、笔记、目击）	备注
1							
2							
3							

- **观察法**

针对某种蝶蛾的生活习性和生长发育进行深入细致的观察，以了解其规律性。在研究过程中，被观察的对象要有一定的数量（注意进行重复的观察），以便得出的结论具有普遍性和代表性。在观察的同时，如能注意采集、制作出生活史标本，则效果更好，如下文中案例 4“上海地区华东黑纹粉蝶生物学特性的初步研究”、案例 5

“由丝带凤蝶与红珠凤蝶的饲养和习性观察比较引发的思考”、案例6“小区及周边碧凤蝶和玉带凤蝶数量对比及其原因初探”。

- **实验法**

调查法和观察法一般都在不改变生物的环境条件下进行的，而实验法则是人工改变蝶蛾生活环境中的某个因素（如食物、温度、湿度、光照等），观察其对蝶蛾所产生的影响，找出其规律性。实验法还包括对标本采集、制作、保存中的器材及方法进行改进的实验研究。如下文中案例7“过冬蛹的人工羽化实验”。

蝶蛾小课题

蝶蛾小课题参考

类别	课题参考	研究提示	时段	对象
资源调查类	××地区蝶类（蛾类）资源调查研究	调查范围可选校园、小区、绿地、公园、农田、滩涂、山区等。采用网捕采集、灯诱采集、生态观察、生态拍摄等方法，选多点调查区域内蝴蝶（蛾）种类、数量、发生和分布情况	全年	小组
	××蝶（蛾）在××地区的发生规律及防治	选菜粉蝶、玉带凤蝶、稻弄蝶、锦斑蛾、雪尾尺蛾、绿刺蛾、绿尾大蚕蛾、人纹污灯蛾、白薯天蛾、豆天蛾、光裳夜蛾、苹掌舟蛾等农林园林害虫。跟踪记录观察其生活史、世代、发生量等，为预测预报和有效防治提供参考	全年	小组
习性观察类	××蝶（蛾）一生的观察	选本地常见的蝶（蛾）种，采用野外观察与人工饲养相结合的方法观察记录其整个世代	3个月	个人
	××蝶（成虫）访花习性的观察	观察蝶种和蜜源植物的关系（记录、拍摄）	随机	个人

（续表）

类别	课题参考	研究提示	时段	对象
习性观察类	常见蝶（蛾）寄主植物研究	观察3~5种蝶（蛾）幼虫的生境（记录、拍摄）	全年	小组
	蝶（蛾）幼虫取食习性研究	选3~5种蝶（蛾），在人工条件下观察幼虫各龄期的取食量	1~2个月	小组
	蝶（蛾）鳞片色彩比较研究	高倍显微镜下拍摄蝶（蛾）鳞片的形态与分布规律，整理出色谱	随机	个人
对比实验类	各种因素对蝶（蛾）活动的影响研究	通过控制温度、湿度、食物、光照等实验因素，在野外观察与人为改变环境条件下进行比较	随机	个人
	蝶蛾（成虫）器官对活动的作用	通过对完整蝴蝶成虫器官的处理，对观察状态与常态进行比较	随机	小组
	蝴蝶人工饲养与观光技术	选2~3种本市常见观赏蝶种，在人工条件下进行全虫态饲养	全年	小组
方法技术类	蝶（蛾）标本制作工艺的改进研究	采用展翅、贴翅、封埋等方法，通过工艺改进，将蝶（蛾）标本制作流程进行简化	随机	个人
	捕蝶工具的改进与使用	对传统捕蝶工具进行改进，体现轻巧、方便、实用（制作实物演示）	随机	个人
	蝴蝶标本的保存与展示方法	通过有效的方法找到蝴蝶标本防霉、防蛀、防压、便于携带等保存与展示的方法	随机	个人
	中国蝴蝶文化探究	收集整理我国历代蝴蝶诗歌、戏曲、绘画、民间传说等资料，分析其历史渊源及文化内涵	随机	个人

撰写“小论文”

“小论文”是课题研究成果的重要表达方式，包括以下内容。

- **题目**

小论文的题目要求简洁、明了、新颖，能吸引读者，体现研究对象、范围、方法等要素。

- **摘要**

在文章的开头，即本研究的概括，说明研究目的、方法、结果和成效。

- **引言或课题由来**

说明进行该项研究的目的、作者是怎样想到要开展这方面研究工作的等。

- **研究方法**

要写清楚研究对象、实验材料、材料来源、研究进度、研究方法以及所用的仪器设备等。

- **结果与讨论**

结果是论文的论据部分，如有可能则最好用数据的形式表示，整理成表格；如能进一步画成曲线图，则更加形象，有说服力。讨论是论文的论证和论点部分，是在分析所得到的数据后得出的科学结论，也就是论点，并在理论上加以说明。

- **收获和体会**

通过研究对自己在各方面的帮助和提高，谈谈该研究的不足之处等。

- **参考文献**

即注明本研究中所参阅的相关资料、书籍等。

经典研究案例

案例 1

上海蝶类资源区域分布研究

邱语桐　余楚为　刘皓月

【摘要】2020 年 1 月至 10 月，调查和研究人员在上海 16 个行政区的 248 个调查点，通过拍摄蝴蝶生态照和采集制作蝴蝶标本的方法，共采集样本 2 164 个，采集到上海常见蝴蝶 45 种、上海非常见蝴蝶 6 种和新记录蝴蝶 1 种。确定上海至少存在 52 种蝴蝶（凤蝶 11 种、蛱蝶 20 种、粉蝶 7 种、灰蝶 9 种和弄蝶 5 种），若采用相对多度的统计分类法，所采集的 52 种蝴蝶可分为常见种 20 种、稀有种 32 种，基本查清了上海市的蝴蝶区域分布特点。

【关键词】上海　蝶类资源　区域分布

1　课题由来和目的

上海是高度人工化的地区，人口稠密，调查蝴蝶种群数量、种类及区域分布特点可以从侧面反映上海市环境保护的现状。课题组决定全面调查上海地区蝴蝶发生的种类、数量、时间和空间分布特点，基本查清上海市 16 个行政区蝶类资源的区域分布，为今后进一步研究上海蝶类资源进行前期调查，并为蝴蝶爱好者研究上海地区蝴蝶提供参考。

2　材料和方法

来自上海市浦东新区小学和初中的 31 名中小学生，2020 年 1 月至 10 月，在上海 16 个行政区，调查蝶类发生情况，包括鉴定、时间、地点、数量、天气等。

通过现场拍摄蝴蝶生态照片、采集蝴蝶活体制作标本、查阅参考书籍等方法进行研究。调查工具有相机和手机，采集器材有捕虫网（杆长190cm，网径40cm）、三角包、储存盒、镊子等。

3 研究结果

3.1 蝶科统计分析

经过10个月的调查，在上海市的16个行政区，共发现五大科52种共计2 164只蝴蝶。样本分科按时间分布统计如表1。

表1 样本分科按月统计表

蝶科	1月	2月	3月	4月	5月	6月	7月	8月	9月	10月	合计	占比
粉蝶科	1	3	93	113	102	83	57	57	30	37	576	26.62%
凤蝶科			3	54	43	33	55	99	73	51	411	18.99%
灰蝶科			25	74	53	65	80	102	76	47	522	24.12%
蛱蝶科		8	11	27	73	53	85	147	96	83	583	26.94%
弄蝶科				1	3	1	16	6	25	20	72	3.33%
合计	1	11	132	269	274	235	293	411	300	238	2 164	100.00%

蛱蝶种类和数量最多，弄蝶种类和数量最少。凤蝶科共11种，其中9种为上海常见蝴蝶，达摩凤蝶为上海非常见蝴蝶，木兰青凤蝶为新记录蝶种。粉蝶科是五大科种唯一从1月至10月都出现的蝶科。弄蝶科的5种中4种属于上海常见蝴蝶，而黎氏刺胫弄蝶属于上海非常见蝴蝶。

3.2 相对多度计算分析

以相对多度（relative density，*RD*）表示蝶类优势度、常见种及稀有种：

$$RD = \frac{n_i}{N} \times 100\%$$

其中N为所有种个体总数，n_i为第i种个体数量，相对多度大于等于10%为优势种，1%～10%为常见种，1%以下为稀有种。

3.3 时间分布分析

粉蝶科的蝴蝶 4 月最活跃，凤蝶科、灰蝶科、蛱蝶科的蝴蝶 8 月最活跃，而弄蝶科的蝴蝶则是在 9 月最活跃。

3.4 区域分布分析

本次研究区域采样覆盖上海全部 16 个行政区，各区采集的蝴蝶样本数量按月统计如下表 2。

表 2 各区蝴蝶样本数每月统计表

城区	1 月	2 月	3 月	4 月	5 月	6 月	7 月	8 月	9 月	10 月	样本数合计	占比	蝴蝶种数
浦东新区	1	11	104	152	155	152	139	187	115	87	1 103	50.97%	43
闵行			10	30	72	37	36	59	85	49	378	17.47%	28
崇明			11	30	13		5	80			139	6.42%	26
松江			3	12	19	8	38	24			104	4.81%	27
奉贤				9		6	6	12	13	52	98	4.53%	26
杨浦				3		14	19	23		32	91	4.21%	22
金山			4	15	6	8	16		4	9	62	2.87%	22
青浦				7	1				41	1	50	2.31%	17
嘉定				5	2		26		11	1	45	2.08%	15
宝山						2		15	7		24	1.11%	13
徐汇				2	2			1	8	2	15	0.69%	8
长宁									15		15	0.69%	8
虹口						5	2			5	12	0.55%	4
普陀				4	4	3	1				12	0.55%	6
黄浦								10			10	0.46%	8
静安							5		1		6	0.28%	6
合计	1	11	132	269	274	235	293	411	300	151	2 164	100.00%	52

酢浆灰蝶在 16 个区均采集到样本，在超过 10 个区均有分布的蝴蝶有 11 种，而有 17 种蝴蝶仅在 1 个区采集到样本。

本次研究在浦东新区采集的蝴蝶样本和种类最多，共计 43 种蝴蝶 1 103 个样本。长宁、徐汇、虹口、普陀、黄浦、静安等中心城区发现的种类和数量较少。静安区采集的样本数最少仅为 6 种 6 个；虹口区采集的种类最少，仅 4 种 12 个。

4 结论

经过年度调查，基本查清了上海地区出现的蝴蝶种类。对照《上海蝴蝶》（2018 陈志兵等）一书，如果采用相对多度的统计分类法，所采集的 52 种蝴蝶可分为常见种 20 种，稀有种 32 种。

上海蝴蝶的区域分布严重不平衡，表现在各区蝴蝶数量分布严重不平衡和各区蝴蝶种类分布严重不平衡。不同种类的蝴蝶出现的时间存在较大差异。大部分蝴蝶一年发生几代，8 个月中都有发现，也有个别蝴蝶一年只发生一代。

5 参考文献（略）

课题点评

据《上海蝴蝶》文献介绍，上海历史上累计记录蝴蝶 144 种。在上海野趣虫友会策划组织下，百余名中小学生及家长的共同参与下，课题组 3 名六、七年级中学生历时 10 个月，通过户外拍摄生态照和采集活体制作标本的方法，确定了上海目前确实存在五大科 52 种蝴蝶，并发现了一种新记录蝴蝶，创造了上海蝴蝶资源研究的新纪录，基本查清了上海蝶类资源区域分布的特点，具有重要的生物多样性的意义。希望更多的昆虫爱好者，继续全面调查研究上海蝶类资源的区域分布特点、变化规律以及蝴蝶分布与环境之间的关系，为保护城市生物多样性作出贡献。

（点评人：邱学刚）

（本课题荣获第 36 届上海市青少年科技创新大赛二等奖）

案例 2

上海康桥生态园蝶类资源调查（初探）

严羽笑

【摘要】从 2019 年 3 月 29 日至 10 月 25 日，对上海康桥生态园绿地进行了蝴蝶种类调查。上海康桥生态园分沔青（一期）、沔西（二期）、三期（在建中）三块相邻绿地。本次调查共计 61 次入园采集、拍摄、观察，调查到 5 科 28 种蝴蝶（基本为常见种），占上海 54 种常见蝴蝶的 51.9%。其中粉蝶科 Pieridae、蛱蝶科 Nymphalidae 和灰蝶科 Lycaenidae 的蝴蝶种类及种群数量较多。每种蝴蝶基本符合各类虫期表生长过程，蝴蝶寄主植物较为丰富。由于上海康桥生态园三块相邻绿地都边临上海 S20（外环线），生态环境相似度高，在三块绿地考察到的蝴蝶种类基本一致。此外，经调查发现，仍在建设中、人工干预相对较少的三期的蝴蝶种类发生量高于人工干预的沔青、沔西两园，也验证了蝴蝶是生态环境和生物多样性的指示性生物这一观点。生态园模式的确优化了城市生态环境，但如果能适当减少人工干预，在确保环境自然美观的条件下任由各类植被自由生长，对于蝴蝶的繁衍将更加有益，人与自然的和谐程度也会更高。

【关键词】上海康桥生态园　上海 S20 外环　蝴蝶种类　调查

1　调查目的

蝴蝶对空气、水质和植被要求苛刻，对生态环境变化反应灵敏，许多国家已将蝴蝶作为生态环境的指示性生物。

上海康桥生态园分沔青（一期）、沔西（二期）、三期（在建中），紧邻外环线浦东分段林带生态系统，相接面长度达 4.5km 左右。在这样的地理位置进行蝴蝶种类调查，能反映上海城市生态建设对蝴蝶种类的影响，也能证明上海城市生态园建设对未来上海城市生态发展的合理性和必要性。

本课题以上海康桥生态园为基地，通过定点调查、信息收集、科学分析，获取上海康桥生态园蝶类资源的实际情况，监测和评估上海康桥生态园生态环境状况，希望能为今后城市生态园建设发展提供参考数据。

图1　上海康桥生态园地理位置

2　调查方法和过程

2.1　调查器材

伸缩式捕虫网、三角包、拍摄器材、户外装备、标本制作与储存器材。

2.2　调查方法

2.2.1　观察法

对上海康桥生态园（沔青、沔西、三期）园内植被、水域等生态环境，根据蝴蝶生存要求进行分类标注。沿路线进行蝶类观察，拍摄蝶类生态照片，绘制自然笔记。

2.2.2　调查法

分时、分地对上海康桥生态园（沔青、沔西、三期）中蝴蝶种类及数量等进行实地信息采集（入园时间、当天天气、拍摄蝴蝶、采集标本、记录植被）。用捕网捕捉蝴蝶，装入三角包，后期进行标本制作，作为蝶类调查的标本留存。记录信息附有实地考察照片，现场生态照片和影像资料。

2.2.3　种类鉴定

本次上海康桥生态园蝶类资源调查以《蝶蛾探究指南》《上海蝴蝶》为参考，通过对比各种蝴蝶的形态学特征进行种类鉴定。

2.3　调查流程

2.3.1 制定入园计划

① 带齐调查器材。

② 选择调查区域。

③ 确立调查行进线路。由于本次调查周期相对较长，入园次数会相对增加，所以同一园区将多次入园调查，为了调查数据的全面性，每次对同一园区调查行进线路进行交错，尽量达到全覆盖。

④ 入园时间选择。为了采集数据的全面性，根据蝴蝶生活习性安排入园时间，一般为中午。

2.3.2 按线路开始调查

①“地毯式”搜寻。对线路两旁的草丛、花丛进行观察，对路边、河边树木分上、中、下三段进行扫视，用捕蝶网兜的杆子对不易察觉的灌木丛等进行轻微的干扰，达到“引蛇出洞”的目的。

② 记录数据为主，捕捉标本为辅。发现蝴蝶，举起相机，静候时机，拍摄记录。

③ 绘制自然笔记。根据虫期表，当某种蝴蝶阶段性爆发时，适宜记录蝴蝶与寄主植物的生态关系，自然笔记能较好地体现这个过程。

3 调查结果

在同一调查周期内（2019 年 3 月至 10 月），对康桥生态园三块绿地的蝴蝶种类进行数据采集与比较。通过 61 次入园采集、拍摄、观察，发现蝶类 5 科 28 种。上海康桥生态园 2019 年 3 月至 10 月蝶类调查数据汇总表详细记录了每次入园调查时间和当天被调查园区内发现的蝴蝶种类及数量。

三块绿地均发现多种蝴蝶寄主植物，生长周期也有所不同，这也是蝴蝶种类多样性的保证。另外，园中蜜源植物（醉鱼草、马鞭草、一年蓬）及水资源也都较为丰富，对蝴蝶生存非常有利。数量较多的寄主植物有二月兰、酢浆草、柳树、香樟、合欢树等。

4 调查结论与分析

4.1 康桥生态园适合蝴蝶的生长繁衍

在上海康桥生态园能发现 5 科 28 种蝴蝶，证明了生态园模式适合蝴蝶的生长繁衍，但相对于上海地区目前蝴蝶种类有记载的 144 种而言，差距还是很大的。在保持生态平衡的状态下，适当提升蝴蝶种群数量，对整个生态系统的生物多样性是有好处的。所以城市生态园建设不仅要考虑生态环境的优美清洁，还要考虑植物多样性、生物多样性、水源合理性等因素，以此保证整个生态系统的健康发展。

4.2　城市生态园模式值得推广

康桥生态园三块绿地均边临城市高速 S20，繁忙的交通产生的尾气与噪声污染对这块地方环境的影响是很大的，康桥生态园的建设对这一区域的城市生态环境起到了良好的改善。不仅调查到蝴蝶这一生物，在调查中发现水中有鱼、树上有鸟、土里有昆虫。很多来度假的人，脸上都带着亲近自然的笑容。所以康桥生态园模式不仅改善了环境，为城市人生活提供了休闲的自然场所，也让那些生活在我们周围的小动物有了栖息的场所，让人与自然更加和谐。生态园模式值得推广，对上海这样一个国际化大都市尤为重要。

4.3　爱护生态人人有责

康桥生态园规模庞大，植被丰富，水系发达，环境十分优美。沔青和沔西已经对外免费开放，进园人数也日益增多，调查也发现一些破坏绿化、乱扔垃圾、违规捕鱼等不文明现象。还有园区为了环境会砍伐植

表 1　上海康桥生态园 2019 年 3 月至 10 月蝶类调查数据汇总（3 ~ 7 月）

蝴蝶科目与种类 \ 调查日期	3月	4月							5月				6月								7月											
	29日	3日	15日	17日	18日	19日	23日	25日	1日	3日	4日	18日	2日	3日	13日	14日	20日	23日	24日	27日	7日	11日	13日	14日	15日	18日	20日	21日	22日	27日	28日	31日
弄蝶科Hesperiidae																																
直纹稻弄蝶（*Parnara guttata*）												▲																				
隐纹谷弄蝶（*Pelopidas mathias*）																																
凤蝶科Papilionidae																																
青凤蝶（*Graphium sarpedon*）						▲																								★	▲	
玉带凤蝶（*Papilio polytes*）						▲	★												●	▲											▲	
红珠凤蝶（*Pachliopta aristolochiae*）																																
碎斑青凤蝶（*Graphium chironides*）																														★		
碧凤蝶（*Papilio bianor*）																								▲							▲	
粉蝶科Pieridae																																
东方菜粉蝶（*Pieris canidia*）	★	▲	★	★								▲			●		▲	▲	●	▲							★		★			
黄尖襟粉蝶（*Anthocharis scolymus*）	★		★	★	★	▲																										
东亚豆粉蝶（*Colias poliographus*）			★	★	★	▲					▲			●	●				●		▲	★			▲							
菜粉蝶（*Pieris rapae*）			★			▲	★	★▲	★	★							▲	▲	●	▲		★			▲				★		▲	
宽边黄粉蝶（*Eurema hecabe*）																																
灰蝶科Lycaenidae																																
红灰蝶（*Lycaena phlaeas*）											▲		●	●											▲							
蓝灰蝶（*Everes argiades*）																		▲	●	▲												
酢浆灰蝶（*Zizeeria maha*）																						★	●		▲		★		★			
亮灰蝶（*Lampides boeticus*）																																
曲纹紫灰蝶（*Chilades pandava*）																																
点玄灰蝶（*Tongeia filicaudis*）																																
蛱蝶科Nymphalidae																																
大红蛱蝶（*Vanessa indica*）						▲																									▲	
斐豹蛱蝶（*Argyreus hyperbius*）			★														▲			▲					★		★	▲	★	★	▲	●
蒙链荫眼蝶（*Neope muirheadi*）												▲			●	●									▲							
稻眉眼蝶（*Mycalesis gotama*）													●								▲										▲	
柳紫闪蛱蝶（*Apatura ilia*）																				▲					▲	●		▲		●	▲	●
黑脉蛱蝶（*Hestina assimilis*）																																●
白带螯蛱蝶（*Charaxes bernardus*）																																
二尾蛱蝶（*Polyura narcaea*）																																
小红蛱蝶（*Vanessa cardui*）																																
黄钩蛱蝶（*Polygonia c-aureum*）																																

注：1. 绿色表示当天发现蝴蝶数量 5 只以上，黄色表示当天发现蝴蝶数量 5 只以下；2. ★表示康桥生态园沔西园区，▲表示康桥生态园沔青园区，●表示康桥生态园三期园区。

表 2 上海康桥生态园 2019 年 3 月至 10 月蝶类调查数据汇总（8 ~ 10 月）

蝴蝶科目与种类 \ 调查日期	8月												9月									10月							
	3日	4日	5日	11日	15日	20日	21日	22日	25日	26日	30日	31日	7日	8日	11日	12日	13日	14日	15日	18日	19日	3日	6日	9日	13日	18日	20日	24日	25日
弄蝶科Hesperiidae																													
直纹稻弄蝶（Parnara guttata）																											▲	▲	▲
隐纹谷弄蝶（Pelopidas mathias）				●	▲																★					▲	▲	▲	
凤蝶科Papilionidae																													
青凤蝶（Graphium sarpedon）	▲		▲		▲			▲	★	▲							●▲★	▲★			★	★	★				▲	▲	
玉带凤蝶（Papilio polytes）						●		▲		▲								▲	▲								▲	▲	
红珠凤蝶（Pachliopta aristolochiae）					▲			▲		▲								▲					★						
碎斑青凤蝶（Graphium chironides）														▲				▲											
碧凤蝶（Papilio bianor）																													
粉蝶科Pieridae																													
东方菜粉蝶（Pieris canidia）														▲				▲										▲	
黄尖襟粉蝶（Anthocharis scolymus）																													
东亚豆粉蝶（Colias poliographus）					▲			▲		▲				▲			●	▲★	▲								▲	▲	
菜粉蝶（Pieris rapae）																						★●							
宽边黄粉蝶（Eurema hecabe）					▲																							▲	
灰蝶科Lycaenidae																													
红灰蝶（Lycaena phlaeas）							▲												▲								▲		
蓝灰蝶（Everes argiades）																						★●							
酢浆灰蝶（Zizeeria maha）				●	▲		▲	▲	★	▲			★				★	★	▲		★	★					▲		▲
亮灰蝶（Lampides boeticus）																						★	★				▲		
曲纹紫灰蝶（Chilades pandava）					▲			▲									●▲				★			★			▲	▲	
点玄灰蝶（Tongeia filicaudis）																													
蛱蝶科Nymphalidae																													
大红蛱蝶（Vanessa indica）																	▲				★						▲	▲	▲
斐豹蛱蝶（Argyreus hyperbius）			▲		▲	●	●		★	▲				▲			▲●	★▲	▲		★	★●	★		▲	▲●	▲	▲	
蒙链荫眼蝶（Neope muirheadi）					▲	●		▲																					
稻眉眼蝶（Mycalesis gotama）					▲			▲						▲			▲●	▲				★						▲	
柳紫闪蛱蝶（Apatura ilia）		▲		●	▲	●	●	▲		▲	▲			▲	●		▲●	▲			★	★	★				▲	▲	
黑脉蛱蝶（Hestina assimilis）				●	▲			▲			▲				●	★	★	▲		★	★	★							
白带螯蛱蝶（Charaxes bernardus）		▲		●		●	●			●		▲					★				★	★					▲		
二尾蛱蝶（Polyura narcaea）							▲																						
小红蛱蝶（Vanessa cardui）															★				▲										
黄钩蛱蝶（Polygonia c-aureum）	▲										▲			▲			▲	▲			★	●	★					▲	▲

注：1. 绿色表示当天发现蝴蝶数量 5 只以上，黄色表示当天发现蝴蝶数量 5 只以下；2. ★表示康桥生态园沔西园区，▲表示康桥生态园沔青园区，●表示康桥生态园三期园区。

被和喷洒药物驱虫等护理工作。我在此呼吁从我做起抵制不文明现象，合理人工干预，不过度养护，真正实现生态园的生态环境。

5　收获与体会

2019 年 3 月至 10 月，我对上海康桥生态园进行了蝶类多样性调查，让我受益匪浅。记录蝴蝶 5 科 28 种，标本采集超过 50 只，另外采集到其他昆虫类别，如中华扁锹甲、双叉犀金龟、云斑白条天牛、咖啡透翅天蛾、宁波尾天蚕蛾等。同时发现在同一片园区，根据植被分布不同，天气的转变，行进线路的改变，发现的蝴蝶种类和数量都不一样。因此，上海康桥生态园蝶类资源调查是一项长期的生态调查项目，我愿长期跟踪，愿生态环境日益完善。

通过这次调查，我增长了知识，学会了如何去定点调查，提升了我对科学的兴趣，让我受益匪浅。

6　参考文献（略）

课题点评

历经 7 个月的时间，此课题对上海康桥生态园的蝶类资源进行了详尽的调查。在这个过程中，蝴蝶的采集、标本制作、种类鉴定等，以及最后所呈现的这份绘有蝶类资源数据表的课题报告，对于这位同学来说确实是实属不易，为城市生态园的建设提供了珍贵的城市生态环境方面的数据。希望在今后的不断探索中，基于调查所得的数据，进行一些更具科学性的处理，比如引入生物多样性指数、物种丰富度指数等，并增大样本采集量，从蝴蝶资源的角度，为上海城市生态园的建设提供更加严谨、全面、科学的建议。

（点评人：匡霞）

（本课题荣获第 35 届上海市浦东新区青少年科技创新大赛一等奖）

案例 3

上海市浦东 S20 环城绿带蛾类资源调查分析

李昀泽　安开颜　严羽笑

【摘要】上海市 S20 环城绿带是改善城市生态环境可持续发展的重要基础设施，其中浦东段长度超过一半。2020 年 4 月至 10 月，我们利用灯诱法在浦东 S20 环城绿带的六个地点对蛾类进行调查探索，通过 66 次调查，共鉴定出蛾类 32 科 252 种，编写出 S20 浦东段灯诱蛾类名录。调查发现，夜蛾科的种类最多，有 58 种；其次是草螟科，有 46 种；而后是尺蛾科，有 29 种。此外，本文对不同生境下蛾类的发生规律进行了分析。

【关键词】S20 浦东段　环城绿带　蛾类　生境

1　课题由来

蛾类和蝶类同属鳞翅目。蛾的种类大约是蝴蝶的 9 倍，和人类的生产生活有着密切关系，但因大多数蛾类个体微小且在夜间出没，人们对它们的关注度不如蝴蝶。查询到的上海蛾类的研究资料：《上海地区鳞翅目昆虫调查初步名录》里记录了 14 科 56 种蛾;《上海辰山植物园灯诱昆虫群落结构及多样性研究》记录了 185 种。这些都是上海浦西地区的资料。S20 环城绿带浦东段有繁茂的林带绿化保育区，有环绕村庄的经济林带区，还有供市民休憩的生态公园。蛾类这种生态指示性物种在浦东 S20 环城绿带的发生状况会是怎么样的呢？我们选取了六个地点进行实地调查，分别是三林绿地、张江绿地、高东绿地、凌海绿地、康桥生态园和金海湿地公园，前四个是每周轮流去的流动调查点，后两个是每周都去的定点调查点。

2　调查方法

调查器材：灯诱器材、摄影器材、采集器材、制作器材、储存器材。

调查方法：2020 年 4 月至 10 月周末晚上 7～10 点，利用蛾类的趋光性原理在调查点进行灯诱调查。

布灯：在 19:00 之前寻找远景为乔木，中景为灌木，近景是草地、池塘、河流的开阔地点布灯。定点调查点采用城市用电，流动调查点采用专用户外电源。19:00 左右开灯。

拍摄：用单反相机 + 微距镜头 + 环形闪光灯拍摄清晰的蛾类生态照片。

采集：对于引诱来的蛾类进行有选择的捕捉和采集。

整理调查数据：灯诱结束后挑选摄影照片，鉴定蛾类种类，将调查所取得的基础数据进行记录整理和汇总。将捕获的部分蛾子制作标本。本次调查主要以《北京蛾类图谱》《蛾类图册》《中国蛾类图鉴》等书作为鉴定依据。

3　调查结果及分析

浦东 S20 环城绿带蛾类种类状况。从 4 月至 10 月在浦东 S20 环城绿带的六个调查点进行了 66 次灯诱调查，拍摄记录了 2 759 个调查数据，共鉴定出 32 科 252 种蛾，充分体现出了浦东 S20 环城绿带蛾类的多样性。其中，夜蛾科的种类最为丰富，有 58 种，占比为 22.39%；其次是草螟科，有 46 种，占比为 17.76%；第三大类是尺蛾科，有 29 种，占比为 11.2%。另外，卷蛾科 22 种，灯蛾科 15 种，螟蛾科 13 种，天蛾科 13 种，毒蛾科 13 种，刺蛾科 10 种，枯叶蛾科 4 种，瘤蛾科 4 种，舟蛾科 4 种，木蠹蛾科 3 种，蚕蛾科 2 种，天蚕蛾科 2 种，透翅蛾科 2 种，羽蛾科 2 种，祝蛾科 2 种，斑蛾科、菜蛾科、雕蛾科、尖蛾科、列蛾科、罗蛾科、箩纹蛾科、麦蛾科、网蛾科、细蛾科、燕蛾科、翼蛾科、织蛾科、展足蛾科均是 1 种。已鉴定蛾类种类详见附录。本次蛾类种类记录总量较以往发表的数据有明显增加，其中有 112 种小蛾类，其中有 7 大科未见于已发表的文献，丰富了上海蛾类的调查记录。我们也发现了很多罕见的蛾类，比如珍稀昆虫银点雕蛾，上海特有的昆虫栀子花多翼蛾。

六个灯诱地点的蛾类调查。蛾类平均发生频率为 400m 绿带 > 100m 林带 > 统一管理的生态公园。三林绿地和张江绿地属于 400m 绿带，周边有人居环境，乔木、灌木很丰富，玉米、黄瓜、豇豆、丝瓜等农作物也很丰富，蛾类发生情况最多。凌海绿地和高东绿地属于 100m 林带，较为原生态，以乔木为主，经过了 20 多年的保育，生态环境已经趋于成熟和稳定，且均采用生物防治，蛾类发生情况居中。金海湿地公园和康桥生态园属于统一管理的生态公园，种植了大量的观赏性植物，很多不是蛾类的寄主或蜜源植物，会进行全面的人工化管理，如定期修剪及喷洒农药，蛾类的发生数量最少。在三林绿地调查了 6 次，平均每晚灯诱到 61 种蛾。在张江绿地调查了 5 次，平均每晚灯诱到 60 种蛾。在凌海绿地调查了 5 次，平均每晚灯诱到 55 种蛾。在高东绿地调查了 5 次，平均每晚灯诱到 47 种蛾。在金海湿地公园调查了 19 次，平均每晚灯诱到 39 种蛾。在康桥生态公园调查了 26 次，平均每晚灯诱到 33 种蛾。

灯诱时间长短跟种类的数量之间的关系。通宵灯诱比非通宵灯诱蛾类种类会多 1~2 倍。调查中我们做了 6 次通宵灯诱，通宵灯诱的时间在晚上 19:00 至次日早晨 5:00。其中在康桥做了 4 次通宵灯诱，在金海做了 2 次通宵灯诱。康桥通宵灯诱平均每晚 57 种，非通宵灯诱平均每晚 28 种，蛾类的数量多出一倍多；金海通宵灯诱平均每晚 82 种，非通宵灯诱平均每晚 33 种，蛾类的数量多出接近 2 倍。

4　创新点

① 首次系统地对 S20 环城绿带进行了蛾类资源调查分析，共鉴定出 32 科 252 种蛾。

② 首次对 S20 环城绿带的蛾类发生情况通过生境分类进行对比分析，400m 绿带 >100m 林带 > 统一管理的生态公园。

5　收获和展望

实地调查横跨春夏秋三季，共获得 2 759 个调查数据，我们的鉴赏能力、拍摄能力、鉴定能力和标本制作能力等，获得了很大提升。

后续将在上海的其他区域，采用采集蛾类头数的调查方法，对上海的蛾类做进一步的多样性调查分析。

6　参考文献（略）

课题点评

本课题首次系统调查了上海 S20 外环绿带浦东段的蛾类资源，分析了不同生境下的蛾类资源的分布差异，项目获得了大量的调查数据，共鉴定了 32 科 252 种，编写了 S20 浦东段蛾类名录，设计方案完整，调查方法合理可行，研究结果真实可靠，分析数据翔实，论文结构完整，填补了上海市蛾类资料调查数据，为后续的上海蛾类分析提供了宝贵的可参考资料。建议下一步可采集所有灯诱到的蛾类的头数，计算多样性指数，同时借鉴绿化局提供的植被信息进行样比分析。

（点评人：韩春玲　）

（本课题荣获第 36 届上海市青少年科技创新大赛一等奖）

案例 4

上海地区华东黑纹粉蝶生物学特性的初步研究

许新博　陈泽海　吕优一

【摘要】我们对分布在上海崇明地区的华东黑纹粉蝶 *Pieris latouchei* 进行了野外调查，并对其幼期进行了室内人工饲养。通过野外和室内两方面的研究，我们初步了解了华东黑纹粉蝶的一些生物学特性及其在上海地区的生活史。华东黑纹粉蝶在春季时的卵期平均是 6.2 天、孵化率是 80%，幼虫期平均是 19.6 天、化蛹率是 88%，蛹期平均是 8.6 天、羽化率 90.9%，整个幼期平均是 34.4 天。推算出华东黑纹粉蝶完成一个世代约 2 个月，一年可以发生 4～5 代，存在着世代交替的现象。

【关键词】华东黑纹粉蝶　野外调查　人工饲养　生物学特性　世代交替

1　课题由来

通过查阅相关书籍和文献资料，我们发现对于华东黑纹粉蝶的研究并不多，尤其是上海地区，还没有人进行过研究。在 2018 年出版的《上海蝴蝶》一书里关于该蝴蝶生活史等方面的研究内容也是空白。所以课题组成员想以上海地区的华东黑纹粉蝶为研究对象，填补其在上海地区的研究空白，进而为开发、利用和保护它们提供基础资料和保护建议。

2　研究过程和方法

2.1　课题开展时间地点

2017 年 4 月至 2020 年 10 月：崇明东平国家森林公园、崇明西沙湿地等。

2020 年 4 月至 5 月：课题组 3 名成员各自家中。

2.2　研究器材

捕虫网、三角包、展翅板；塑料密封盒、小号毛笔、单反相机和微距镜头、奥林帕斯 SZ61 双筒解剖镜等。

2.3 研究方法

2.3.1 野外考察

随机目视法，适量采集，并制作标本。

2.3.2 室内饲养

虫体来源于野外采集带回的雌蝶产卵。把二月兰枝条（底部用湿巾纸裹住）和卵一起放入密封盒，待卵自然孵化；再用小号毛笔将幼虫分别移入另外的密封盒，进行单条饲养，并对每个密封盒进行编号。

3 结果和分析

3.1 卵

3.1.1 卵的孵化率

产卵数 27 粒，顺利孵化 25 粒，平均孵化率 80%（见表 1）。

3.1.2 卵期

第一批 22 粒，平均卵期 5.9 天；第二批 3 粒，平均卵期 6.7 天。全部卵的平均卵期 6.3 天（见表 2）。

表 1 华东黑纹粉蝶卵的孵化率

批次	产卵数	孵化数	孵化率（%）
1	22	22	100
2	5	3	60
合计			80

表 2 华东黑纹粉蝶的卵期

批次	产卵日期	孵化日期	孵化数	卵期（天）
1	4 月 10 日	4 月 15 日	8	5
		4 月 16 日	9	6
		4 月 17 日	5	7
2	4 月 11 日	4 月 17 日	1	6
		4 月 18 日	2	7

3.2　幼虫

3.2.1　幼虫的生长发育

华东黑纹粉蝶幼虫一共会蜕4次皮，至5龄后化蛹。

3.2.2　幼虫龄期和虫体长度

用算数平均法求出不同龄期的幼虫体长，幼虫在生长过程中各龄期的虫体长度（见表3）。

表3　华东黑纹粉蝶各龄幼虫的龄期及对应的虫体长度

	1龄	2龄	3龄	4龄	5龄	预蛹
龄　期（天）	4	3.6	3.4	3.2	4.7	0.7
虫体长度（mm）	3.2	5.4	8.9	15.6	25.7	25

3.2.3　不同龄期的头壳

幼虫每一次蜕皮后都会留下一个头壳，这是幼虫蜕皮长大的可靠依据。用奥林帕斯SZ61双筒解剖镜观察各个龄期的幼虫头壳，并测量其大小（见表4）。

表4　华东黑纹粉蝶幼虫不同龄期的头壳大小

	1龄	2龄	3龄	4龄	5龄
头壳长度（mm）	0.8	1.1	1.3	1.6	1.9

3.3　蛹

经统计，顺利孵化的25粒卵，最后共有22条幼虫成功化蛹，化蛹率88%；最终，20个蛹顺利羽化，蛹的羽化率为90.9%，平均蛹期8.6天，蛹体的平均长度为24.2mm。

3.4　成虫

3.4.1　成虫性比及前翅长

对饲养羽化的20头成虫做了统计：雌雄比例为1∶0.54；前翅长的平均值30.5mm。相比野外采集的成虫标本前翅长32mm，略小。

3.4.2　成虫的野外生活习性

根据课题开展期间的调查发现，成虫最早发生于4月6日，最晚在

10月11日还有活动，活动区域横跨崇明岛的南北向。在春、夏初季华东黑纹粉蝶幼虫主要以二月兰为食，成虫喜欢吸食各种十字花科植物的花蜜；到了夏末、秋季幼虫以焯菜为食，在栽培的十字花科植物基本上看不见有成虫产卵，成虫吸食一年蓬等植物的花蜜。

4　结论和讨论

4.1　通过人工饲养并结合野外调查成虫，我们初步掌握了华东黑纹粉蝶在上海地区的一些生物学特性：卵期平均6.2天，幼虫期平均19.6天，蛹期平均8.6天，整个幼期平均34.4天。华东黑纹粉蝶发生一个世代包括幼期和预估的成虫期可能需要2个月的时间，这也与野外考察的实际结果基本吻合。另外，在野外考察时发现，华东黑纹粉蝶幼虫和成虫在同一个时段都有发生，存在着世代交替现象。

4.2　根据课题开展期间的调查发现，在崇明岛不同的区域，蝴蝶数量有明显差异。特别是春夏季，东平森林公园发生数非常多，而其他地方则都少见。我们认为：这应该和其寄主植物有密切关系。在东平森林公园到处都是二月兰，而其他区域二月兰很少。所以，如果想保护好华东黑纹粉蝶，应该先保护好二月兰这种植物的生长。

4.3　华东黑纹粉蝶成虫羽化后的雌雄比是1∶0.54，这与相关文献资料不相符。我们分析原因，认为可能与地区差异有关，也可能是本次研究样本数量所致，期待今后更为深入的实验调查。

4.4　华东黑纹粉蝶目前只在上海崇明地区有广泛分布，上海的其他区域没有发生或仅在局部地区有发生，其形成原因目前还不得而知。我们希望可以通过后续的研究来进行探究，同时可以适当地做些扩繁研究，从而为保护华东黑纹粉蝶种群在上海地区的稳定发生提供一点基础资料。

5　收获和体会

通过这次课题研究，我们对华东黑纹粉蝶的整个生命周期做了仔细观测，了解了其各阶段的主要特征，同时，大大提高了我们的拍摄和记录水平，提升了我们对于自然之美、生命之神奇的感悟和理解。每一项研究都不容易，都需要严谨、踏实、求真的态度，并不断总结和找寻好的研究方法。

6 参考文献（略）

课题点评

通过这篇小论文，我们得以认识和了解了华东黑纹粉蝶和它的一生。我很好奇，是怎样的机缘巧合，让这三位小学生对此蝶情有独钟 3 年多，还独具慧眼将其作为研究对象，用心饲养，仔细观察，认真记录，不仅向我们展现了此蝶详尽的生物学特性，填补了其在上海地区的研究空白，甚至还为如何保护、开发和利用它们提出了宝贵意见，甚是欣喜。建议对华东黑纹粉蝶在上海的分布进行跟踪调查，以进一步确定其在上海的分布区域。

（点评人：徐春红）

（本课题荣获第 36 届上海市浦东新区青少年科技创新大赛一等奖）

案例 5

由丝带凤蝶与红珠凤蝶的饲养和习性观察比较引发的思考

王紫慧

【摘要】本文介绍了有关丝带凤蝶和红珠凤蝶的形态特征，对卵、幼虫、蛹以及成虫的生活习性等进行观察和记录。通过对丝带凤蝶和红珠凤蝶两种蝴蝶的比较，思考丝带凤蝶在上海消失的原因，并对上海地区非常见蝴蝶种类的保护提出建议。

【关键词】丝带凤蝶　红珠凤蝶　饲养　习性观察　比较

1 课题由来

丝带凤蝶近几年在上海数量减少至消失，为了解消失的原因，我对同一蝶种寄主——丝带凤蝶、红珠凤蝶在近乎相同的环境条件下进行饲养观察，通过进行习性比较，并结合环境气候变化分析研究，推断出丝带凤蝶近年在上海地区消失的可能原因，进而思考蝴蝶多样性变化，并对城市非常见蝴蝶种类的保护提出建议。

2　材料和方法

虫源和寄主植物的获得：采集带有丝带凤蝶和红珠凤蝶卵的马兜铃植株；用浸水后的脱脂棉包裹带有卵粒的马兜铃叶片，每天浸湿脱脂棉，待卵破壳孵化。

饲养器材：塑料透明饲养盒，盒身四面有气孔透气。

幼虫饲养：每天早晚从冰箱取出叶片回温后各喂投一次；每次喂食前清理饲养盒内残余叶片及粪便。

观察与记录：每天观察虫体不同龄期的发育情况，对不同虫期拍照并记录体长及体色变化。

成虫习性观察：预蛹期将饲养盒放置在网笼内，观察羽化；定期至上海各地蝴蝶调查，拍摄蝴蝶样本并制作调查记录。

3　形态特征比较

虽然丝带凤蝶和红珠凤蝶两种蝴蝶卵采集时间与地点有所不同，但同在上海家中室内饲养，并喂食同一寄主植物马兜铃，将两种蝴蝶的生长发育过程记录并进行比较（整理表格略）。

从产卵方式上比较来看，丝带凤蝶是集中产卵，红珠凤蝶是散产方式。

丝带凤蝶的幼虫比红珠凤蝶的幼虫体长总体偏小，三龄以后，红珠凤蝶幼虫的食量明显高于丝带凤蝶的幼虫食量。

红珠凤蝶幼虫间存在大龄蚕食小龄的现象；丝带凤蝶幼虫没有这种现象。

4　成虫采集分析

经统计 2019 年的“浦东蝶讯”和 2020 年的“上海蝶讯”数据，寄主同为马兜铃的凤蝶科蝴蝶样本采集数量：红珠凤蝶分别采集 63 个和 81 个样本，灰绒麝凤蝶分别采集 6 个和 1 个样本，丝带凤蝶两年均未采集到。

5 思考与讨论

5.1 丝带凤蝶较红珠凤蝶在上海数量减少至消失的可能原因

一方面，上海绿化建设快速发展，原本分散在路边及郊野生长的寄主植物马兜铃大幅减少，零星生长于路边及公园的马兜铃，较难满足集中产卵的丝带凤蝶进食需求。

另一方面，两者产卵习性的不同（红珠凤蝶单产，丝带凤蝶聚产，丝带凤蝶对寄主植物的要求更高），红珠凤蝶因其活动范围广和食量大，掠夺性强，丝带凤蝶处于弱者态势而随之减少消失。

此外，不排除随着气候变暖特别是近年来江南地区暖冬现象的出现，丝带凤蝶因冬眠不足而出现“北迁”的可能性。

5.2 上海地区蝴蝶种群的多样性有必要进行持续调研及保护

近年来也发现寄主同为芸香科植物（柑橘、枸橘、花椒等）的玉带凤蝶种群数量显著增加，柑橘凤蝶等在上海逐渐少见。

另外，新蝶种在上海的出现也值得关注，今年 10 月，我在浦东滨江蝶调期间发现了木兰青凤蝶，经认定为上海首次发现的蝶种。

5.3 相关建议

建议从蝴蝶多样性生态保护的角度出发，有针对性地调整绿化布局、完善绿化种类，如在河道、郊野公园等绿化带种植相应寄主和蜜源植物，并合理养护避免随意喷洒杀虫剂，以维护部分少见蝴蝶的生存延续。

6 收获与体会

通过饲养观察蝴蝶，参与蝴蝶调查活动，不仅增长了我认知蝴蝶、认知大自然的知识本领，更使我对生态环境保护、生态平衡维护的重要性有了一定认知。今后，我将继续多加学习、多以思考，继续参与调查研究蝴蝶、保护蝴蝶，在以绿色发展为理念的今天，让蝴蝶可以自由飞翔。

7 参考文献（略）

课题点评

本课题通过对同一寄主蝶种丝带凤蝶和红珠凤蝶在近乎相同的环境条件下进行饲养观察，进行习性比较研究，在居家室内观察蝴蝶幼虫及成虫形态及生物学特征的同时，结合户外蝴蝶样本调查采集，统计分析丝带凤蝶、红珠凤蝶在上海发布情况。分析得出红珠凤蝶生命力及适应能力更强，推断出丝带凤蝶较红珠凤蝶在上海数量减少至消失的可能原因；进而思考上海地区蝴蝶多样性变化，并对上海地区非常见蝴蝶种类的保护提出建议。建议后续可结合环境、气候变化等进一步系统分析调研，研究上海少见蝶类资源的保护。

（点评人：李巍）

（本课题荣获第 36 届上海市青少年科技创新大赛二等奖）

案例 6

小区及周边碧凤蝶和玉带凤蝶数量对比及其原因初探

张轶宸

【摘要】根据近 2 年的观察，我在小区及周边发现的碧凤蝶和玉带凤蝶成虫数量悬殊。通过整个暑假观察、饲养两种蝴蝶，调查统计户外两种蝴蝶的数量，对其进行 3 次换食实验，我对它们数量差异的原因做了推测：偏爱的寄主植物的多少是影响碧凤蝶数量的主要原因；也有可能是受到食物竞争者的影响；户外存活率低也是一个原因；另外，我猜测雌性成虫的数量，产卵数量，以及人类除虫害的行为，也会影响它们的数量。

【关键词】上海　碧凤蝶　玉带凤蝶　饲养　习性观察　比较

1　课题由来

每年夏季，我居住的小区及周边经常可以见到玉带凤蝶，但碧凤蝶极少，只在去年夏天和今年夏天各捕获一只。

通过查阅《上海蝴蝶》知道，两种蝴蝶上海都有繁殖，它们的寄主植物都是芸香科植物，而小区及附近的芸香科植物有不少。这引起了我的思考：为什么两种蝴蝶数量相差如此之大？为此，我通过拍摄、观察、采集、饲养、实验等方法，对两种蝴蝶进行了比较。

2 研究方法

2.1 调查器材

拍摄器材：相机，手机。

采集工具：捕虫网，三角包，镊子。

饲养器材：饲养盒，饲养笼，寄主植物（花椒、金橘、柠檬、柚）。

制作工具：标本板，昆虫针，镊子，硫酸纸，标本箱。

2.2 调查地点

上海市松江区明中路A小区及距离1km的春九路B小区。

环境：小区植被丰富，紧邻河道，还有人工河。

2.3 调查方法

2.3.1 寻找寄主植物

2019年夏天，我在小区内捕获碧凤蝶一只。2020年6月，我又在小区内捕获碧凤蝶一只。研究蝴蝶的老师说，这说明很有可能有碧凤蝶在小区内繁殖，建议找一下寄主植物。

根据《上海蝴蝶》记载，碧凤蝶的寄主植物有芸香科的柑橘、花椒、野花椒、竹叶花椒。

我在A小区沿河的地方找到3棵花椒（芸香科花椒属），1棵金橘、2棵柠檬和1棵柑橘（芸香科柑橘属），每种树之间相距15m左右。

2.3.2 寻找碧凤蝶和玉带凤蝶的卵、幼虫、蛹、成虫，并记录（见表1、表2）

2.3.3 采集部分卵和幼虫进行家庭饲养，并记录（照片、文字记录及对比略）

分2轮饲养碧凤蝶6只，5只从卵开始，1只5龄开始。

先后饲养玉带凤蝶14只，13只从幼虫开始，一只从卵开始。

表 1　碧凤蝶卵、幼虫、蛹、成虫调查数据统计表

时　间	发现地点	形态及数量	备　注
6 月 6 日	A 小区	成虫，1 只，雄	
6 月 7 日	花椒树	卵，3 颗	灰黑色，即将孵化，采集回家饲养
6 月 21 日	花椒树	五龄幼虫，1 头	
7 月 3 日	花椒树	卵，2 颗	淡黄色，产下不久，采集回家饲养
6 月下旬至 7 月中旬	花椒树	蛹壳，3 个	1 个成功羽化，2 个被其他昆虫破坏
7 月 21 日	花椒树	五龄幼虫，1 头	采集回家饲养

表 2　玉带凤蝶卵、幼虫、蛹、成虫调查数据统计表

时　间	发现地点	形态及数量	备　注
6 月 25 日	花椒树	2 龄幼虫，1 头	采集回家饲养
6 月 25 日	柑橘属植物	1～3 龄幼虫，4 头	
6 月 27 日	柑橘属植物	1～3 龄幼虫，10 头	应该和 6 月 25 日的有重复计算
6 月底至 7 月中旬	花椒树和柑橘属植物	卵，4 颗 幼虫，10 多头	幼虫应该和之前有重复计算 多为 1～3 龄，采集了花椒树上的 1 头 5 龄
7 月 19 日	A、B 两小区	成虫，约 10 只	
6～7 月	A、B 两小区	成虫，未统计	基本每次外出目击 1～4 只
8 月	A、B 两小区	卵，20 颗以上 幼虫，20 头以上 成虫，未统计	基本每次外出目击成虫 1～6 只

2.3.4　对家庭饲养的碧凤蝶和玉带凤蝶变换食物并观察其取食习性

我们发现碧凤蝶只在花椒树上产卵，而玉带凤蝶主要在柑橘属植物

（柠檬、金橘、柑橘）产卵，偶见在花椒树上产卵。所以，我推测碧凤蝶更喜欢花椒树作为寄主植物，希望通过实验证实。

对碧凤蝶的实验。

实验 1：我选择两头碧凤蝶 2 龄幼虫，在饲养盒里放了足够量的花椒叶和足够量的金橘叶，第二天发现金橘叶没有被啃食的痕迹，但花椒叶被吃了几片。

实验 2：我给两头碧凤蝶 5 龄幼虫（就是之前的两头）投放了花椒叶，但是数量不足，同时还放了足够量的金橘叶和柠檬叶。第二天早上发现，花椒叶已经被吃完了，金橘叶上有细小的啃咬痕迹，柠檬叶被啃了约 $0.5cm^2$。后来其中一头幼虫又吃了超过 $1cm^2$ 的柠檬叶。接着，我又投放花椒叶，它们立刻爬上去吃了。

结论：碧凤蝶幼虫喜欢吃花椒叶，不喜欢吃柑橘属的树叶。

对玉带凤蝶的实验。

我们饲养的玉带凤蝶幼虫，只有一头是花椒树上采集的，一直吃花椒叶；其他都是在金橘、柠檬上采集的，喂食金橘叶。

实验 3：我在一头玉带凤蝶 3 龄幼虫的饲养盒里放了足够量的花椒叶和足够量的金橘叶。最后发现，幼虫吃了 1/3 片花椒叶，金橘叶也吃过了。

结论：玉带凤蝶幼虫既吃柑橘属植物也吃花椒树叶。

3　调查结果与分析

通过以上观察和实验，我试着分析小区及附近碧凤蝶数量明显少于玉带凤蝶数量的原因。

3.1　偏爱的寄主植物的多少是影响碧凤蝶数量的主要原因

书上记录的碧凤蝶的寄主植物有芸香科柑橘属和花椒属，但是我观察到在有不同寄主植物可选择的情况下，碧凤蝶只在花椒树叶上产卵，幼虫只吃花椒叶，只有在迫不得已时才吃柑橘属植物。调查的两个小区里公共绿化中都有柑橘属植物，家庭种植在院子里也很多，但是花椒不是景观植物，也不是上海人常用的调味料，极少有人种植，我只在 A 小区找到三棵。所以，偏爱的寄主植物少，造成了碧凤蝶数量比玉带凤蝶少。（这里还需要说明一点：有虫友在江苏泰顺观察到碧凤蝶都是在柑橘树上产卵，因此我观察到的碧凤蝶寡食性的现象可能只是发生在我所观察的区域。）

3.2　也有可能是受到食物竞争者的影响

上海地区有玉带凤蝶、柑橘凤蝶和蓝凤蝶，它们的寄主植物中也有花椒。我就在花椒树上发现和采集过玉带凤蝶的卵和幼虫。连续 2 个多月的观察发现花椒树叶有很多被啃咬的痕迹，但上面碧凤蝶、玉带凤蝶幼虫数量却不多，说明还有其他昆虫吃花椒叶。

3.3　户外存活率低也是一个原因

两个小区生态环境都很好，有许多食虫鸟类，如白头鹎、麻雀、乌鸫、棕背伯劳、大山雀等，幼虫可能被鸟类捕食。另外，蛹可能被寄生或捕食，我在花椒树上找到过 3 个碧凤蝶蛹壳，其中只有一个成功羽化，另外两个好像是被寄生蜂寄生了或者被蚂蚁吃了。

另外，我猜测雌性成虫的数量，产卵数量，以及人类除虫害的行为，也有可能影响它们的数量。

由于样本数量少，而且本次关于碧凤蝶寡食性影响其数量的假设是在饲养过程中提出的，记录的数据量和进行的实验次数都还不够。如果能在 2021 年继续发现碧凤蝶种群，我还打算对这个课题进行更深入的研究。

4　收获和体会

通过今年暑假的观察，我发现，即使是地处郊区的我们小区，周边的蝴蝶种类和数量也不多，凤蝶的种类和数量就更少了。而且因为人们会给果树喷洒农药，会导致蝴蝶的幼虫和卵死亡。我们观察的两棵柠檬树上的玉带凤蝶幼虫和卵，就因为打了农药大量死亡。

蝴蝶成虫可以帮助花授粉，可以让城市环境更优美，还可以帮助人们判断城市生态环境的好坏。我希望人们爱护环境，减少污染，种植品种更加丰富的植物，让上海的蝴蝶种类更加丰富，数量更多。

5　参考文献（略）

课题点评

对于碧凤蝶和玉带凤蝶的数量比较及其原因，张轶宸同学研究了近2年。通过细致的观察和统计，发现碧凤蝶数量明显少于玉带凤蝶，基于实地调查，大胆假设了两种蝴蝶数量不均的原因，而后开展饲喂实验，发现造成数量差异的原因主要是食性的问题，此外猎食者和环境也造成影响。张轶宸同学的研究分析以数据呈现，清晰、有说服力。同时，在调查的全面性方面也下足了功夫，对比了多个样品后得出了结论。希望可以继续努力，对于周边其他蝴蝶甚至其他物种近些年的分布和数量进行研究，进一步探索上海地区的生物多样性。

（点评人：曹灵佳）

（本课题荣获第36届上海市青少年科技创新大赛二等奖）

案例7

过冬蛹的人工羽化实验

丁开源

【摘要】本课题是关于玉带凤蝶和红珠凤蝶过冬蛹的人工羽化实验研究。2010年11～12月，在我校生态园温控室内模拟春天的环境，给予两种过冬蛹一定的温度和湿度，对比各个条件下的羽化率，找出最适合蝴蝶羽化的条件。结果发现，在温度为31℃、湿度为85%～95%的环境条件下，经过低温处理的过冬蛹羽化率最高。

【关键字】过冬蛹　人工羽化

1　研究背景

蝴蝶是一类很有价值的资源昆虫，它既可作为观光资源，又是制作蝴蝶工艺品的原料。但是，在寒冷的冬天，就很难看到蝴蝶的踪影，我们就设想如果在本校生态园内提供蝴蝶羽化的相应条件，对蝴蝶进行反季节培养，是否在冬天也能看到蝴蝶翩翩飞舞的场景？我们对当年培育的玉带凤蝶和红珠凤蝶的过冬蛹进行了羽化实验，探究最适合过冬蛹的冬季羽化条件。

2 研究过程与方法

2.1 实验准备

2.1.1 实验器材：恒温箱（3 个），控温器（3 个），加热灯 50W（3 个），电线，插线板等。

2.1.2 实验对象：玉带凤蝶的过冬蛹 120 只，红珠凤蝶的过冬蛹 120 只。

2.2 实验方法

准备 3 个恒温箱，利用恒温器分别控制在 25℃、28℃、31℃，湿度均设置为 85% ~ 95%，选择当年末代玉带凤蝶和红珠凤蝶的蛹作为实验对象，同时将部分蛹放置于冰箱（4 ~ 8℃）低温处理 3d，进行对比实验。

每天观察 3 个恒温箱的温、湿度情况，发现有偏差的，及时调节到实验所需条件，并及时记录。并对以下 3 种指标进行记录。

2.2.1 同种蛹在不同条件下的羽化情况。

2.2.2 不同蛹在同一条件下的羽化情况。

2.2.3 经过低温处理后（4 ~ 8℃，3d）的蛹的羽化情况。

3 研究结果与分析

经过为期 1 个月的研究，羽化出的蝴蝶个数与羽化率汇总和统计如下（略表）。

从 2010 年 11 月 8 日开始实验至 12 月 20 日，为期 42d，有如下三个发现。

第一，同种蛹在不同条件下，其羽化情况随着温度的升高而升高。但温度过高也不行，这样会使蝴蝶蛹散失水分而无法羽化，所以温度 30 ~ 33℃是最适合蝴蝶蛹羽化的条件。

第二，在同一条件下，红珠凤蝶相对于玉带凤蝶蛹的羽化率高，经过查阅资料，发现可能与它们的分布有关。

第三，经过低温处理后（4 ~ 8℃，3d）的蛹，其羽化情况都有明显提高，特别是温度越高，羽化率就越高。经过询问有关专家，原来经过低温处理的蛹从生理上以为已经度过漫漫寒冬，从极寒一下子变暖，起到了催化羽化的作用。同时，经过阅读参考文献，发现低温处理的时间还太短，应该延长到 5 ~ 8d，这样羽化率可能会达到 100%。

综上，经过实验研究发现，在温度为 31℃，湿度为 85% ~ 95% 的环境条件下，经低温处理过的过冬蛹羽化率最高。而红珠凤蝶的羽化率明显高于玉带凤蝶。

蝴蝶羽化出来了，但是早晚的温差、蜜源植物的短缺、寄主植物的匮乏，使刚羽化出的蝴蝶还是在两三天后从我们的生态园消失了。所以，我制作了一个生态实验箱，利用白炽灯作为阳光，底下放泥土并种上小草，在小草表面喷洒蜜糖水作为蝴蝶食物，同时保持内环境的湿度，这样，蝴蝶可存活达 8 ~ 10d。

4 讨论与收获

通过本实验，我对玉带凤蝶和红珠凤蝶过冬蛹的羽化情况有了初步的了解。每一次小实验，对我来说都是一次宝贵的经验，带给我许多对生命的感悟，以及对人类智慧的敬佩，即使在恶劣环境之下，只要我们用智慧给予一定的帮助，小生命也能奇迹般地诞生，让我感受颇深。

5 参考文献（略）

课题点评

本课题通过人为创设环境温湿度，对不同过冬蛹进行羽化观察实验，获得了可靠的数据和结果，是一种可行的尝试。当然，如在成虫羽化实验的同时再关注到蜜源植物的同步配套就更具现实意义了。

（点评人：李莹莹）

（本课题荣获上海市第 5 届宝山杯暨长三角地区青少年生物和环境科学小论文竞赛一等奖）

历届蝶蛾探究小课题获奖统计

年份	课题名称	作者	获奖情况
2008	丝带凤蝶饲养和繁殖的初步研究	陶珈敏 王志文	第23届上海市青少年科技创新大赛三等奖
2010	玉带凤蝶的人工饲养观察和初步研究	沈　炎	上海市第4届宝山杯暨长三角地区青少年生物和环境科学小论文竞赛二等奖
2011	玉带凤蝶和红珠凤蝶过冬蛹的羽化实验	丁开源	上海市第5届宝山杯暨长三角地区青少年生物和环境科学小论文竞赛一等奖
2012	东天目山盛夏灯诱蛾类调查	田吉英	第28届浦东新区青少年科技创新大赛二等奖
2013	人工生态园蝶类蜜源植物观察研究	刘　畅 毕　舜	第29届浦东新区青少年科技创新大赛三等奖
2013	中华虎凤蝶人工饲养研究	王奕凡 陈林辉	上海市第7届宝山杯青少年生物与环境科学小论文评比展示活动二等奖
2013	上海地区秋季部分公园蝴蝶分布初步调查	高雨舒 沈以淋	上海市第7届宝山杯青少年生物与环境科学小论文评比展示活动三等奖
2014	珠海地区引种蝴蝶在人工环境下蜜源植物的探究	刘　畅 毕　舜	第30届浦东新区青少年科技创新大赛二等奖
2015	红珠凤蝶养殖密度对存活率影响的初步研究	谢晓薇 李周洁	第30届上海市青少年科技创新大赛三等奖
2015	神龙川灯诱蛾类种类初步调研	毕　舜	第30届上海市青少年科技创新大赛二等奖
2015	浙西大峡谷地区灯诱蛾类种类初步调查	张思凡 甘苏羽	第31届浦东新区青少年科技创新大赛三等奖
2015	人工条件下苎麻珍蝶的饲养	曹仪娴 徐天麒 王子轩	第31届浦东新区青少年科技创新大赛三等奖
2015	中华虎凤蝶食量及能量转换率初步探究	谢晓薇 王皓俊	第31届浦东新区青少年科技创新大赛一等奖

（续表）

年份	课题名称	作者	获奖情况
2015	上海市滨江森林公园蝶类资源调查	管涵儒 张星宇	上海市第9届宝山杯青少年生物与环境科学小论文评比展示活动一等奖
2016	上海市沪新中学校园蝴蝶苑植物演替调查	高雨舒 沈以淋	第31届上海市青少年科技创新大赛二等奖
2016	东天目地区灯诱蛾类种类初步调查	毕　舜 张思凡 甘苏羽	第31届上海市青少年科技创新大赛一等奖
2016	蝴蝶翅膀正反面差异研究	邱志成	上海市第10届宝山杯青少年生物与环境科学小论文评比展示活动三等奖
2017	蝴蝶展翅标本虫霉防治的调查与研究	朱雨晴 虞珺岚	第32届上海市青少年科技创新大赛二等奖
2017	上海市浦东新区世纪公园昆虫种类分布调查（初探）	曹仪娴 沈芯怡	第33届浦东新区青少年科技创新大赛一等奖
2017	蝴蝶鳞片的形状及其排列方式调查研究	赵瞬成 刘睿思	上海市第11届宝山杯青少年生物与环境科学小论文评比展示活动三等奖
2018	生态蛾类停息状态调查研究	邱志成 吕彦君 王嘉成	第33届上海市青少年科技创新大赛三等奖
2018	婆罗洲与海南两地灯蛾资源比较研究	余九华	第33届上海市青少年科技创新大赛三等奖
2019	天蛾的分布研究	张耘实	第34届上海市青少年科技创新大赛一等奖
2019	“日行侠”的秘密——蛾类日行性的实证分析	李致萱	第34届上海市青少年科技创新大赛二等奖
2019	浦东城区菜粉蝶和东方菜粉蝶的生存状态的比较研究	吴思琪	第13届上海市青少年生态文明探究小论文大赛一等奖

（续表）

年份	课题名称	作者	获奖情况
2019	江西省庐山国家级自然保护区局部地区蝶类资源初步调查	李卓成	第13届上海市青少年生态文明探究小论文评选活动一等奖
2019	沪东社区蝶类资源及寄主植物资源	张中信 徐飞扬	第13届上海市青少年生态文明探究小论文评选活动二等奖
2019	2019年世纪公园蝴蝶物种调查与分析	李昀泽	第13届上海市青少年生态文明探究小论文评选活动二等奖
2019	台湾地区蝴蝶自然生态保育现状调查与分析	王萌叶 孙亦萱	第13届上海市青少年生态文明探究小论文评选活动三等奖
2019	上海市浦东新区2019年蝴蝶多样性调查研究	邱语桐 魏宇宸 姜雨萌	第35届浦东新区青少年科技创新大赛一等奖
2019	上海康桥生态园蝶类资源调查（初探）	严羽笑	第35届浦东新区青少年科技创新大赛一等奖
2019	居家环境下苎麻珍蝶的人工繁育实验	夏宜阳	第35届浦东新区青少年科技创新大赛二等奖
2019	北疆地区不同生境类型蝶类多样性研究	杨泊宁	第35届浦东新区青少年科技创新大赛三等奖
2019	合庆地区蝶类调查的实践研究	高俊屹	第35届浦东新区青少年科技创新大赛三等奖
2019	浙江两地蛾类拟态对比与分析	王令齐	第35届浦东新区青少年科技创新大赛三等奖
2019	泰国清迈素贴山蝴蝶资源调查（初探）	李憨涵	第35届浦东新区青少年科技创新大赛三等奖
2020	泰国清迈与中国海南岛天蛾科物种对比研究报告	郝译晨	第35届上海市青少年科技创新大赛二等奖
2020	基于COI基因的中国浙江天蛾科昆虫分类系统探讨	杨行健	第35届上海市青少年科技创新大赛二等奖
2020	上海市浦东新区2019年蝴蝶多样性调查研究	邱语桐 魏宇宸 姜雨萌	第35届上海市青少年科技创新大赛二等奖

（续表）

年份	课题名称	作者	获奖情况
2021	浦东S20环城绿带蛾类资源调查分析	李昀泽 安开颜 严羽笑	第36届上海市青少年科技创新大赛一等奖
2021	上海康桥生态园灯诱蛾类多样性初报	严羽笑 王令齐 郝译晨	第36届上海市青少年科技创新大赛一等奖
2021	小区及周边碧凤蝶和玉带凤蝶数量对比及其原因初探	张轶宸	第36届上海市青少年科技创新大赛二等奖
2021	金海湿地公园趋光性蛾类初步调查	金孟琦 魏宇宸 李憨涵	第36届上海市青少年科技创新大赛二等奖
2021	由丝带凤蝶与红珠凤蝶的饲养和习性观察比较引发的思考	王紫慧	第36届上海市青少年科技创新大赛二等奖
2021	上海地区黄斑弄蝶生活史习性及分布的初步研究	王晰冉 史佳灵 许新博	第36届上海市青少年科技创新大赛二等奖
2021	上海地区华东黑纹粉蝶生物学特性的初步研究	许新博 陈泽海 吕优一	第36届上海市青少年科技创新大赛二等奖
2021	上海蝶类资源区域分布研究	邱语桐 余楚为 刘皓月	第36届上海市青少年科技创新大赛二等奖
2021	冬季海南不同生境类型蝴蝶多样性调查与分析	魏宇宸	第36届上海市青少年科技创新大赛二等奖
2021	玉带凤蝶的居家饲养及幼虫阶段雌雄的判断方法初探	邱语桐	第36届上海市青少年科技创新大赛三等奖
2021	浦江郊野公园自然蝴蝶园的创建与探索	贾卜玮 梁睿婕	第36届上海市青少年科技创新大赛三等奖

参考文献

[1] 朱弘复等. 蛾类图册. 北京：科学出版社，1973.

[2] 中国科学院动物研究所. 中国蛾类图鉴（1）. 北京：科学出版社，1981.

[3] 中国科学院动物研究所. 中国蛾类图鉴（2）. 北京：科学出版社，1982.

[4] 中国科学院动物研究所. 中国蛾类图鉴（3）. 北京：科学出版社，1982.

[5] 中国科学院动物研究所. 中国蛾类图鉴（4）. 北京：科学出版社，1983.

[6] 丁建云，张建华. 北京灯下蛾类图谱. 北京：中国农业出版社，2016.

[7] 王焱. 上海林业病虫. 上海：上海科学技术出版社，2007.

[8] 吴时英，徐颖. 城市森林病虫害图鉴. 上海：上海科学技术出版社，2019.

[9] 朱弘复，王林瑶，方承莱. 蛾类幼虫图册. 北京：科学出版社，1979.

[10] 韩国生，姜生伟. 常见蝶蛾幼虫图册. 沈阳：辽宁科学技术出版社，2020.

[11] 易传辉，和秋菊，王琳. 云南蛾类生态图鉴. 昆明：云南科技出版社，2014.

[12] 陈志兵，朱建青，毛巍伟 . 上海蝴蝶 . 上海：上海教育出版社，2018.

[13] 王凤霞，卢旭弘. 中国大兴安岭蛾类图谱. 北京：中国林业出版社，2015.

[14] 刘皎华. 常州市园林病虫害防治图鉴. 上海：上海科学技术出版社，2021.

[15] 顾茂彬，陈佩珍. 蝴蝶文化与鉴赏. 广州：广东科技出版社，2009.

[16] 顾茂彬，陈仁利. 昆虫文化与鉴赏. 广州：广东科技出版社，2011.
[17] 韩辉林，姚小华. 江西官山国家级自然保护区习见夜蛾科图鉴. 哈尔滨：黑龙江科学技术出版社，2018.
[18] 张巍巍. 昆虫家谱. 重庆：重庆大学出版社，2018.
[19] 方育卿. 庐山蝶蛾志. 南昌：江西高校出版社，2003.
[20] 李后魂等. 秦岭小蛾类. 北京：科学出版社，2012.
[21] 曹友强，韩辉林. 山东省青岛市习见森林昆虫图鉴. 哈尔滨：黑龙江科学技术出版社，2016.
[22] 白海艳. 山西东南部森林鳞翅目昆虫. 北京：中国林业出版社，2014.
[23] 武春生，徐堉峰. 中国蝴蝶图鉴. 福州：海峡书局，2017.
[24] 赵梅君，李利珍. 多彩的昆虫世界. 上海：上海科学普及出版社，2005.
[25] 张巍巍，李元胜. 中国昆虫生态大图鉴. 重庆：重庆大学出版社，2011.
[26] 黄灏，张巍巍. 常见蝴蝶野外识别手册. 重庆：重庆大学出版社，2008.
[27] 虞国跃. 中国蝴蝶观赏手册. 北京：化学工业出版社，2008.
[28] 王心丽. 夜幕下的昆虫. 北京：中国林业出版社，2008.
[29] 虞国跃. 北京蛾类图谱. 北京：科学出版社，2015.
[30] 杨平之. 高黎贡山蛾类图鉴. 北京：科学出版社，2016.
[31] 朱建青等. 中国蝴蝶生活史图鉴. 重庆：重庆大学出版社，2018.
[32] 陈锡昌等. 野外观蝶. 广州：广东科技出版社，2017.